大学信息技术基础实验指导

主　编　姜滦生
副主编　李　雪　杨　莹　李艳秋　张素巧
主　审　原福永

中国农业科学技术出版社

图书在版编目（CIP）数据

大学信息技术基础实验指导 / 姜滦生主编. —北京：中国农业科学技术出版社，2009. 8
ISBN 978 - 7 - 80233 - 977 - 4

Ⅰ. 大…　Ⅱ. 姜…　Ⅲ. 电子计算机 - 高等学校 - 教学参考资料
Ⅳ. TP3

中国版本图书馆 CIP 数据核字（2009）第 131393 号

责任编辑　崔改泵
责任校对　贾晓红

出 版 者　中国农业科学技术出版社
北京市中关村南大街 12 号　邮编：100081
电　　话　(010)82106626(编辑室)(010)82109704(发行部)
(010)82109703(读者服务部)
传　　真　(010)82106624
网　　址　http://www.castp.cn
经 销 者　新华书店北京发行所
印 刷 者　昌黎县第一印刷厂
开　　本　787 mm×1 092 mm　1/16
印　　张　15.5
字　　数　334 千字
版　　次　2009 年 8 月第 1 版　2009 年 8 月第 1 次印刷
定　　价　24.00 元

前　言

培养实用型人才，已经成为高等院校本科教育的共识，对于非计算机专业的学生来讲，计算机既是一项实用的技能和处理日常事务的工具，又是提高综合素质，进行知识创新、技术创新的得力助手。2004 年教育部高等学校非计算机专业计算机基础课程教学指导分委员会发布了《关于进一步加强高等学校非计算机专业计算机基础教学的意见》，意见要求大学计算机基础课程作为学习和掌握计算机专业知识和应用能力的先修课程，要系统、深入地介绍一些计算机科学与技术的基本概念、基本原理、技术与方法，配合相应实验课程，强化学生动手能力，培养学生的技能。

本套实验指导是针对一般本科院校学生的实验辅导教材，是在多年实际教学的基础上，以任务教学法为核心编写的，将教学大纲要求掌握的内容融合进每个实验，每个实验任务既相对独立又前后衔接，学生根据自己的实际水平合理安排进度，顺序完成各项实验任务，并上交实验作业教师批改下发学生，充分发挥了学生自主学习兴趣和能力。本教材增加了相关的高级功能实验内容，适用不同层次学生实践和全面提高学生实际应用能力。

本书的编写人员都是多年从事高校计算机基础教学的专职教师，有丰富的理论和实验教学经验。全书由姜滦生主编，副主编李雪、杨莹、李艳秋、张素巧，原福永主审。本书在编写过程中得到了燕山大学里仁学院、信息科学与工程学院等单位的大力支持。

由于时间仓促和编者水平有限，书中难免有不当和欠妥之处，敬请各位专家、读者提出批评指正。

编　者

2009 年 5 月

内容简介

本书根据全国高等院校非计算机专业计算机基础教学指导分委员会提出的大学计算机基础教学大纲编写，是计算机信息技术基础的实验配套教材。主要内容包括：计算机实验预备知识、Windows 基本操作、中文表处理软件 Word、电子表格软件 Excel、演示文稿软件 Powerpoint、网页制作工具 FrontPage、Internet 应用操作，实验中应用到的样文，常见问题及解答和部分考试练习题。实验内容连续统一、图文并茂、通俗易懂，既有详细的基本实验操作指导，又有需读者独立完成的高级实验内容，侧重于提高实际应用操作能力，有利于读者举一反三，触类旁通。

全书内容结构合理，讲解深入浅出，突出了系统性和实践操作能力。本书可用作高等院校非计算机专业的实验教材以及相关培训班材料。

目　录

第1章　实验预备知识

实验一　实验预备操作

一、信息技术的大纲要求

1. 信息技术基础知识

（1）信息的概念、特征和分类。

（2）信息技术的概念和特点。

（3）我国的信息化建设。

2. 计算机系统基础知识

（1）计算机的发展史，计算机的特点、应用和分类。

（2）计算机中的数据与编码。

（3）冯·诺依曼型计算机的硬件结构及其各部分的功能。

（4）微型计算机的硬件结构及其各部分的功能。包括：中央处理器、总线、内存储器、外存储器、输入设备、输出设备。

3. 计算机软件系统知识

（1）指令和指令系统、计算机的工作原理。

（2）计算机软件系统的层次结构及其组成。包括：系统软件、应用软件。

（3）操作系统的概念、分类及主要功能；语言的类型及语言处理程序。

（4）文件及文件的管理：文件的定义、命名规则以及通配符的使用。

4. 计算机网络基础知识

（1）计算机网络的定义、分类、组成与功能。

（2）网络通信协议的基本概念。

（3）局域网的特点和组成；局域网的主要拓扑结构。

（4）局域网组网的常用技术。

5. 因特网（Internet）基础知识

（1）因特网的基础知识。包括：因特网的形成与发展、中国因特网简介。

（2）因特网提供的主要服务；因特网的通信协议；IP 地址和域名；因特网的接入方式。

（3）万维网主要术语。包括：网页、主页、统一资源定位器（URL）、超文本、超级链接。Outlook Express 软件的使用。

（4）电子邮件基础知识及 Outlook Express 软件的使用。

（5）计算机病毒和网络安全知识。包括：计算机病毒的概念、特点、分类和预防；网络黑客和防火墙的概念。

6. 多媒体信息处理知识

（1）多媒体技术的基本概念。包括：媒体及其分类、多媒体及其主要特征。

（2）多媒体的重要媒体元素。包括：文本、音频、图形和静态图像、动画、视频。

（3）多媒体计算机的组成。

7. 常用软件：Word 2000、Excel 2000、PowerPoint 2000、FrontPage 2000、Internet Explorer、Outlook Express 的使用及相关概念。

二、实验目的

1. 掌握计算机的组成：主机、内部结构、外围设备
2. 掌握开机、关机部分：开机、关机、注销、待机、启动菜单
3. 掌握键盘和鼠标的使用
4. 掌握 FTP 的浏览与下载

三、实验题目

（一）基本题目要求

1. 开机启动 Windows 2000
2. 关机退出 Windows 2000
3. 重新启动计算机
4. 键盘和鼠标的练习
5. 熟练掌握一种中文输入法
6. 使用帮助
7. ftp 操作（从 ftp 服务器上下载指定文件到本地计算机桌面）

（二）补充题目要求

1. Windows 2000 中有几种输入法？熟练掌握应用键盘完成各输入法之间的切换方法。
2. 掌握打开 Windows 2000 的软键盘的操作方法。

（三）提高题目要求

1. 掌握多种关闭 Windows 2000 系统的操作方法。
2. 重新设置系统时间和日期。

四、基本题目操作方法

1. 开机，启动 Windows 2000

Windows 2000 的启动非常方便，只要打开计算机电源就自动启动 Windows 2000。具体步骤如下：

（1）检查显示器屏幕下方的电源指示灯（绿灯）是否亮，若没亮则表示显示器电源没打开，此时按一下显示器上的电源按钮。

（2）按一下机箱上的电源开关（一般有“POWER”字样），使计算机主机接通电源，计算机开始启动并进入操作系统。

注：进入系统前，需等待若干秒，此时勿进行键盘操作。启动过程中，可能会出现如图 1－1 所示的窗口，要求用户进行登录。登录时，需要输入用户名和密码。这样做除了可提供安全性外，还可以使 Windows 2000 能够保存个人设置。

图 1－1　Windows 2000 登录窗口

（3）出现“欢迎进入 Windows 2000”的字样，准备进入 Windows 2000，当屏幕出现类似图 1－2 所示画面时，说明系统启动成功。

2. 关机（关闭 Windows 2000）

要退出 Windows 2000 的使用，应该正确关机，以便保存全部工作和不对操作系统造成损害。关机步骤如下：

（1）先将所做的工作存盘，然后关闭所有打开的应用程序。

（2）用鼠标单击任务栏上的“开始”菜单按钮。

（3）用鼠标单击菜单中的“关机”命令，屏幕出现“关闭 Windows”对话框，如图 1－3 所示。

（4）在对话框中选择“关机”。

图 1－2　Windows 2000 的桌面

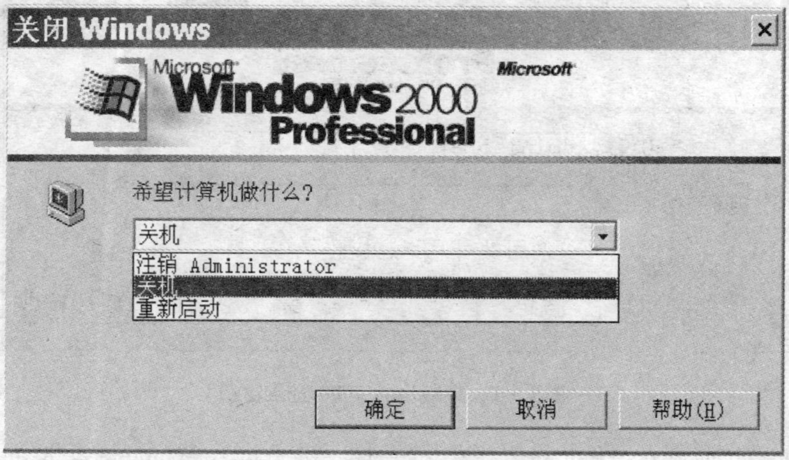

图 1－3　Windows 2000 的关闭窗口

（5）用鼠标单击“确定”按钮。系统自动退出 Windows 2000 系统。

此时，由于不同的计算机电源和主板的特性，有些计算机，屏幕会出现提示“现在可以安全地关机了”，用户可以关掉计算机主机及显示器的电源。有的计算机，系统将自动关掉主机电源，用户可能只需关掉显示器电源即可。

3. 重新启动计算机

在使用过程中，频繁的启动计算机，对机器及系统都会造成损害，尽量避免频繁的启动。重启的步骤与关机步骤类似，具体如下：

（1）用鼠标单击任务栏上的“开始”菜单按钮，再单击菜单中的“关机”命令，屏幕出现“关闭 Windows”对话框，如图 1－3 所示。在“希望计算机做什么?”下选择“重新启动”。

（2）用鼠标单击“确定”按钮。系统则重新启动 Windows 2000 系统。

注：冷启动和热启动。冷启动：关机状态下按 POWER 启动计算机，叫做冷启动。复位启动：按机箱上的 RESET 按钮来启动，叫复位启动。热启动：通过开始菜单、任务管理器或者快捷键，重新启动计算机，叫热启动。冷启动和复位启动都要重新上电，检测硬件，电流对硬件有冲击，并有损害。热启动不重新上电，不检测硬件．直接加载数据。

4. 键盘和鼠标的练习

Windows 2000 的操作以鼠标操作为主，也可以使用键盘操作。鼠标指针形状及其含义见图 1－4。在 Windows 2000 中，对一个对象实施操作，往往是先选择对象，选中的对象以高亮度显示，再选择命令。

指针形状	含　义	指针形状	含　义	指针形状	含　义
	正常选择		选定文本		沿对角线调整 1
	帮助选择		手写		沿对角线调整 2
	后台运行		不可用		移动
	忙		垂直调整		候选
	精确定位		水平调整		链接选择

图 1－4　鼠标指针形状及其含义

（1）鼠标的基本操作：

“移动”：在不按住鼠标任何键的情况下在桌面上移动鼠标，使指针位置发生变化。

“单击”：即单击鼠标左键，用于选择某个对象或启动某个对象。选择将使操作对象的颜色发生变化。

“双击”：即在不移动鼠标的情况下，快速并连续按两下鼠标左键，用于启动程序、图标或者打开窗口。等效于先选择对象，然后启动对象。

“右击”：即按一下鼠标右键，往往用于弹出某对象的快捷菜单等。

“拖放”：先指向对象，按下鼠标左按钮，然后拖动对象到一个新位置，再释放鼠标左按钮。常用于滚动、块操作、标尺指针操作或移动对象操作。

（2）鼠标的指针

“开始”→“设置”→“控制面板”→“鼠标”→“指针”

（3）键盘的操作：

键盘的分区：

键盘上键位的排列按用途分为 4 个区：打字键区、功能键区、全屏幕操作键区、小键盘区。

键盘的操作指法：

手指按键分工，如图 1－5。

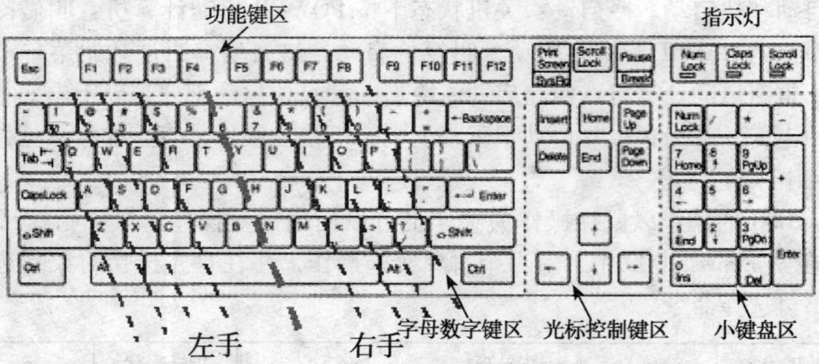

图 1－5　手指按键分工

操作要领：不能看键位击键（盲打）；手腕平直，手指略微弯曲；指尖垂直向下击键，瞬间发力，击毕应立即回复原位；击空格键时，用大拇指外侧垂直向下敲击；需要换行时，右手 4 指稍展开，用小指击换行键，击后，右手立即返回到原基准键位上。

打字练习：按如下步骤打开，选择“开始”菜单的“程序”，在弹出的级联菜单里选择“附件”，再单击其级联菜单下“记事本”，如图 1－6。

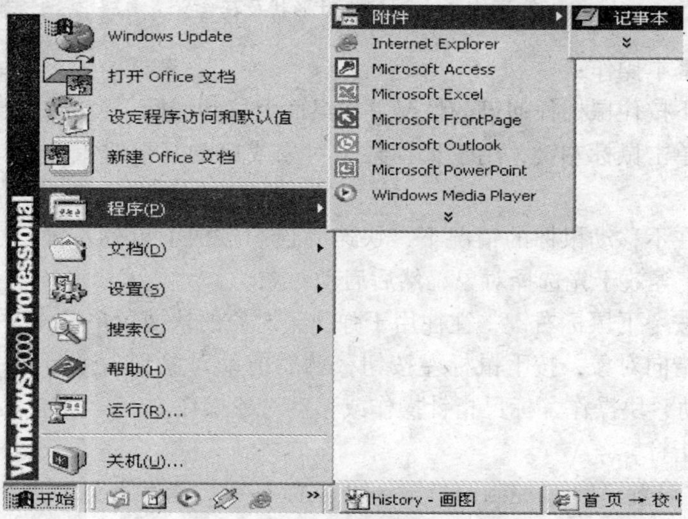

图 1－6　“开始”菜单

在记事本或写字板中输入以下字符：

When I was young I'd listen to the radio, waiting for my favorite songs, when they played I'd sing along, It make me smile. those were such happy times and not so long ago how I wondered where they'd gone. but they're back again just like a long lost friend all the songs I love so well. every sha'la'la every wo'wo still shines. every shing-a-ling-a-ling that they're starting to sing so fine when they get to the part where he's breaking her heart it can really make me cry just like before. it's yesterday once more. looking bak on how it was in years gone by and the good times that had makes today seem rather sad, so much has changed. it was songs of love that I would sing to them and I'd memorise each word. those old melodies still sound so good to me as they melt the years away every sha'la'la every wo'wo still shines every shing-a-ling-a-ling that they're starting to sing so fine all my best memorise come back clearly to me some can even make me cry just like before. it's yesterday once more. every sha'la'la every wo'wo still shines. every shing-a-ling-a-ling that they're starting to sing so fine every sha'la'la every wo'wo still shines. every shing-a-ling-a-ling that they're starting to sing.

Would you dance if I asked you to dance? would you run and never look back? would you cry if you saw me crying? and would you save my soul, tonight? would you tremble if I touched your lips? would you laugh? oh please tell me this. now would you die for the one you loved? hold me in your arms, tonight. I can be your hero, baby. I can kiss away the pain. I will stand by you forever. you can take my breath away. would you swear that you'll always be mine? or would you lie? would you run and hide? am I in too deep? have I lost my mind? I don't care...you're here tonight. I can be your hero, baby. I can kiss away the pain. I will stand by you forever. you can take my breath away. Oh, I just want to hold you. I just want to hold you. oh. . yeah. . am I in too deep? have I lost my mind? I don't care…you're here tonight. I can be your hero, baby. I can kiss away the pain. I will stand by your forever. you can take my breath away. I can be your hero. I can kiss away the pain. and I will stand by you forever. you can take my breath away. you can take my breath away. I can be your hero.

Say you say me lionel richie say you, say me say it for always that's the way it should be say you, say me say it together, naturally I had a dream, I had an awesome dream people in the park playing game in the dark and what they played was a masquerade but from behind the walls of doubt a voice was crying out say you, say me say it for always that's the way it should be say you, say me say it together, naturally as we go down life's lonesome highway seems the hardest thing to do is to find a friend or two that helping hand someone who understands when you feel you've lost your way you've got someone there to say I'll show you oo, oo, oo say you, say me say it for always that's the way it should be say you, say me say it together, naturally so you think you know the answers oh no! well the whole world's got ya dancing that's right I'm telling you it's time to start believing oh yes!

在输入时，有些字符在双字符键的上档，在输入这些字符时，先按住 Shift 键不放，再按下字符键。若 CapsLock 键处于接通状态（大写状态）下，按下 Shift + 字母的组合，会显示出相应的小写字母；反之，在小写状态下，可输入大写字母。

Windows 2000 中与文本编辑相关的功能键集中在键盘的控制键区。在控制键区中按下 Delete、Home、Ctrl + Home、End、PageUp、PageDown 键以及四个方向键，观察按下这些功能键后产生的效果和光标位置的变化情况。

输入时常用按键及作用如表 1 – 1 所示。

表 1 – 1　常用键的作用

键	作　用	说　明
Esc	释放键	取消当前操作。在 DOS 下废除当前行，等待新的输入
Space	空格键	按一下产生一个空格
BackSpace	退格键	删除光标左侧的字符
Shift	换档键	同时按下此键和具有两档字符的键，上档符起作用
Tab	制表键	按一次，光标向右跳 8 个字符位置，可用来对齐位置
Caps Lock	大小写转换	Caps Lock 灯亮时，处于大写状态，否则小写
Win	Win 键	用来打开【开始】菜单，也可与其他键组合用
Ctrl	控制键	此键与其他键配合使用时，可产生各种功能效果
Alt	控制键	又称替换键，具有与 Ctrl 键相似的作用
Enter	回车键	光标移到下一行
Del	删除键	按一次删除光标右侧一个字符
Ins	插入/覆盖转换	插入状态时在光标左侧插入字符，否则覆盖当前字符
Home	行首键	使光标快速定位到行首
End	行尾键	使光标快速定位到行尾
Page Up	向前翻页	使光标快速定位到上一页
Page Down	向后翻页	使光标快速定位到下一页
Pause/Break	暂停键	按一下暂停正在执行的操作，再按一下任意键继续

5. 熟练掌握一种中文输入法

(1) 输入法的选择

鼠标：

单击任务栏上的键盘语言指示器

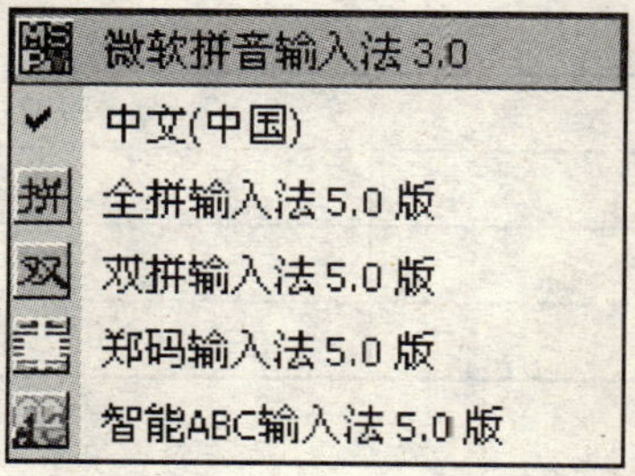

键盘：

中英文切换：Ctrl + Space

各种输入法循环切换：Ctrl + Shift

全角半角切换：Shift + Space

中英文符号切换：Ctrl + Space

（2）微软拼音输入法

拼音输入法，直接取汉字的汉语拼音作为编码（表 1－2）。

优点：

它具有一定的智能性，支持整句输入，能根据上下文意义自动确定所输入的文字，从而大大提高输入的速度。中文标点对应键见表 1－2。

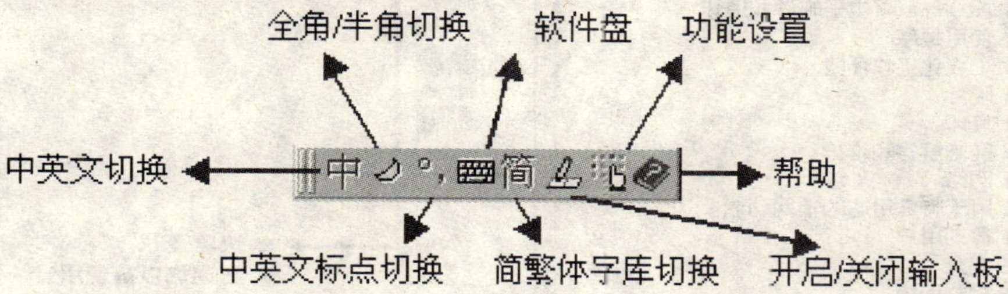

表 1－2　中文标点对应键

中 文 标 点	键 盘 的 对 应 键
、	\
“　”	“
— —	_
…　…	^
《	<
》	>
‘　’	‘

续表

中文标点	键盘的对应键
。	.
—	&
¥	$

6. 使用帮助：

Windows 2000 的帮助系统提供了多种形式的帮助方法，启动 Windows 2000 联机帮助的方法及步骤如下：

（1）使用 F1 键启动帮助。在 Windows 2000 的桌面上按 F1 键，可以随时得到系统的帮助，打开 Windows 2000 帮助窗口，如图 1－7 所示，该窗口中有许多关于 Windows 2000 的帮助信息。

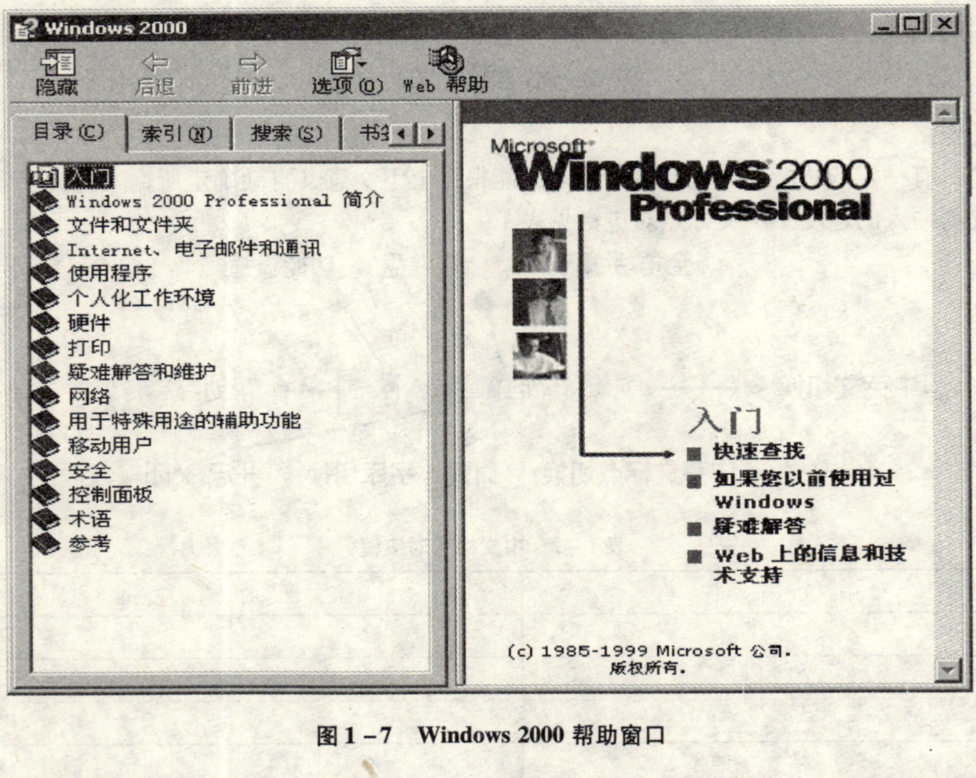

图 1－7　Windows 2000 帮助窗口

（2）使用菜单命令帮助。单击“开始”菜单，选择“帮助”命令，也可以打开如图 1－7所示的窗口。

“帮助”窗口主要由工具栏和左右两个窗格组成。左边的窗格包含“目录”、“索引”、

“搜索”和“书签”4个选项卡。

7. ftp操作（从ftp服务器上下载指定文件到本地计算机桌面）

（1）FTP协议：什么是FTP呢？FTP是TCP/IP协议组中的协议之一，是英文File Transfer Protocol的缩写。该协议是Internet文件传送的基础，它由一系列规格说明文档组成，目标是提高文件的共享性，提供非直接使用远程计算机，使存储介质对用户透明和可靠高效地传送数据。简单地说，FTP就是完成两台计算机之间的拷贝，从远程计算机拷贝文件至自己的计算机上，称之为“下载（download）”文件。若将文件从自己计算机中拷贝至远程计算机上，则称之为“上传（upload）”文件。

（2）FTP服务器和客户端：同大多数Internet服务一样，FTP也是一个客户/服务器系统。用户通过一个客户机程序连接至在远程计算机上运行的服务器程序。依照FTP协议提供服务，进行文件传送的计算机就是FTP服务器，而连接FTP服务器，遵循FTP协议与服务器传送文件的电脑就是FTP客户端。用户要连上FTP服务器，就要用到FTP的客户端软件，通常Windows自带“ftp”命令，这是一个命令行的FTP客户程序，另外常用的FTP客户程序还有CuteFTP、Ws_ FTP、Flashfxp、LeapFTP、流星雨－猫眼等。

（3）用户授权：要连上FTP服务器（即“登陆”），必须要有该FTP服务器授权的账号，也就是说你只有在有了一个用户标识和一个口令后才能登陆FTP服务器，享受FTP服务器提供的服务。

（4）FTP地址格式：FTP地址如下：

ftp：//用户名：密码@FTP服务器IP或域名：FTP命令端口/路径/文件名

上面的参数除FTP服务器IP或域名为必需项外，其他都不是必需的。如以下地址都是有效FTP地址：

ftp：//server

ftp：//10.10.10.10

ftp：//server：8080

（5）FTP的传输模式：FTP协议的任务是从一台计算机将文件传送到另一台计算机，它与这两台计算机所处的位置、联接的方式、甚至是是否使用相同的操作系统无关。假设两台计算机通过ftp协议对话，并且能访问Internet，你可以用ftp命令来传输文件。每种操作系统使用上有某一些细微差别，但是每种协议基本的命令结构是相同的。

（6）实际应用：练习课都是采用ftp模式，每次课学生们都要下载题目及上次实验批改结果，下课前再上传本次课完成的实验。访问ftp具体步骤如下：如图1－8，打开IE浏览器，在地址栏里输入地址ftp：//server，用户名处输入yd，无密码，直接确定访问。再继续双击打开本班级文件夹，如图1－9。

首次访问FTP前，完成以下步骤：

1）打开资源管理器，在本地磁盘E盘下新建一个以自己学号命名的文件夹。

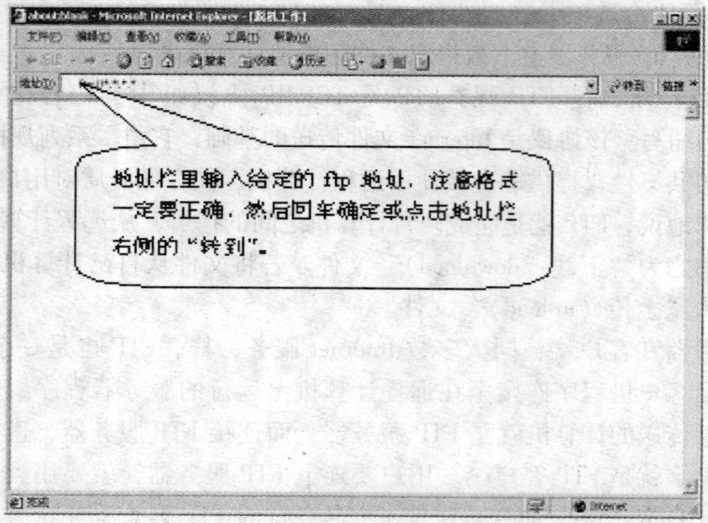

图 1－8　ftp：//server

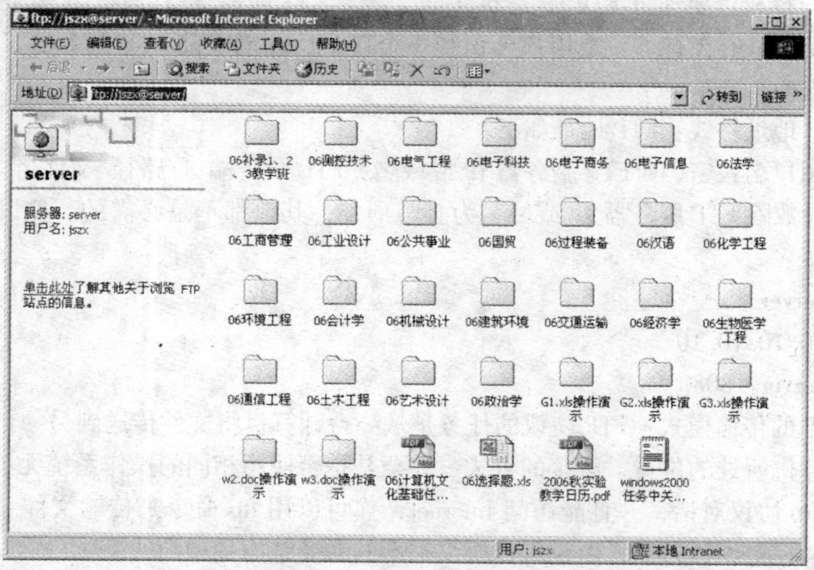

图 1－9　server 文件夹

2）打开 FTP：//server，找到本人班级文件夹，再复制学号文件夹，粘贴到 ftp 本班级文件夹下。

注：每次实验结果都要保存到本人学号文件夹里。

作业批改情况放在相应专业班级文件夹下，学生下载后浏览，如图 1－10 所示。

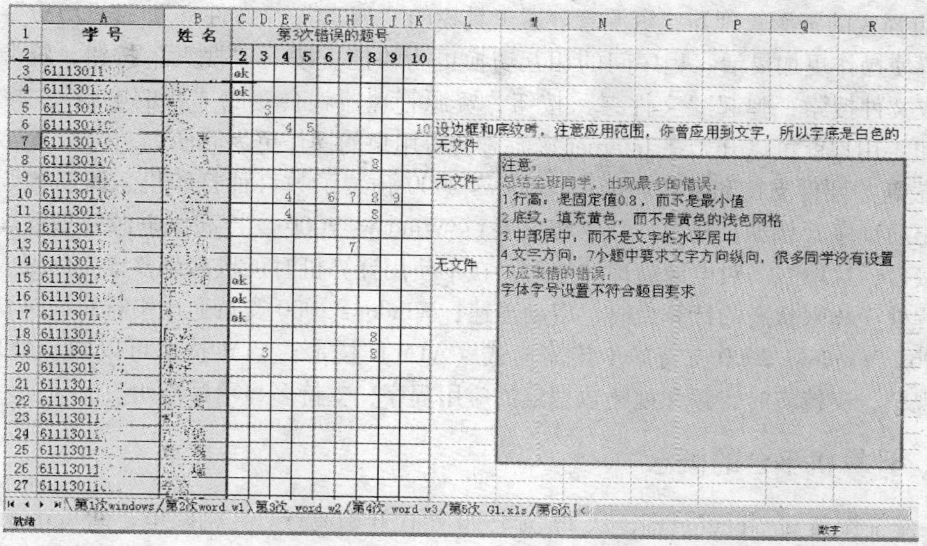

图 1－10　批改结果

提示：对于补充和提高部分的题目的操作请参考本章相关操作知识或教材自行完成。

本章相关知识

一、Windows 2000 系列介绍

Windows 2000 系列根据不同的应用场合，分为四个版本。

1. Windows 2000 Professional：针对商业和个人用户。是为各种桌面计算机和便携机开发的新一代操作系统，帮助用户更加容易地使用计算机、安装和配置系统、脱机工作和浏览网页等，提供了高层次的安全性、稳定性和系统性能，是极为可靠的桌面平台和移动操作系统。

2. Windows 2000 Server：针对工作组级服务器版本。

3. Windows 2000 Advanced Server：针对企业级的服务器版本。

4. Windows 2000 Datacenter Server：针对大型数据仓库的数据中心服务器版本。

二、Windows 2000 Professional 的特点

1. 更简洁友好的界面：桌面更加整洁，“开始”菜单只显示最经常使用的项目，隐藏长时间未使用的程序项目。能够智能地监控用户对应用程序的访问情况。

2. 更强大的资源管理器：资源管理器工具栏的“搜索”、“文件夹”和“历史”三个按钮的设置使操作更加灵活、程序间的相互切换更为快捷。按下“搜索”按钮，资源管理器就会变成文件搜索；弹起“文件夹”按钮，资源管理器就会变成“我的电脑”；按下“历史”按钮，用户就可以开始在 Internet 漫游。使得用户的操作更为简便。

3. 最新的硬件支持和管理功能：Windows 2000 预装了数百种打印机、调制解调器和其他硬件驱动程序（例如扫描仪、数字相机等）；Windows 2000 支持高级电源管理和高级配置及电源接口，这增强了对电源管理的能力，在不使用计算机时可将其设备置为休眠或挂起状态，唤醒处于休眠状态的计算机时，启动迅速；Windows 2000 支持通用串行总线（USB）和 IEEE1396；Windows 2000 支持同步传输模式（ATM）技术，ATM 技术可以同步处理声音、数据和视频，支持实时音频和视频数据流的应用程序，支持多显示器应用。

三、计算机平台的概念

“平台”即英文“platform”，从 20 世纪 90 年代开始流行。在剧院里，platform 是演员表演的舞台；而在计算机术语中，平台用来表示用户在使用计算机时赖以操作的环境。组成环境的硬件构成硬件平台，组成环境的软件（主要是指操作系统）构成软件平台。

PC 机有台式和便携式两种。以 PC 机为实例，简单地介绍一下微机的硬软件平台：

1. 硬件平台由主机或系统部件（中央处理器 CPU、内存储器、输入输出 I/O 接口板、软硬盘驱动器等）、显示器、键盘和打印机等组成。有的还配有多媒体接口板。

2. 软件平台由所配置的操作系统决定，配上 DOS 可构成 DOS 平台；配上 Windows 操作系统，即是 Windows 平台。

第2章　Windows 2000

实验二　Windows 2000 基本操作

一、课前准备

进入 ftp：//server，复制“实验所需文件”文件夹下的“win”文件夹到E盘。

二、大纲要求

1. Windows 2000/XP/98 的基本操作

（1）桌面操作：

文件或文件夹的添加、删除、移动、复制。

快捷方式的创建、删除、重命名。

（2）窗口操作：

打开、关闭、最小化、最大化、还原窗口操作。

调整窗口大小、移动窗口操作。

改变窗口排列方式和显示方式，多窗口的排列和窗口切换。

打开各类菜单、选择菜单项。

获取帮助的方法。

2. Windows 2000/XP/98 主要部件的应用

（1）资源管理器。包括：文件和文件夹的浏览，查找，移动、复制、删除和重命名，属性的设置。

（2）我的电脑。包括：磁盘格式化、软盘复制、检查磁盘空间、修改卷标。

（3）回收站。包括：恢复、删除回收站中的文件，清空回收站。

（4）控制面板。包括：设置显示参数：背景和外观、屏幕保护程序、颜色和分辨率；添加、删除硬件；添加或删除程序；添加、删除输入方法；添加、删除打印机。

（5）附件工具的使用。

三、实验目的（掌握、熟悉、了解）

1. 掌握新建、查找、保存文件夹和文件
2. 掌握复制、剪切文件或文件夹
3. 掌握文件的删除与还原
4. 掌握多种快捷方式的创建方法
5. 掌握 win2000 资源管理器等的使用
6. 掌握 win2000 控制面板

四、实验题目

（一）基本题目要求

1. 利用资源管理器在 E：\ 盘根目录下，建立如下的文件夹结构：

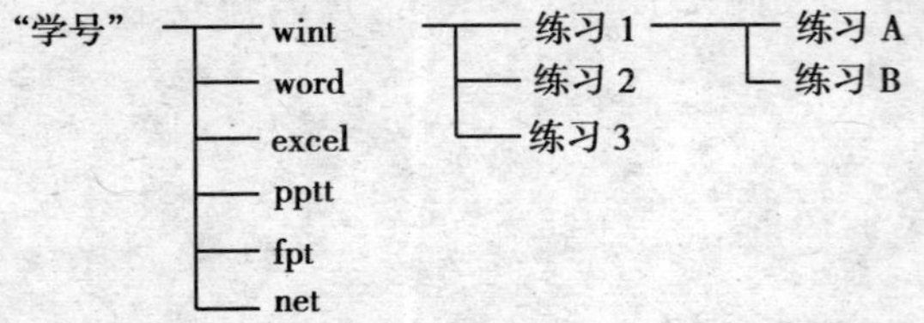

2. 在 c：\ winnt 文件夹下查找 *. txt（不包含子目录），复制到练习 A 文件夹。
3. 移动 E 盘下“教学研讨会 . jpg”到练习 3 文件夹。
4. 移动练习 A 文件夹到练习 2 内。
5. 删除练习 B 文件夹及 C 盘内 *. old 文件。
6. 建立 E 盘快捷方式到练习 1。
7. 设置屏幕保护为“字幕”。文字为自己姓名。
8. 查看【控制面板】的启动方法和主要功能。

（二）补充题目要求

1. 在 E 盘根目录下建立“Fujia”为名的文件夹。

2. 将 C：\ WINNT \ SYSTEM32 \ 下首字母为 F 第二个字母为 O 的文件复制到 E 盘 Fujia 文件夹下，并将“FORMAT. COM”文件改名为“格式化 . COM”。

3. 显示系统中所有隐藏文件（具有系统、隐藏属性的文件）。

4. 去掉删除确认对话框，再恢复删除确认对话框，明确确认对话框的作用。

5. 打开“命令提示符”窗口，将该窗口抓图并以“命令提示符 . bmp”为文件名保存到 E 盘 Fujia 文件夹下。

6. 清除历史纪录（删除最近访问过的文档、程序和网站记录）。

7. 重新设置桌面背景和屏幕保护程序。

（三）提高题目要求

1. 打开“开始”菜单中的“运行”对话框，将该对话框抓图到画图程序中，并以“YunXing. bmp”为文件名，保存到 E 盘 Fujia 文件夹下。

2. 在 E 盘范围内查找以“Y”开头，扩展名为“. bmp”的文件，将其设置为仅有“只读”、“隐藏”属性。

3. 打开“写字板”窗口，再打开“YunXing. bmp”，使用键盘完成两个窗口的切换。

4. 在 Fujia 文件夹下建立一个名为“统计表 . xls”的 Excel 文件。

5. 改变“任务栏”的大小和位置，并重新设置“任务栏”的属性。

6. 在 Fujia 文件夹范围搜索“YunXing. bmp”文件，并在 Fujia 文件夹下建立它的快捷方式，名称为“运行”。

7. 至少用两种方法在 E 盘范围内查找到“Fujia”文件夹，并将其彻底删除。

五、基本题目操作方法

1. 利用资源管理器在 E：\ 盘根目录下，建立文件夹结构。

首先启动资源管理器，找到操作文件夹，即在哪个文件夹下创建文件夹结构。方法有多种：可以在“开始”菜单单击右键，选择“资源管理器”选项；还可以右击“我的电脑”图标→在弹出的快捷菜单里单击“资源管理器”；还可以双击“我的电脑”，弹出“我的电脑”窗口→右击任一对象，弹出快捷菜单→单击其中“资源管理器”菜单命令。本题是在 E 盘下。启动资源管理器后的界面如图 2 - 1，选择左窗格中的文件夹，则在右侧窗格中显示该文件夹中的内容。

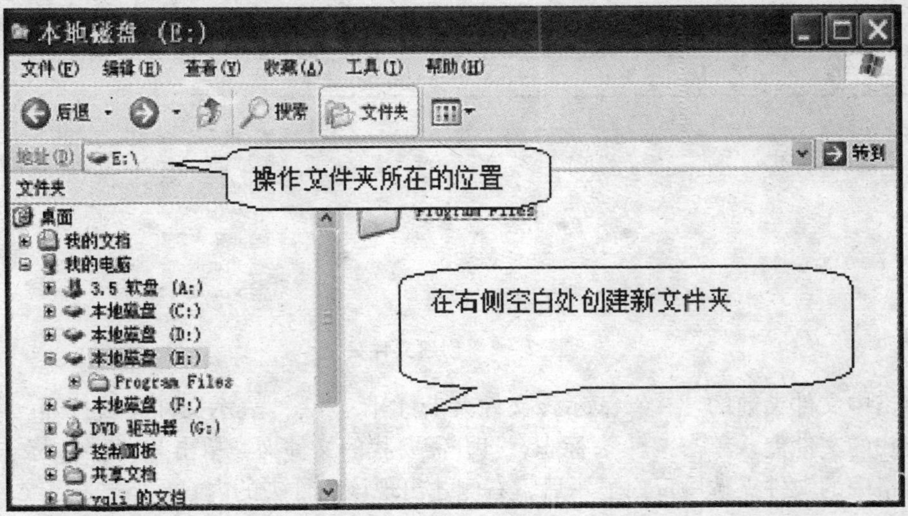

图 2 - 1　资源管理器窗口

创建文件夹前必须清楚父文件夹和子文件夹的概念，一个文件夹可以包括若干个子文件夹和若干个文件。在本题的树形文件夹结构中，“本人的学号”文件夹包含六个子文件夹，分别为 wint、word、excel、pptt 和 fpt、net。wint 下又包含三个子文件夹，分别为练习 1、练习 2 和练习 3。在练习 1 里又包含两个子文件夹，分别为练习 A、练习 B。

在 E 盘内创建“学号”（学校下发给本人的真实学号）文件夹。在窗口右边的空白处右击或者单击“文件”菜单，选择“新建”菜单项，在弹出的子菜单中选择“新建文件夹”菜单项，如图 2 – 2 所示。则在 E 盘下创建了一个名为“新建文件夹”的新文件夹，在“新建文件夹”反白处键入本人的学号，此时“学号”文件夹创建完毕。在左窗格中找到“学号”文件夹单击或双击右窗格“学号”文件夹，使“学号”文件夹处于打开状态，重复上面的操作，将键入的内容换为 wint。同理创建其他文件夹，最终的文件夹结构如图 2 – 3。

★注：新建文件夹关键是要确定新文件夹是建立在哪个磁盘上或哪个文件夹下。

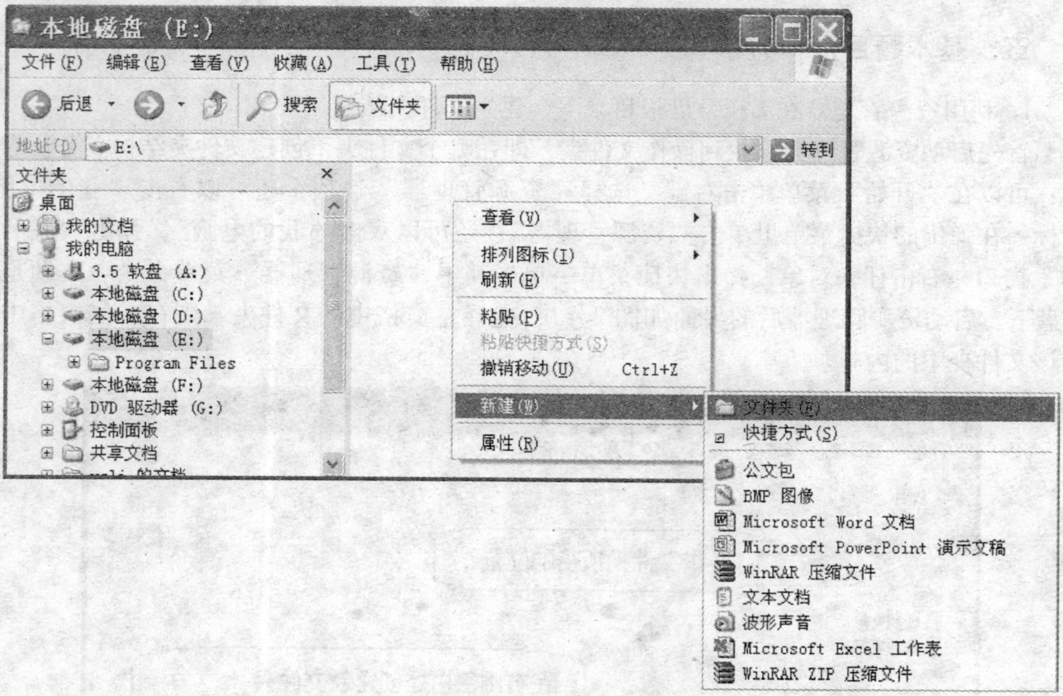

图 2 – 2　创建文件夹

左窗格中文件夹前的“ + ”表示该文件夹未打开，“ – ”表示文件夹已打开。因此关闭不需要查找的文件夹，单击“ – ”标志；打开需要找的文件夹，单击其“ + ”标志，另外，只有左窗格中的文件夹选中反白显示后，右侧才出现该文件夹的内容。

2. 在 C：\ winnt 文件夹下查找 *. txt（不包含子目录），复制到练习 A 文件夹。

操作方法如下：

(1) 单击资源管理器左窗口中的本地磁盘（C:），然后找到并选定 winnt 文件夹，单击工具栏中的“搜索”按钮，如图 2－4。

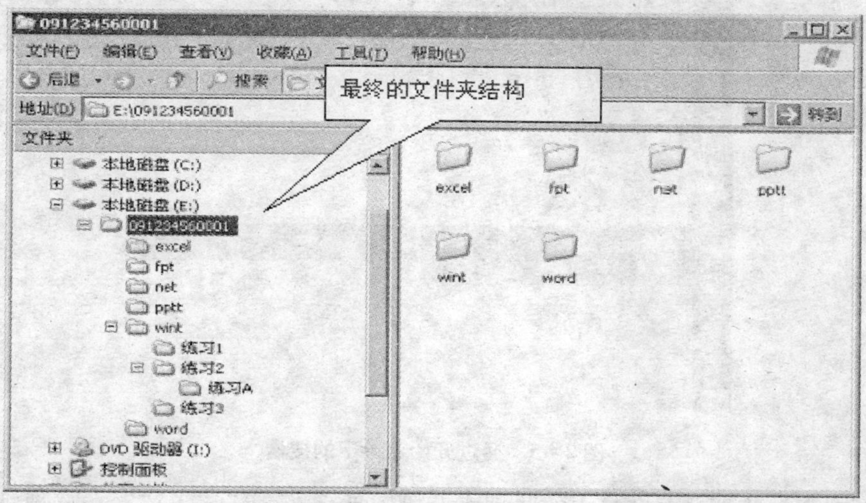

图 2－3　最终形成的文件夹结构

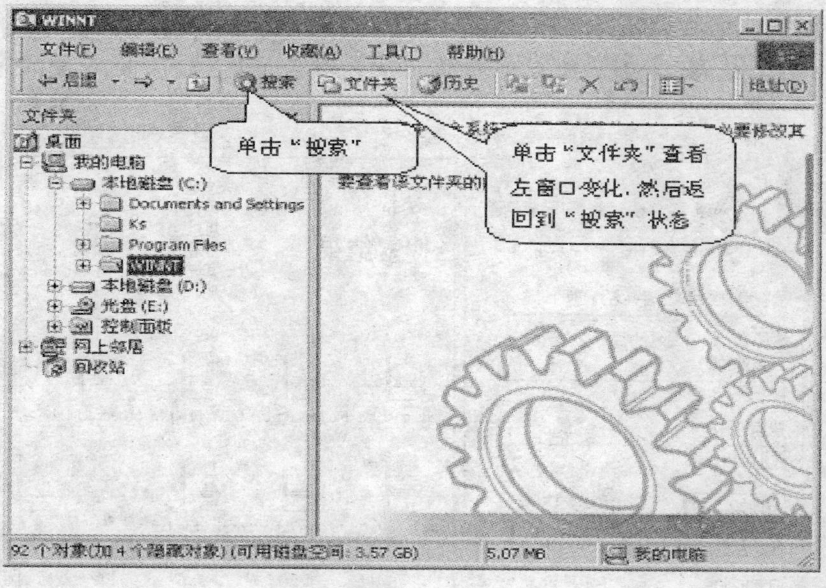

图 2－4　选定目标文件夹

搜索的方法还有：右击资源管理器左窗口中的 winnt 文件夹，在弹出的菜单项中选择“搜索”；或在“开始”菜单中选择“搜索”选项卡下的级联菜单里选择“文件或文件夹”，如图 2－5，此方法要在“搜索范围”下通过浏览的方式确定搜索范围，建议熟练前两种方法。

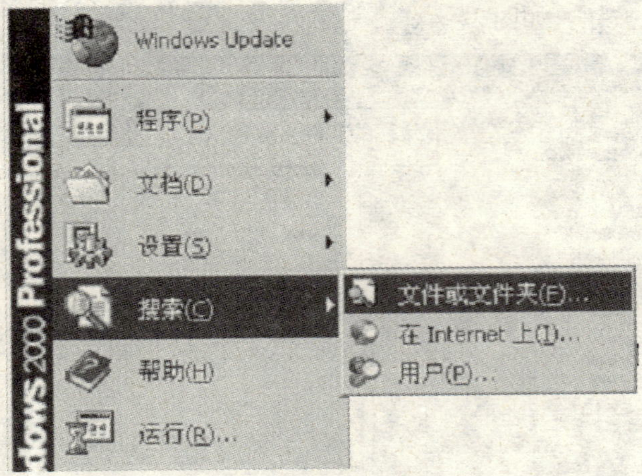

图 2－5　通过开始菜单下的搜索

（2）此时资源管理器左窗口中的“搜索范围”为：“c：\ winnt”，在“要搜索的文件或文件夹名为”内输入要查找的文件：“＊. txt”。在右窗口中则显示出搜索的结果，此结果包含 winnt 子目录中满足条件的文件，如图 2－6。

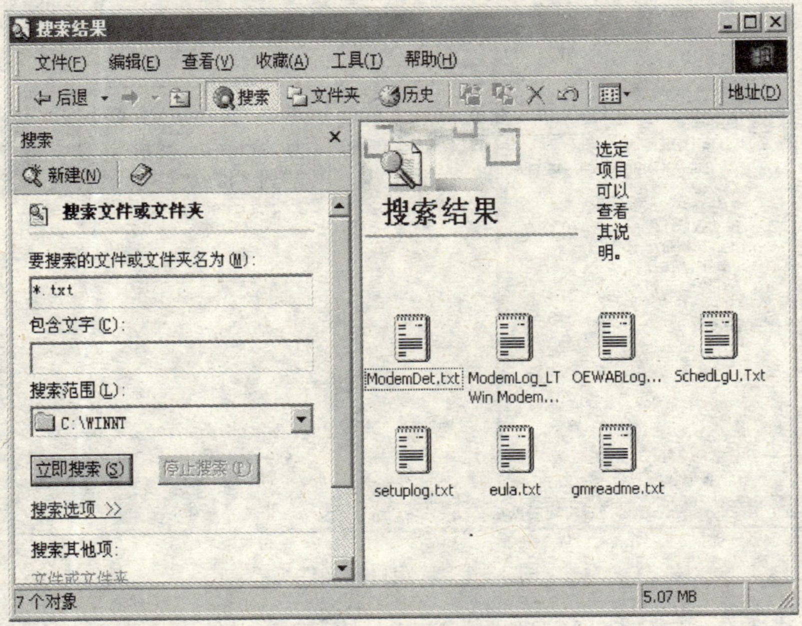

图 2－6　搜索结果

注：用通配符“＊”，“？”可显示磁盘上某一类文件，其代替文件名和扩展名中一个乃至全部字符。“？”代替任意一个合法字符；“＊”代替任意长度的合法字符串的组合。

（3）单击“查看”菜单中的“详细资料”菜单项，或者单击工具栏中的▦▾下的“详细资料”选项。观察右窗口的变化。

（4）单击右窗口中的“所在文件夹”按钮，如图 2－7，或者单击“查看”菜单中的“排列图标”菜单项，在级联菜单中选“按文件夹”菜单项。

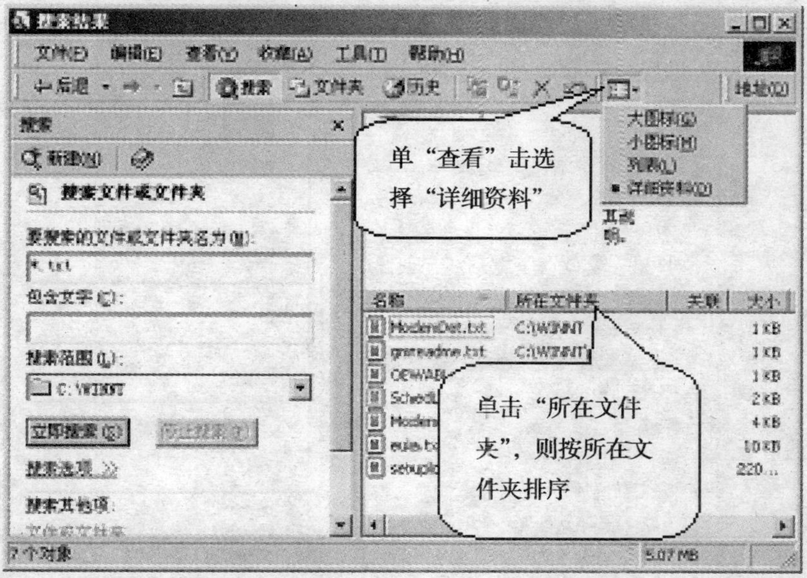

图 2－7 按所在文件夹排序

（5）在右窗格中选中符合要求的文件。选定文件或文件夹的方法：在对文件或文件夹操作之前，首先要选定文件或文件夹，一次可以选定一个或多个文件或文件夹，被选定的文件或文件夹以高亮显示。具体操作如下：

1）选定一个文件或文件夹：单击要选定的文件或文件夹即可。选定全部文件或文件夹按：Ctrl + A。

2）选定多个不连续的文件或文件夹：单击第一个要选定的文件或文件夹，然后按住 Ctrl 键不放，单击要选择的其他文件或文件夹选项即可。

3）选定多个连续的文件或文件夹：单击第一个要选定的文件或文件夹，然后按住 Shift 键不放，再单击最后一个文件或文件夹，则在这两项之间的所有文件或文件夹将被选定，并且以高亮显示选定区域。

4）反向选定多个不连续的文件或文件夹：有时，在一个文件夹中要选定的文件很多，而只有几个不选时，可以先选择不需要选定的文件，然后再利用“编辑”菜单中的“反向选定”命令进行选定。

（6）通过“搜索选项”下的“高级搜索”设置，直接搜索出不包含子目录中的文件：如图2－6，在单击“立即搜索”前，先单击搜索选项，如图2－8，把高级选项前的复选去除，此时搜索则不包含子文件夹内容。

注：以上两种搜索方式都要熟练掌握，练习按名称，大小，类型，修改时间排序。

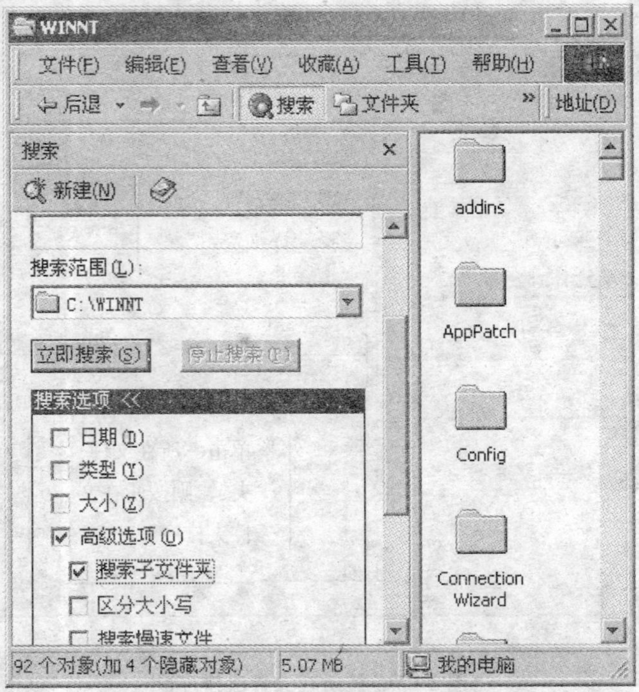

图2－8 搜索的高级选项

（7）复制选定的文件。复制文件和文件夹的方法：

1）使用菜单命令复制文件和文件夹：“编辑”菜单下的“复制”。

2）使用工具栏：在工具栏中单击“复制到”按钮，引出“浏览文件夹”对话框，在文件夹框中选择目标文件夹，单击“确定”完成复制文件。

3）使用右键：鼠标指针置于高亮显示区域，在右键弹出的菜单选项中单击“复制”。

4）使用快捷键复制文件或文件夹：复制 Ctrl + C，粘贴 Ctrl + V，剪切 Ctrl + X。

5）使用鼠标复制文件或文件夹：使用鼠标实现文件的复制与移动时要注意：在不同盘之间拖动文件——复制；在同一个盘内拖动文件——移动；鼠标拖动的同时按住 <Ctrl> 键，必定是复制；鼠标拖动的同时按住 <Shift> 键，必定是移动；用鼠标右键拖动文件到目标文件夹，待目标文件夹呈高亮显示时放开右键，可从弹出菜单选择“复制到当前位置”。

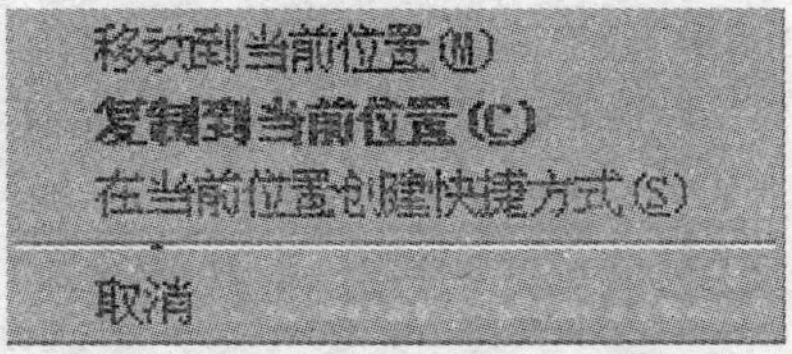

（8）切换到资源管理器窗口：单击工具栏中的“文件夹”按钮。

（9）在左窗格中单击：本地磁盘（E:）前的“+”→学号文件夹前的“+”→wint 文件夹前的“+”→练习 1 文件夹前的“+”→练习 A，使练习 A 处于打开状态。

（10）粘贴所复制的文件：使用菜单命令或使用右键或使用快捷键粘贴。

3. 移动 E 盘下“教学研讨会 . jpg”到练习 3 文件夹。

（1）单击资源管理器左窗口中的本地磁盘（E:），单击工具栏中的“搜索”按钮。

（2）此时资源管理器左窗口中的“搜索范围”为：“本地磁盘（E:）”，在“要搜索的文件或文件夹名为”内输入要查找的文件：“教学研讨会 . jpg”。在右窗口中则显示搜索到的文件。

（3）移动方法一剪切该文件（使用菜单命令或使用右键或使用快捷键），打开“练习 3”文件夹，粘贴所剪切的文件。方法二使用工具栏“移至”  按钮。方法三使用鼠标拖动的方法：搜索到“教学研讨会 . jpg”后，单击工具栏中的“文件夹”按钮，在左窗格中单击本地磁盘（E:）前的“+”→学号文件夹前的“+”→wint 文件夹前的“+”，接着鼠标拖动右窗格中的“教学研讨会 . jpg”文件，同时按住 <Shift> 键，释放至左窗格中的“练习 3”文件夹上，完成移动。

4. 移动练习 A 文件夹到练习 2 内。

（1）打开练习 1 文件夹，右击文件夹 A，在弹出的菜单中选择“剪切”；或单击文件夹 A，使用快捷键 Ctrl + X。

（2）打开练习 2 文件夹，右击右窗口中的空白处，在弹出的菜单中选择“粘贴”；或单击右窗口中的空白处使用快捷键 Ctrl + V。

5. 删除练习 B 文件夹及 C 盘内 *. old 文件。

（1）打开练习 1 文件夹，在资源管理器右窗口，右击文件夹 B，在弹出的菜单中选择“删除”，或单击文件夹 B，然后使用快捷键 Delete，此时弹出“确认文件删除”对话框，单击“是”来确认删除文件夹 B。

（2）单击资源管理器左窗口中的本地磁盘（C:），单击工具栏中的“搜索”按钮。

（3）此时资源管理器左窗口中的“搜索范围”为：“本地磁盘（C:）”，在“要搜索的文件或文件夹名为”内输入要查找的文件：“*. old”。在右窗口中则显示搜索到的文件。

（4）单击右窗格中，使用快捷键 Ctrl + A 或“编辑”菜单中的“全部选中”选项，全部选定搜索出的文件，右击高亮显示区域，在弹出菜单中选择“删除”。在“确认文件删除文件”对话框中单击“是”，完成选中文件的删除。

注：此删除是把该文件移至回收站，是可以恢复的，若要彻底删除，则要在选中“删除”或按“Delete”之前先按住 < Shift > 键。

6. 建立 E 盘快捷方式到练习 1。

方法一：用鼠标左键拖动

（1）在资源管理器窗口中找到本地磁盘（E:）。

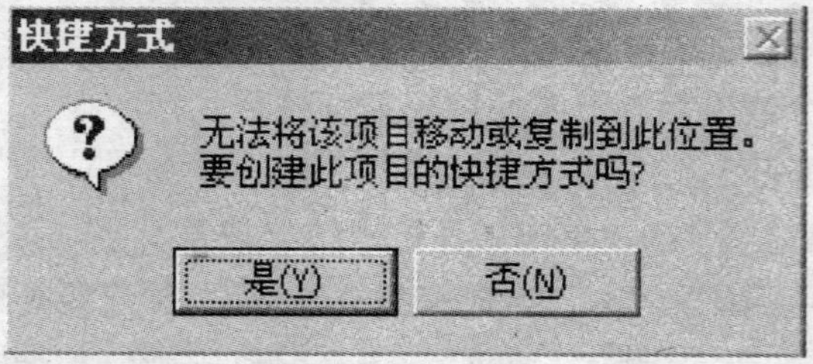

（2）用鼠标左键直接拖动 E 盘图标到资源管理器左窗口中的练习 1 文件夹，弹出如上图所示“快捷方式”对话框，单击“是”，该文件夹中建立了 E 盘的快捷方式。

方法二：用鼠标右键拖动

（1）用鼠标右键直接拖动 E 盘图标到资源管理器左窗口中的练习 1 文件夹上，释放鼠标，弹出如下图所示的菜单。

（2）在菜单中选择“在当前位置创建快捷方式”，建立了以“快捷方式本地磁盘（E:）”为名称的快捷方式。

方法三：利用向导建立快捷方式

操作步骤如下：

（1）打开练习 1 文件夹，单击鼠标右键，弹出快捷菜单。

（2）选择“新建”级联菜单中“快捷方式”，弹出“创建快捷方式”向导，如图 2 - 9 所示。

（3）单击“浏览”按钮，弹出“浏览”对话框。

（4）在“浏览”对话框中，选中“本地磁盘（E:），单击“确定”按钮。

（5）单击“创建快捷方式”对话框中的“下一步”按钮，在“选择程序标题”对话框中单击“完成”按钮。

7. 设置屏幕保护为“字幕”，文字为自己姓名。

双击“控制面板”中的“显示”图标，或者在桌面空白处右击，在快捷菜单中选择“属性”，将弹出“显示属性”对话框，选择“屏幕保护程序”选项卡，如图 2 - 10 所示。

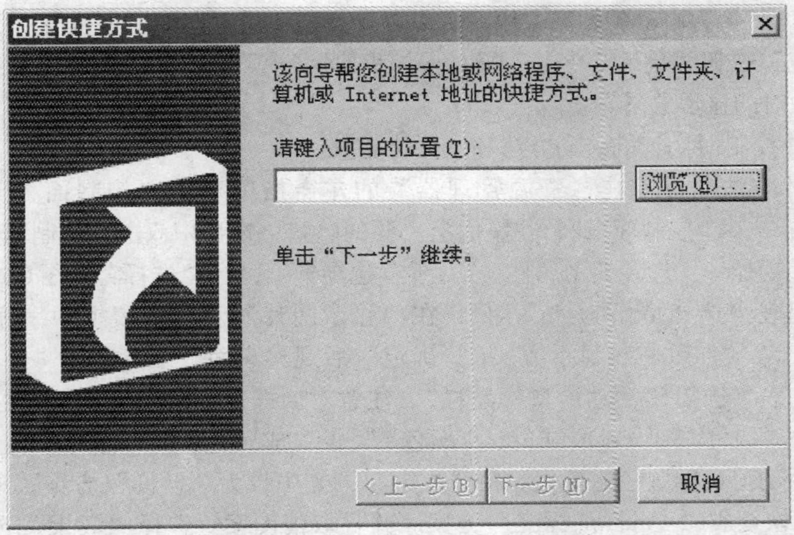

图 2-9　创建快捷方式向导

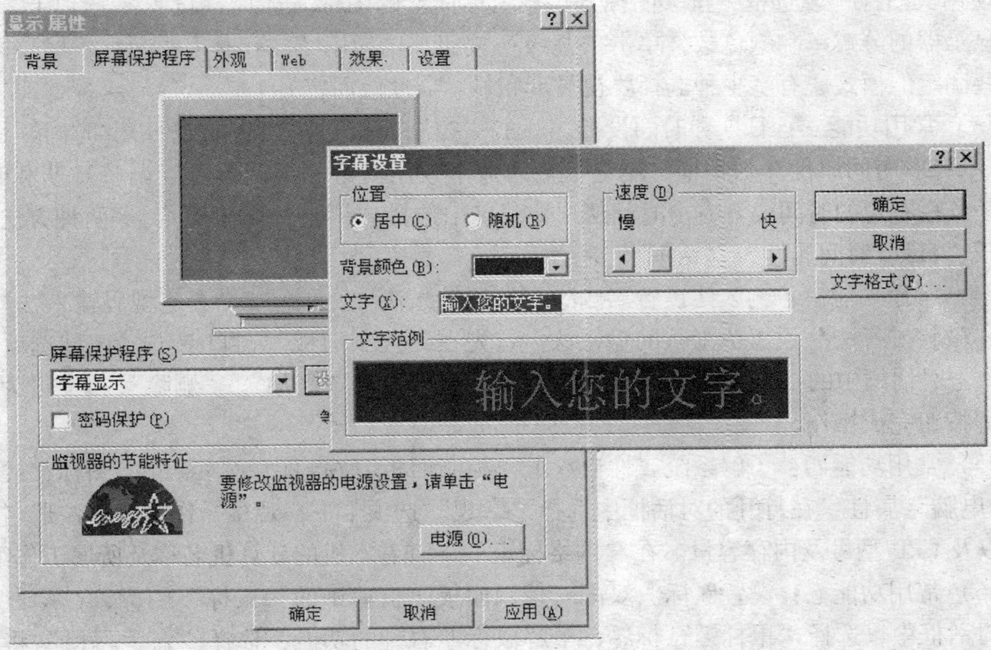

图 2-10　“显示属性”对话框

在“屏幕保护程序”下拉式列表框中选择“字幕显示”选项，单击“设置”按钮，在弹出的“字幕设置”对话框中通过滚动滑块设定字幕的速度，把“文字”文本框中的“输入您的文字。”替换为自己的姓名，用户可以自行设置背景颜色、字幕位置、文字格式。然后单击“确定”按钮，最后，单击“屏幕保护程序”选项卡中的“预览”按钮，观察屏幕保护程序启动时的显示效果。

8. 查看【控制面板】的启动方法和主要功能。

（1）三种方法启动：在“资源管理器”的左窗格中双击“控制面板”图标；“开始”→“设置”→“控制面板”；在桌面上“我的电脑”窗口中双击“控制面板”文件夹。

（2）常用功能一：设置显示属性。“背景”选项卡下，在“选择背景图片或 HTML 作为墙纸”下拉列表中选择墙纸为“飞翔”，在“显示图片”下拉列表框中，分别选择“居中”、“平铺”、“拉伸”三种显示方式，“确定”后观察桌面效果。选择“外观”选项卡，在“项目”列表中选择“活动窗口标题栏”，注意对话框上部活动窗口标题栏的颜色和字体。将右边的“颜色 1”设置成红色、“颜色 2”设置成黄色，将标题栏字体设置成隶书、11 号，观察活动窗口标题栏的变化。在“方案”列表中设为“沙漠”方案，观察效果。最后将桌面外观恢复成“Windows 标准”方案，并且取消图案。选择“效果”选项卡，选定“我的电脑”，单击“更改图标”按钮，更改“我的电脑”图标，然后选择“视觉效果”中的“使用大图标”复选框，按大图标方式显示桌面上的图标。选择“设置”选项卡，改变当前显示器的分辨率和颜色数，单击“高级”按钮，选择用“小字体”显示。“屏幕区域”有一些固定的模式，有多少种选择要视显卡和显示器性能而定。

（3）常用功能二：日期和时间设置。双击“控制面板”窗口中的“日期/时间”图标，显示“日期/时间属性”对话框，用键盘输入数字或用右边的微调器可以调整日期和时间。双击任务栏右边的时间或者右击时间从快捷菜单中选择“调整日期/时间”这两种方法都可以打开“日期/时间属性”对话框。

（4）常用功能三：输入法设置。删除“郑码输入法”，并添加“五笔型码输入法”，最后把“微软拼音法”设置为默认的输入法。首先在“控制面板”窗口双击“区域选项”图标，单击对话框中的“输入法区域设置”标签。然后通过“添加”、“删除”和“设为默认值”等按钮完成操作。

（5）常用功能四：了解系统属性。双击“控制面板”窗口中的“系统”图标，或右击“我的电脑”属性，在打开的对话框中选择“常规”选项卡下，观察操作系统、注册名和系列号以及 CPU 型号及内存容量。在“网络标识”下查看本机的计算机名称及所属工作组。

（6）常用功能五：设置鼠标。双击“控制面板”窗口中的“鼠标”图标，在“鼠标属性”对话框中，选择“鼠标键”标签，了解鼠标左右键的功能，选择“左手习惯”将左右键的功能互换；将“双击速度”调到最快，则双击的功能被基本屏蔽（再用双击已经打不开图标了，可以通过右键快捷菜单选择“打开”命令来打开图标）；选择“指针”、“移动”等标签，了解鼠标的其他特性及设置方法。恢复成原来的位置。

提示： 对于补充和提高部分的题目的操作请参考本章相关操作知识或教材自行完成。

本章相关知识

一、了解常用 DOS 命令

DOS 是磁盘操作系统的简称。只支持 16 位应用程序，目前已很少使用，但仍有许多基于 DOS 环境的资源（程序、资料等）可供利用，因而 Windows 98 中仍然保留了一个 DOS 的运行环境。Windows 2000 则取消了对 DOS 的支持，不再提供“MS DOS 方式”，取而代之的是“命令提示符”操作环境，但有许多 DOS 内部命令仍然得到支持，且功能进一步得到扩充。

“命令提示符”操作环境的启动：依次选择：“开始”，“程序”，“附件”，“命令提示符”即可启动，如图 2－11。

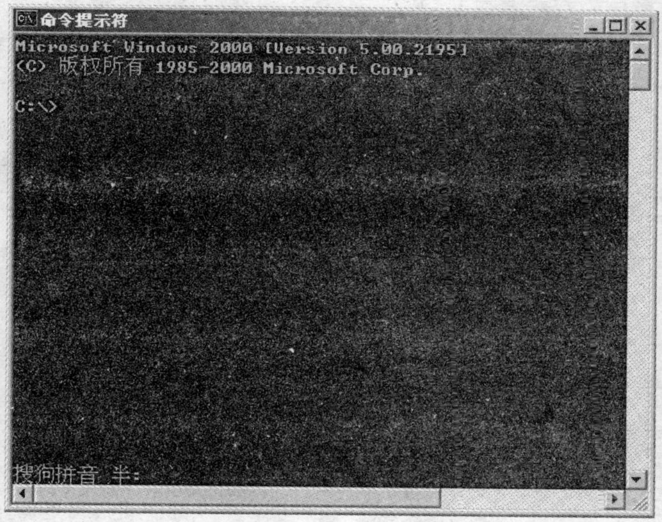

图 2－11　“命令提示符”操作环境窗口

基本命令：

清除屏幕信息命令——cls

显示目录清单命令——dir

建立目录命令——mkdir 或 md

显示或改变目录命令——chdir 或 cd

删除子目录命令——rmdir 或 rd

显示文件内容命令——type
更改文件名命令——rename 或 ren
删除文件命令——del 或 erase
复制文件命令——copy
设置文件属性命令——attrib
显示指定命令的帮助信息——/?

二、常用快捷键的使用方法

常用快捷键的功能与使用方法如下表：

快捷键	动　作
F10 或 Alt	激活菜单项
F1	查看帮助信息
Del	删除
Shift + Del	彻底删除所选对象
Alt + Tab	在最近打开的两个程序窗口之间切换
Shift + F10	打开被选对象的快捷菜单
Ctrl + Esc	打开“开始”菜单
ALT + F4	退出程序，关闭当前活动窗口
Ctrl + A	全部选取
Ctrl + X	剪切
Ctrl + C	复制
Ctrl + V	粘贴
Ctrl + Z	撤销
按住 Alt 再按 Tab	在当前已打开的各窗口之间正向切换
Alt + Esc	在窗口对话框之间循环切换
Alt + Space	打开控制菜单（系统菜单）
Alt + Print Screen	复制当前窗口、对象到剪贴板
Ctrl + Alt + Del	强制关闭程序，结束任务
F2	所选文件或文件夹重命名

三、Windows 2000 基础知识

1. 桌面

Windows 2000 启动后的整个屏幕称为桌面（desktop）。这是个工作的背景也是个工作

台。用户可以用图片或墙纸来装饰它。

桌面包括两部分：最底部是一条水平长条，称“任务栏”，任务栏可以移动，可放置在桌面的四周。任务栏的左侧是“开始”菜单按钮，其右边分别是“快速启动”工具栏、任务管理栏、任务状态栏。

桌面的左侧排列着常用的小图标，例如：“我的电脑”、“我的文档”、“回收站”、“网上邻居”、“Internet Explorer”等，双击这些桌面快捷方式可以快速执行相应的程序，打开工作窗口。

2. 窗口

“窗口”是图形用户界面中最常见的对象之一，它是在桌面上显示打开的程序、文件、文件夹或磁盘内容的一个矩形区域，由边框、标题、用户区等几个基本部分组成，还可以有菜单、工具栏、滚动条等部分。Windows 2000 的窗口具有一致性、易学性和直观性，图 2－12描述了窗口的主要组成元素。

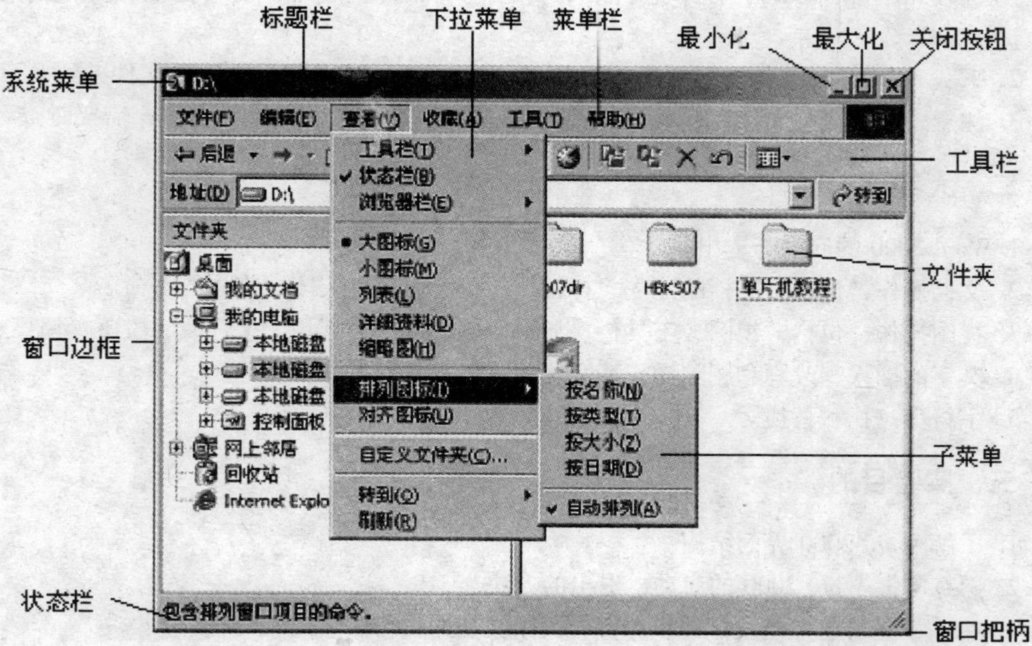

图 2－12　窗口的组成

第 3 章　Word 2000

实验三　Word 2000 基本编辑

一、课前准备

1. 进入 ftp：\\ server，在本班目录下查看上节课实验成绩，对自己的错误进行分析修改。

2. 下载 ftp 中学号文件夹到 E 盘，下载 ftp 根目录下“实验所需文件”文件夹到 E 盘。

3. 注意，所需视频文件在 ftp 根目录下“视频演示”中的相关文件夹中，需要时查看。

二、大纲要求

1. Word 2000 的启动与退出。
2. 文档操作，包括：文档的建立、打开、保存、另存和关闭，文档的重命名。
3. 视图操作，包括：视图、工具栏、显示比例的选择；标尺、坐标线、段落标记显示。
4. 文字的插入、改写和删除操作，字块的移动和复制操作。
5. 字符串查找和替换。

三、实验目的

1. 了解 Word 2000 界面结构。
2. 熟练掌握 Word 2000 的启动、退出的方法。
3. 熟练掌握新建文档及打开、保存、关闭文档的操作法。
4. 重点掌握光标移动，文本插入、删除、改写、撤销等操作。
5. 重点掌握文本的选择、复制、移动、删除、撤销等操作。
6. 重点掌握字符串查找与替换的操作方法。
7. 掌握简单的页面设置、段落处理等操作。
8. 掌握设置字体与字号、粗体与斜体、下划线与字符边框、颜色与效果等基本操作。

四、实验题目

（一）基本题目要求

打开“实验所需文件”文件夹中“word”文件夹下的“计算机文化基础实践教学研讨报告 . doc”，复制所有内容到新建 word 文档中，然后按如下要求编辑：

1. 去掉所有空行，将第二段第五行从“通过师生的共同努力……”开始分为下一段。
2. 将第六自然段“采用了任务教学和……”与上一自然段合并。
3. 将第二自然段“共调查……”和第五自然段“2007 年河北……”互换。
4. 删除第二页第六段，即第二排“★”符号行上方“各专业通过率”段落。
5. 将文档首行作为标题，使用“标题 1”样式并居中。
6. 设置页边距均为 2 厘米，纸张大小为“自定义大小”，宽度 17.6 厘米，高度 25 厘米。
7. 正文部分字体改为“宋体”、“四号”字。
8. 正文段落格式：段前段后距为 0 行；左右缩进 0 字符；首行缩进 2 字符；行距 22 磅。
9. 设置小标题（一、二、……）格式：无缩进格式，段前、段后距为 0.5 行，字体为“黑体”，三号、加粗。
10. 将正文中的“电脑”替换为“计算机”，“常规”字型。
11. 将第二页中圆点项目符号●改为黑色的、小五号的菱形项目符号◆，项目符号和文字均缩进 1 厘米。
12. 完成以上任务后，将文档以“sy1. doc”保存到学号文件夹下的“word”文件夹中。

（二）补充题目要求

新建 word 文档，在文档中插入学号文件夹下“word”文件夹中的“sy1. doc”文件，然后操作如下：

1. 切换文档到普通视图，再切换文档到页面视图（一般情况下我们用页面视图）。
2. 关闭格式工具栏，再打开格式工具栏。
3. 替换文档中所有半角逗号为全角逗号。
4. 替换文档中所有的★为☆。
5. 复制正文第一段“2007 年河北省计算机……”使之成为第三自然段。
6. 设置标题段字体为红色、阳文；字符间距紧缩 1 磅；文字效果为“赤水情深”。
7. 设置正文第一段为 1. 5 倍行距；绿色、三线、0. 5 磅的边框；填充浅绿色底纹。
8. 完成以上题目后，以“sybc1. doc”保存到学号文件夹下的 word 文件夹中。

（三）提高题目要求

打开学号文件夹下的“word”文件夹中的“sybc1. doc”，进行如下操作：

1. 替换所有的数字的字体为“Times New Roman”。
2. 在文档的标题后插入标记为“ * ”的脚注，注释文本为“该文章选读”。

3. 复制正文第一段的段落格式给第二段。

4. 在文档中的标题“一、部分学生计算机基础状况调查”后插入引用标记为［1］编号的尾注，用来标注“魏德生　监控系统的设计与实现”。

5. 设置页面每行30字。

6. 完成以上题目后，以“sytg1. doc”另存到学号文件夹下的word文件夹中。

提示：各题目样文位于“实验所需文件”文件夹中的“word”文件夹下。完成以上题目要求后，将学号文件夹上传至ftp。

五、基本题目操作方法

打开“各实验所需文件”中“word”文件夹下的“计算机文化基础实践教学研讨报告 . doc”，选择“编辑”菜单的“全选”命令（快捷键Ctrl + A），然后再选择“编辑”菜单的“复制”命令，将文档内容放到剪贴板中。

选择“文件”菜单下的“新建”项（或单击常用工具栏中“新建空白文档”按钮），新建一个空白文件，然后选择“编辑”菜单下的“粘贴”，将剪贴板中内容粘贴到新文件中。关闭“计算机文化基础实践教学研讨报告 . doc”，然后对新文件进行如下操作：

1. 去掉所有空行，将第二段第五行从“通过师生的共同努力……”开始分为下一段。

操作方法如下：

（1）去掉空行：将光标置于空行的段落标记前，然后按键盘delete键。

（2）将光标置于第二自然段第五行“通过师生的共同努力……”的“通”字之前，按键盘Enter键，即可将其分为下一段。

2. 将第六自然段“采用了任务教学和……”与上一自然段合并。

操作方法如下：

将光标置于第六自然段前，按键盘的Backspace键，或将光标置于第五自然段后，按键盘的Delete键，即可将五六自然段合并。

3. 将第二自然段“共调查……”和第五自然段“2007年河北……”互换。

操作方法如下：

（1）选择第二自然段，然后选择“编辑”菜单下的“剪切”命令，再将光标置于原第五段（当前第四段）“2007年河北……”之前，选择“编辑”菜单下的“粘贴”命令。

（2）选择原第五段“2007年河北……”，然后选择“编辑”菜单下的“剪切”命令，再将光标置于当前第二段“通过师生……”之前，选择“编辑”菜单下的“粘贴”命令，完成两自然段的互换。

4. 删除第二页第六段，即第二排★符号行上方“各专业通过率”段落。

操作方法如下：

选择第二页第六段，按键盘上 Delete 键即可删除。（每个段落标记代表一个段落，选择段落时要选中段落标记）。

5. 将文档首行作为标题，使用“标题 1”样式并居中。

操作方法如下：

（1）选定首行文字（可拖动或单击首行前空白处选择）。

（2）单击“格式”工具栏中样式按钮，在下拉列表中选“标题 1”样式，如图 3－1 所示；或单击“格式”菜单下“样式”命令，在弹出的“样式”对话框中的“列表”中选择“所有样式”，然后在上面的样式中选择“标题 1”，设置如图 3－2 所示，单击“应用”按钮。

（3）单击“格式”工具栏中居中按钮，使标题居中。

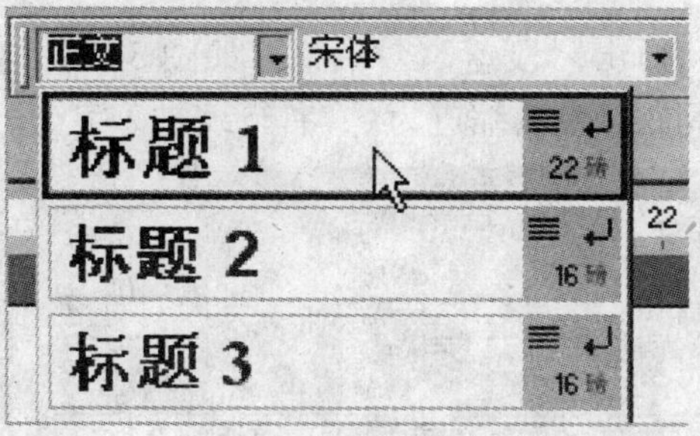

图 3－1　在格式工具栏中设置

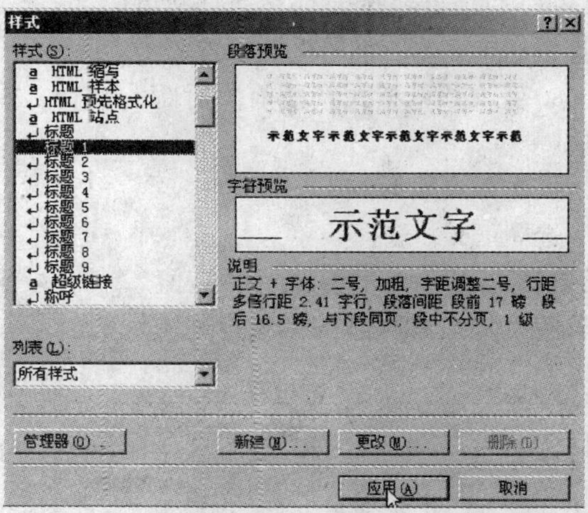

图 3－2　在“样式”对话框中设置

6. 设置页边距均为 2 厘米，纸张大小为“自定义大小”，宽度 17.6 厘米，高度 25 厘米。

操作方法如下：

（1）选择菜单“文件”下的“页面设置”命令，弹出“页面设置”对话框，单击“页边距”选项卡，设置上下左右页边距为 2 厘米，如图 3－3 所示。

（2）选择“纸型”选项卡，在“纸型”下拉列表框中选取 B5；如图 3－4 所示，单击“确定”按钮。

7. 正文部分字体改为“宋体”、“四号”字。

操作方法如下：

选择正文部分文字，然后选择“格式”菜单下“字体”命令，弹出“字体”对话框，在“字体”选项卡中设置宋体，四号。

其中“西文字体”的设置要选中“使用中文字体”。如图 3－5 所示。或使用“格式”

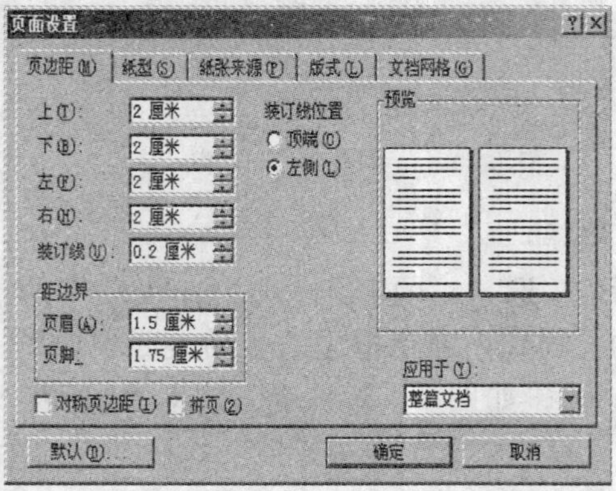

图3-3 “页面设置”对话框,“页边距”选项卡

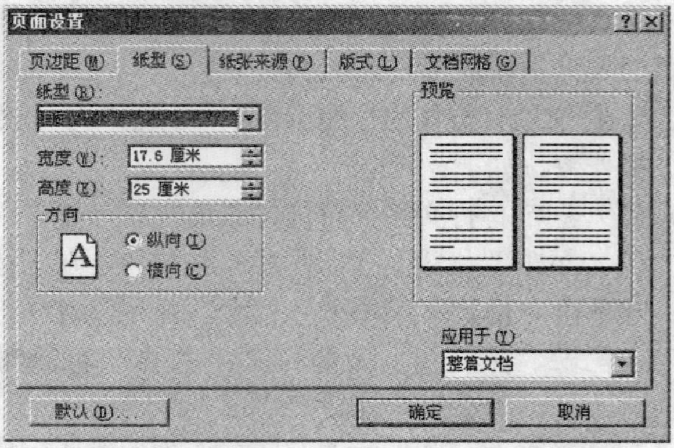

图3-4 “页面设置”对话框,“纸型”选项卡

工具栏相应字体、字号按钮设置。

8. 正文段落格式：段前段后距为0行；左右缩进0行；首行缩进2字符；行距22磅(图3-5)。

操作方法如下：

选择正文，选择菜单“格式”中“段落”命令，弹出“段落”对话框，如图3-6，在“缩进和间距”中设置：行距固定值22磅；段前段后间距、左右缩进为0；首行缩进2字符。

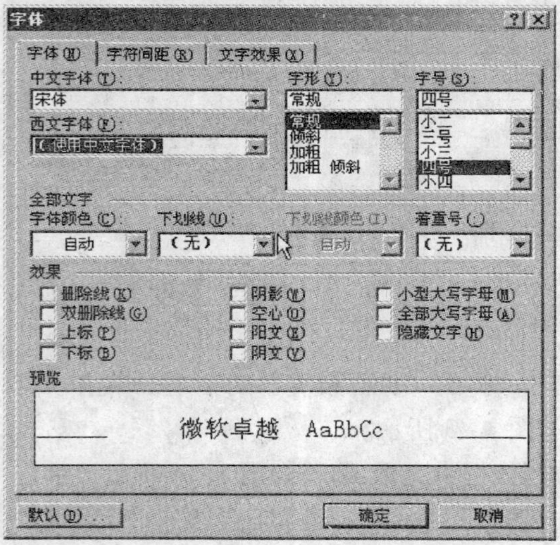

图3-5 “字体”对话框

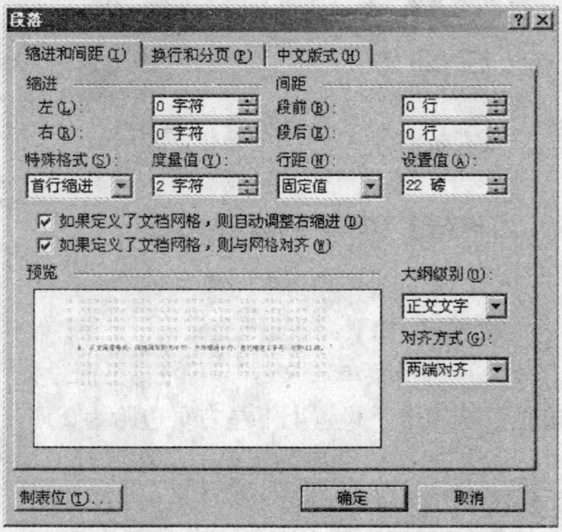

图3-6 “段落”对话框

9. 设置小标题（一、二、……）格式：无缩进格式，段前、段后距为0.5行，字体为黑体，三号、加粗。

操作方法如下：

（1）选择小标题“一、部分学生电脑基础状况调查”，然后单击菜单“格式”下的“段落”项，在弹出的“段落”对话框中，设置特殊格式为“（无）”，段前、段后距为 0.5 行。

（2）选择小标题“一、部分学生电脑基础状况调查”，然后单击菜单“格式”下的“字体”项，在弹出的“字体”对话框中，设置字体为黑体、三号、加粗；或直接单击“格式”工具栏相应按钮。

（3）选择小标题“一、部分学生电脑基础状况调查”，然后双击“常用”工具栏上“格式刷”按钮，则小标题 1 的格式被引用，鼠标指针变为图案，然后按住左键刷选（即拖选）要应用该格式的其他小标题。

提示：单击“格式刷”按钮，使用一次后，按钮将自动弹起，不能继续使用；如要连续多次使用，可双击“格式刷”按钮。如要停止使用，可按键盘上的 Esc 键，或再次单击“格式刷”按钮。执行其他命令或操作（如“复制”），也可以自动停止使用格式刷。

10. 将正文中的“电脑”替换为“计算机”，“常规”字型。

操作方法如下：

（1）选定正文文本，然后选择菜单“编辑”下的“替换”命令，弹出“查找和替换”对话框，在“查找内容”框输入“电脑”一词，在“替换为’框中输入“计算机”一词（如果与查找内容相同可以不输入）。在“查找和替换”对话框中单击“高级”按钮，弹出带格式的“查找和替换”对话框，如图 3 - 7 所示。

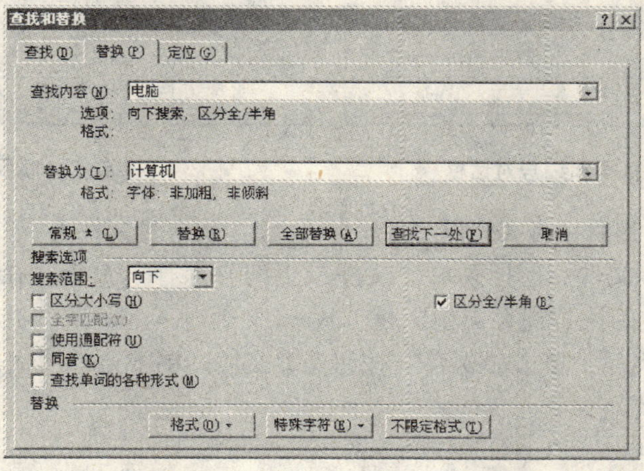

图 3 - 7　“查找与替换”对话框

（2）将光标置于“替换为”后的文本框中，然后单击“格式”按钮，弹出“格式”菜单，选择“字体”项，弹出“替换字体”对话框，选择对话框中“字体”选项卡，设置字型为“常规”字型。

（3）单击“全部替换”按钮，出现提示话框，在对话框中选择“否”，不再替换其他部分，完成替换。

11. 将第二页中圆点项目符号●改为黑色的、小五号的菱形项目符号◆，项目符号和文字均缩进1厘米。

操作方法如下：

（1）选择第二页中所有圆点项目符号●的段落，单击“格式”菜单中“项目符号和编号”命令，弹出“项目符号和编号”对话框，如图3－8，选择菱形项目符号。

（2）单击“项目符号和编号”对话框中的“自定义”按钮，弹出“自定义项目符号列表对话框”如图3－9所示，设置项目符号和文字缩进1厘米。

（3）然后单击“字体”按钮，在字体对话框中设置颜色“黑色”、字号“小五”，确定。最后确定完成项目符号设置。

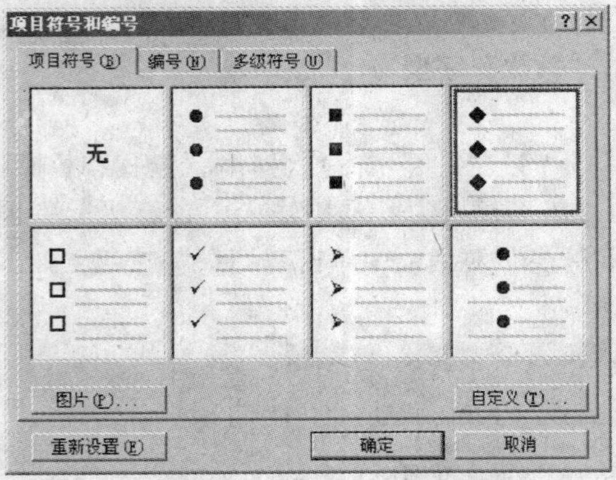

图3－8　项目符号和编号对话框

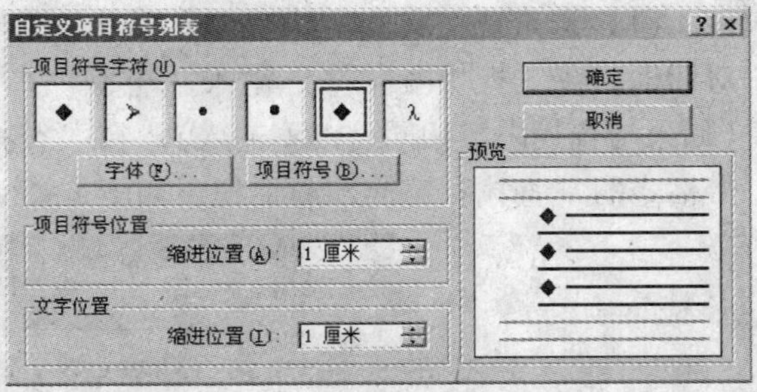

图3－9　自定义项目符号列表对话框

12. 完成以上任务后，将文档以“sy1. doc”保存到学号文件夹下的“word”文件夹中。

完成题目后保存文件：选择菜单“文件”下的“保存”命令，在出现的对话框中输入文件名“sy1. doc”，确认“保存类型”是“Word文档（＊. doc）”，并设置保存位置“\ 学号\ Word\ ”文件夹后，单击“保存”按钮保存文件。单击菜单“文件”下的“关闭”命令，将文件关闭。

提示：对于补充和提高部分的题目的操作请参考本章相关操作知识或教材自行完成。

实验四　Word 2000 文档格式设置

一、课前准备

1. 进入 ftp：\\ server，在本班目录下查看上节课实验成绩。对自己的错误进行分析修改。

2. 下载 ftp 中学号文件夹到 E 盘，并下载 ftp 根目录下“实验所需文件”文件夹到 E 盘。

3. 注意，所需视频文件在 ftp 根目录下“视频演示”中的相关文件夹中，需要时查看。

二、大纲要求

1. 设置页面：纸型、页边距、页眉和页脚边界。
2. 设置文字参数：字体、字型、字号、颜色、效果、字间距等。
3. 设置段落参数：各种缩进参数、段前距、段后距、行间距、对齐方式等。
4. 设置项目符号和编号。
5. 分栏、首字下沉。
6. 脚注和尾注。
7. 插入页眉、页脚和页码操作。

三、实验目的

1. 掌握文档的格式化方法，如使用格式刷。
2. 重点掌握分栏、首字下沉方法。
3. 重点掌握页眉页脚的设置。
4. 熟练字体、段落的格式设置。
5. 学会文档的排版方法，如分页、分节及分栏。

四、实验题目

（一）基本题目要求

打开“\ 学号 \ word \ sy1. doc”，然后进行如下操作：

1. 设置标题段落底纹图案的样式为“浅色棚架”、颜色为“浅青绿”。
2. 设置标题字符的字符间距缩放为 80%，文字效果为“礼花绽放”。
3. 为正文第一段文字添加绿色双下划线，设置段前段后均为 1 行，行距为 18 磅。

4. 将正文第二段分两栏，栏宽相等，有分隔线。

5. 设置正文第二段首字下沉 2 行，字体为“隶书”，距正文 0.4 厘米。

6. 为下沉文字“通”设置红色双线 0.5 磅边框。

7. 设置页眉为：“计算机文化基础报告”，双线下边框，居中；页脚为：自动图文集中“第 X 页　共 X 页”居右。

8. 完成以上题目后以“sy 美化版 . doc”为名保存到学号文件夹下的“word”文件夹中。

9. 打开“\ 学号 \ word \ sy1. doc”，设置页眉为：“计算机文化基础实践报告”，居中；页脚居中插入格式为“1，2，3…”的页码。

10. 以原文件名保存 sy1. doc。

（二）补充题目要求

打开“\ 学号 \ word \ sy1. doc”，然后进行如下操作：

1. 用工具栏中的按钮把文章的标题设为黑体、小二号字、加粗、倾斜、居中对齐。

2. 把标题下的正文的第一、第二两段分成两栏。

3. 设置纸型方向为“横向”；设置页眉距边界为 2cm、页脚距边界为 1. 5cm；插入页眉页脚奇偶页不同，奇数页页眉为“计算机基础”，偶数页页眉为“实践报告”，均居中。

4. 在页脚居中的位置插入页码，格式为“一，二，三，……”。

5. 切换到普通视图观察文档与页面视图有何不同。

完成以上题目后，另存文件为“\ 学号 \ word \ sybc2. doc”。

（三）提高题目要求

打开“\ 学号 \ word \ sy1. doc”，另存为 sytg2. doc，然后进行如下操作：

1. 把最后两段分成三栏、栏宽相等并加分隔线。

2. 为文档每页设置不同的页眉，居中，分别为：页眉 1、页眉 2、页眉 3、页眉 4。

3. 25% 显示文档，再切换到 100% 显示文档。

提示：各题目样文位于“实验所需文件”文件夹中的“word”文件夹下。完成以上题目要求后，将学号文件夹上传至 ftp。

五、基本题目操作方法

1. 设置标题段落底纹图案的样式为“浅色棚架”、颜色为“浅青绿”。

操作方法如下：

将插入点置于标题段落中或选中标题段，选择“格式”下“边框和底纹”命令，弹出“边框和底纹”对话框。

在对话框中选择“底纹”选项卡，设置如图 3－10 所示，在“图案”中的“样式”列表中选择“浅色棚架”样式，然后选择图案的“颜色”为“浅青绿”，最后选择应用范围为“段落”，单击确定完成设置。

2. 设置标题字符的字符间距缩放为 80%，文字效果为“礼花绽放”。

操作方法如下：

选择标题文字，然后单击菜单“格式”下的“字体”项，弹出的“字体”对话框，如图 3 – 11 所示，单击“字符间距”选项卡，设置缩放为 80%；单击“文字效果”选项卡，选择文字的动态效果为“礼花绽放”。

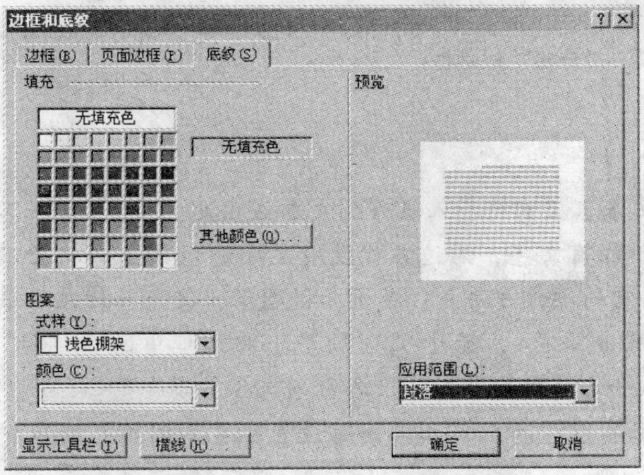

图 3 – 10　边框和底纹对话框

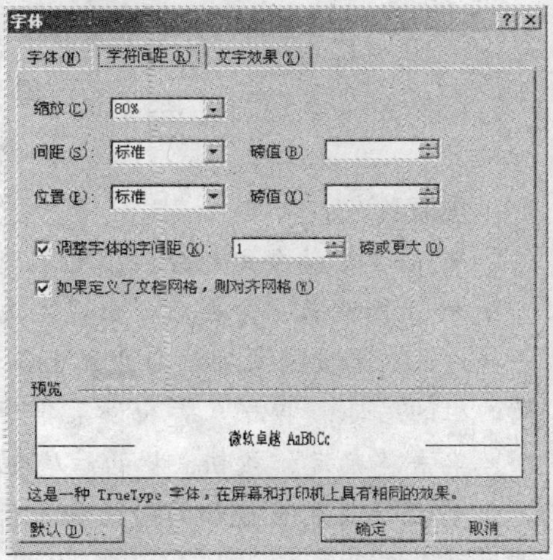

图 3 – 11　字体对话框

3. 为正文第一段文字添加绿色双下划线，设置段前段后均为 1 行，行距为 18 磅。

操作方法如下：

（1）选择正文第一段，单击菜单“格式”下“字体”项，弹出“字体”对话框，在“字体”选项卡中选择“下划线”列表中的“双下划线”样式，选择下“划线的颜色”为“绿色”。

（2）选择正文第一段，单击菜单“格式”中“段落”命令，弹出的“段落”对话框，在“缩进和间距”选项卡中设置：段前段后均为 1 行、行距为固定值 18 磅。

4. 将正文第二段分两栏，栏宽相等，有分隔线。

操作方法如下：

（1）选中正文第二段。

（2）选择菜单“格式”下的“分栏”命令，弹出分栏对话框，如图 3 – 12 所示。

（3）选定“预设”选项区域中的两栏格式，或在“栏数”中设置 2 数。

（4）在“在宽度和间距”选项区勾选“栏宽相等”复选框（否则可逐栏设置宽度），勾选“分隔线”复选框，最后选择“应用范围”为“所选文字”，确定。

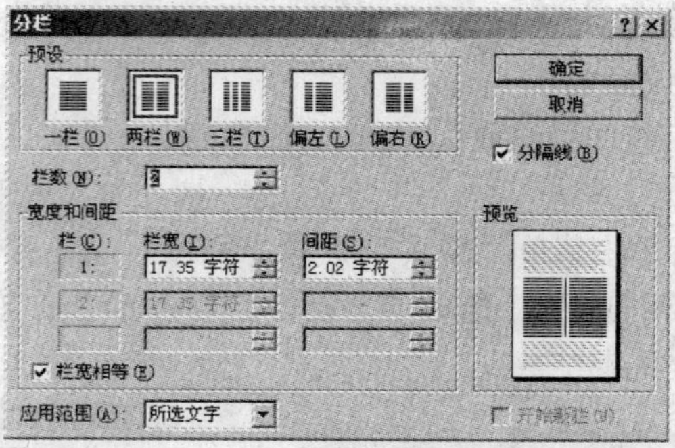

图 3－12　“分栏”对话框

注意：

• 若要对整个文档分栏，可不选定文本，只需将插入点移到文本任意处。

• 平衡栏长：分栏后会出现左边若干栏有文字，右边各栏没有文字的现象或者栏长不一样。此时需要将文字均匀分配至各栏，它的操作方法是：在页面视图下，将光标放在要平衡的栏的结尾，单击“插入”菜单中的“分隔符”，选中“分隔符”对话框中的“连续”项，单击“确定”按钮，栏的结尾会插入一个连续分节符，使各栏的文字自动平衡。

• 因为各栏宽度和间距之和等于页面宽度，所以，如果同时设置栏宽和间距，则应先调整页面宽度。

• 只有在“页面视图”或“打印预览”下才能显示分栏效果。

5. 设置正文第二段首字下沉 2 行，字体为“隶书”，距正文 0.4 厘米。

操作方法如下：

（1）将光标插入正文第二段中。

（2）单击“格式”菜单下“首字下沉”命令，弹出如图 3－13 所示“首字下沉”对话框。

（3）在对话框中的“位置”组合框中选择首字下沉的方式为“下沉”，则下面的“选项”组合框被激活。

（4）单击“字体”右边的下拉按钮，从弹出的下拉列表中选择“隶书”，设置下沉的行数为 2 行，距正文 0.4 厘米，确定。

6. 为下沉文字“通”设置红色双线 0.5 磅边框。

操作方法如下：

选中文字“通”，单击菜单“格式”中的“边框和底纹”命令，弹出“边框和底纹”对话框，如图 3－14 所示。

在“边框”选项卡设置“线型”为双线，“颜色”为红色，设置“宽度”为 0.5 磅。

注意观察预览区，“通”字的四周都有红色的 0.5 磅双线，然后选择“应用范围”为“文字”，单击“确定”按钮。

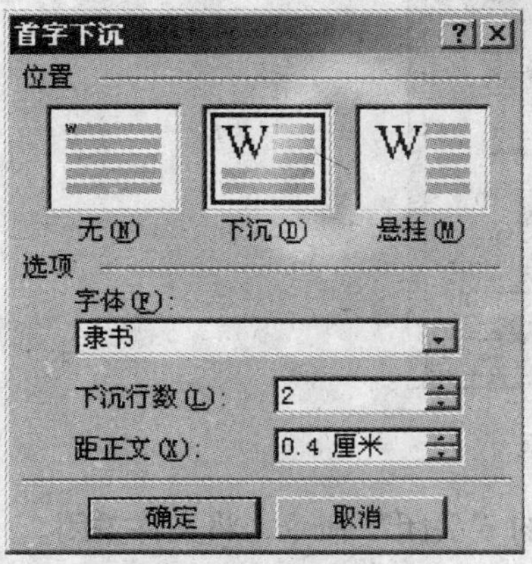

图 3－13　“首字下沉”对话框

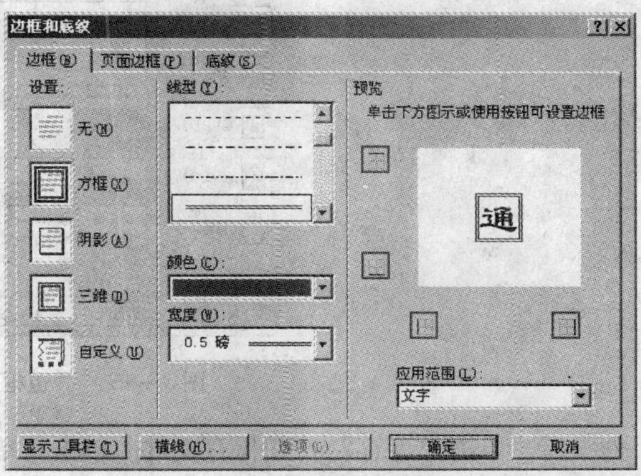

图 3－14　“边框和底纹”对话框

7. 设置页眉为：“计算机文化基础报告”，双线下边框，居中；页脚为：自动图文集中“第 X 页　共 X 页”居右。

操作方法如下：

（1）将光标置于文章中文本的任意位置，选择菜单“视图”下“页眉和页脚”命令。弹出“页眉和页脚工具栏”和被虚线围成的编辑区，光标位于页眉中，文档中原内容呈灰色显示。

（2）在页眉光标处输入“计算机文化基础报告”，然后选择菜单“格式”下“边框和底纹”命令，在弹出的对话框中选择“边框”选项卡，设置如图 3－15 所示，注意设置“应用范围”为“段落”，在“预览”处单击图示段落的下边缘，出现一条线，确定。

（3）单击“页眉和页脚工具”栏中“在页眉和页脚间切换”按钮，光标切换置页脚，选择该工具栏中自动图文集中“第 X 页　共 X 页”，则插入了页码和页数；然后再选择“格式”工具栏中“右对齐”按钮使文字居右，最后单击“页眉和页脚工具”栏中“关闭”按钮，设置完成，返回文档编辑区。

注意：若想重新设置修改页眉页脚，可在灰色的页眉页脚处双击或再使用“视图”下“页眉和页脚”命令；若要设置奇偶页不同的页眉页脚，可在“页面设置”对话框的“版式”选项卡中将奇偶页不同复选框选中。

8. 完成以上题目后以“sy 美化版 . doc”为名保存到学号文件夹下的 word 文件夹中。

操作方法如下：

选择菜单“文件”下的“另存为”命令，在出现的对话框中输入文件名“sy 美化版”，确认“保存类型”是“Word 文档（*. doc）”，并设置保存位置为学号文件夹下的“word”文

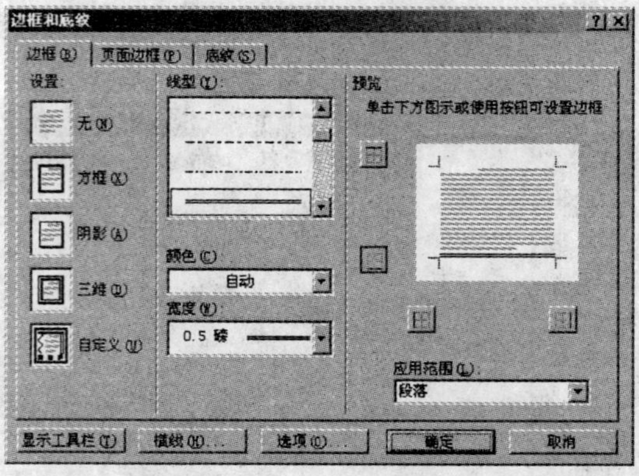

图 3-15　“边框和底纹”对话框

件夹后，单击“保存”按钮保存文件。单击菜单“文件”下的“关闭”命令，将文件关闭。

9. 打开“\ 学号 \ word \ sy1. doc”，设置页眉为：“计算机文化基础实践报告”，居中；页脚居中插入格式为“1，2，3…”的页码，以原文件名保存。

操作方法如下：

（1）打开 sy1. doc，将光标置于文章中文本的任意位置，选择菜单“视图”下“页眉和页脚”命令。则弹出“页眉和页脚工具栏”和被虚线围成的编辑区，光标位于页眉之中，文档中原来的内容呈灰色显示。

（2）在页眉光标处输入“计算机文化基础实践报告”，如果光标没有在居中的位置，则单击“格式工具栏”中的“居中”按钮，使页眉文字居中。

（3）单击“页眉和页脚工具”栏中“在页眉和页脚间切换”按钮，光标切换置页脚，选择该工具栏中的“插入页码”按钮，则插入默认的页码；然后再选择“设置页码格式”按钮，选择格式为“1，2，3……”，最后单击“页眉和页脚工具”栏中“关闭”按钮。

10. 以原文件名保存 sy1. doc。

完成设置后，保存文件（选择菜单“文件”中的“保存”命令），关闭文件。

提示：对于补充和提高部分的题目的操作请参考本章相关操作知识或教材自行完成。

实验五　熟悉 Word 2000 表格

一、课前准备

1. 进入 ftp：\\ server，在本班目录下查看上节课实验成绩。对自己的错误进行分析修改。

2. 下载 ftp 中学号文件夹到 E 盘，下载 ftp 根目录下“实验所需文件”文件夹到 E 盘。

3. 注意，所需视频文件在 ftp 根目录下“视频演示”中的相关文件夹中，需要时查看。

二、大纲要求

1. 创建表格。包括：自动插入和手工绘制。
2. 调整表格。包括：插入/删除行、列、单元格，改变行高和列宽，合并/拆分单元格。
3. 单元格编辑。包括：选定单元格、设置文本格式、文本的录入、移动、复制和删除。
4. 设置表格风格。包括：边框和底纹。

三、实验目的

1. 掌握表格的创建方法及基本操作。
2. 掌握表格格式设置方法。
3. 掌握表格单元格的基本操作。
4. 掌握表格数据的简单排序和计算。

四、实验题目

（一）基本题目要求

新建文档，生成下图 3－16 所示表格。

项目 专业	通过	未过	优秀	总计	通过率
电气工程	159	5	73		98%
电子科技	74	0	45		100%
建筑环境	83	2	31		98%
法学	71	4	5		95%
汉语言文学	41	3	15		95%
艺术设计	18	4	2		83%
备注	本表格只含部分专业				

图 3－16 编辑后的表格式样

要求如下：

1. 插入 8 行 6 列表格。
2. 第 1 行行高 1.2 厘米，其他为默认值；第 1 列列宽 3 厘米，其他为 1.5 厘米。
3. 合并第 8 行中除第 1 个单元格以外的其他单元格，合并后的单元格中插入如图 3－16

所示文字，字宽度 12 个字符，宋体、五号。

4. 按照样表图 3－16 设置表头，实线，0.75 磅；填写其他文字，宋体，五号。

5. 除表格中第一个单元格外，其他所有单元格中文字中部居中。

6. 设置细边框 0.75 磅，粗边框线为 2.25 磅。

7. 第 1 行和第 1 列填充 15% 灰色底纹；第 8 行单元格的底纹图案设置为 20% 海绿色。

8. 完成以上任务后，将文档以“成绩分析 . doc”保存到学号文件夹下的“word”文件夹中，并复制表格到“\ 学号 \ word \ sy1. doc”文档中的第 4 页的最上边。

9. 将该文档以原文件名保存。

（二）补充题目要求

新建一 Word 文档，在文档中创建如图 3－17 所示表格，要求如下：

季度 产品				

图 3－17　编辑后的表格式样

1. 表格为 7 行 5 列。

2. 列的宽度设为 2.6 厘米，其他列设为 2 厘米。

3. 第一行和第五行高为 30 磅，其余所有行高设置为 20 磅。

4. 样表所示斜线表头，行标题为“产品”，列标题为“季度”，均为宋体、小五号。

5. 自动套用格式采用“简明型 2”。

6. 按图 3－17 所示合并单元格，并设置表格的细线为 0.75 磅，粗线为 1.5 磅。

7. 打开和关闭“表格和表框”工具栏。

8. 完成以上题目后，以“sybc3. doc”保存到学号文件夹下的 word 文件夹中。

（三）提高题目要求

新建 Word 文档并保存到“学号 \ word \ ”目录下，命名为 sytg3. doc，再进行如下操作：

1. 插入 bg3. txt 文件（文件位于“各实验所需文件 \ word”目录中）。

2. 将字转换为表格。

3. 利用表格公式法计算总成绩与平均成绩。

提示：各题目样文位于“实验所需文件”文件夹中的“word”文件夹下。完成以上题目要求后，将学号文件夹上传至 ftp。

五、基本题目操作方法

创建新文档，当启动 Word 后，自动打开一个新的空白文档并暂时命名为“文档 1. doc”，然后按如下方法操作。

1. 插入 8 行 6 列表格

操作方法如下：

（1）将插入点置于文档中要插入表格的位置。

（2）单击“表格”下拉菜单中的“插入表格”命令，打开如图 3 – 18 所示的“插入表格”对话框（也可使用“常用”工具栏中插入表格按钮插入表格）。

（3）在“行数”和“列数”框中分别键入所需的行数 8、列数 6。

（4）单击“确定”按钮，即可在插入点处插入一张 8 行 6 列的表格。

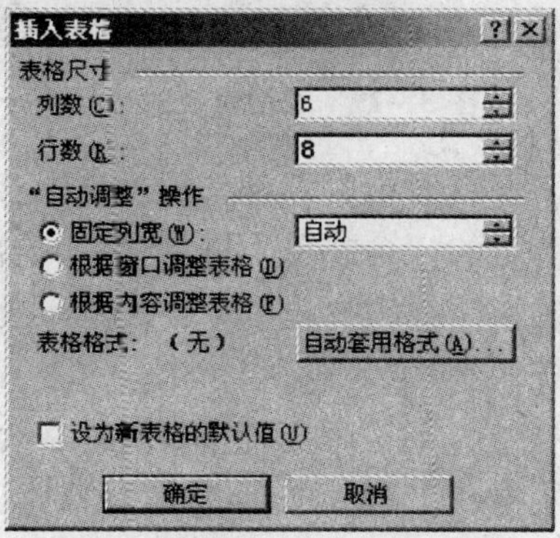

图 3 – 18　插入表格对话框

2. 第 1 行行高 1. 2 厘米，其他为默认值；第 1 列列宽 3 厘米，其他为 1. 5 厘米。

操作方法如下：

（1）行高的设置：首先将鼠标移至第一行前空白的文档选定区，当指针变成右上指的箭头时单击鼠标左键，则选定第 1 行；然后选择菜单“表格”下的“表格属性”命令，弹出“表格属性”对话框，在“行”选项卡中勾选第 1 行“指定高度”复选框，选择“行高值是”“固定值”，在“指定高度”后设置“1. 2 厘米”，如图 3 – 19 所示，确定。

（2）列宽的设置：首先把鼠标指针移到表格的第 1 列顶端，当鼠标指针变成向下黑色箭头时，单击左键选定第 1 列。然后选择菜单“表格”下的“表格属性”命令，弹出“表格属性”对话框，在“列”选项卡中的“指定宽度”后设置“3 厘米”，如图 3 – 20 所示。把鼠标指针移到表格的第 2 列顶端，开始拖动鼠标到最末一列，放开鼠标左键即可选定 2 到最后的连续的列。然后按上面的方法设置列宽“1. 5 厘米”。

3. 合并第 8 行中除第 1 个单元格以外的其他单元格，合并后的单元格中插入如图 3 – 16 所示文字，字宽度 12 个字符，宋体、五号。

操作方法如下：

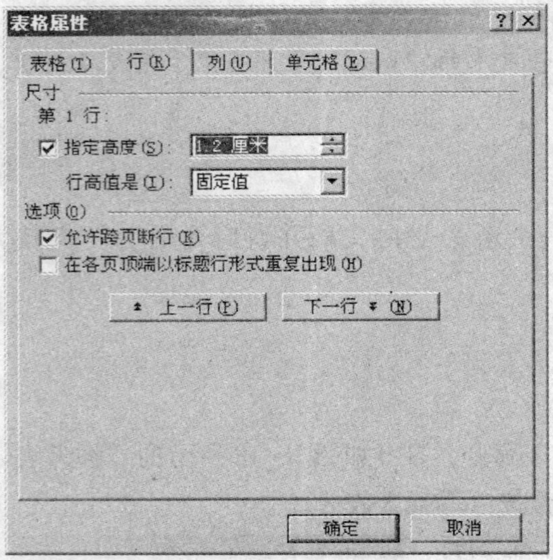

图 3-19　表格属性对话框，行选项卡

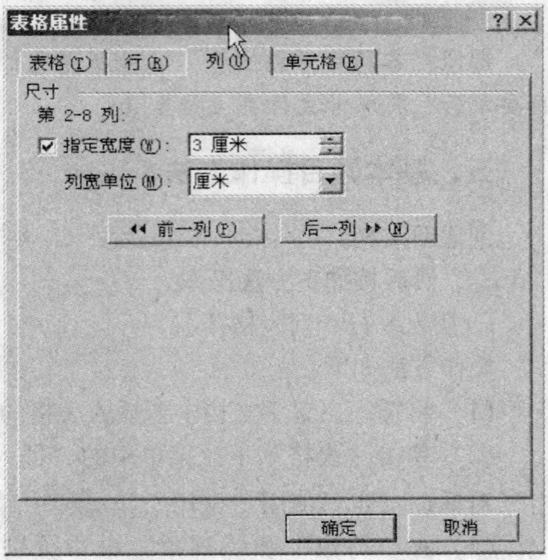

图 3-20　表格属性对话框，列选项卡

（1）合并：拖动鼠标选中 8 行中除第一个单元格以外的其他单元格，单击“表格”菜单下的“合并单元格”命令，合并为一个单元格，或者在选定的单元格上点右键，在弹出的快捷菜单中选择“合并单元格”命令，或者使用“表格和边框”工具栏中的合并单元格按钮。

（2）文字宽度的设置：在合并的单元格中输入“本表格只含部分专业”，选中文字，得用格式工具栏按钮设置为宋体、五号，然后，单击菜单“格式”下的“调整宽度”命令（或单击格式工具栏“分散对齐”按钮），在弹出的对话框中“文字宽度”后输入“12 字符”，如图 3-21 所示。

4. 按照样表图 3-17 设置表头，实线，0.75 磅；填写其他文字，宋体，五号。

操作方法如下：

（1）选择菜单“表格”下的“绘制表格命令”或点击“常用”工具栏中“表格和边框”按钮，打开表格和边框工具栏，如图 3-22。

（2）选择“表格和边框”工具栏中的“绘制表格”的铅笔工具，选择“线型”下拉列表中实线线型，在“粗细”下拉列表中选择 0.75 磅，如图 3-22 所示，然后在第一个单元格中拖动画出斜线，再次单击铅笔结束绘制。

（3）填写表头文字“项目”，回车，再输入“专业”。将“项目”右对齐，“专业”左对齐。然后再输入其他单元格中的文字。

提示：当表头的文字是水平的时候即平行于上下两条边线时我们需要用手工绘制斜线表

图 3－21　“调整宽度”对话框

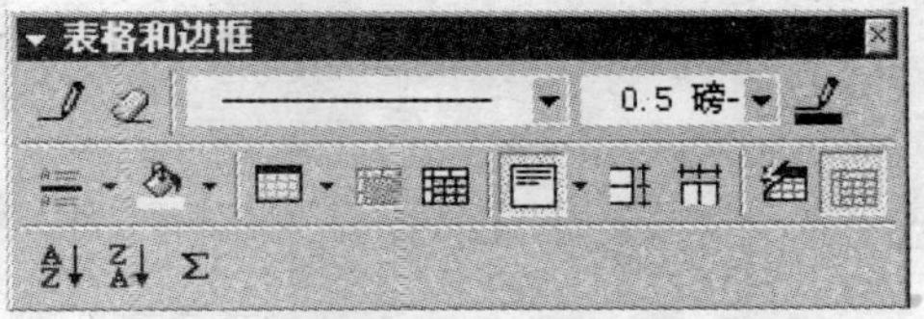

图 3－22　“表格和边框”工具栏

头，当表头的文字是倾斜的时候即与斜线平行，就要用菜单“表格”中的“绘制斜线表头”命令来设置斜线表头。

5. 除表格中第一个单元格外，其他所有单元格中文字中部居中。

操作方法如下：

（1）方法 1：选择要设置中部居中的单元格，然后选择“表格与边框”工具栏上的“对齐按钮”下拉列表中的“中部居中”按钮，如图 3－23 所示，则所有文字在单元格内中部居中。

（2）方法 2：选择要设置中部居中的单元格，在选择的单元格上点击鼠标右键，弹出快捷菜单，如图 3－24 所示，选择“单元格对方式”中的“中部居中”，则所有文字在单元格内中部居中。

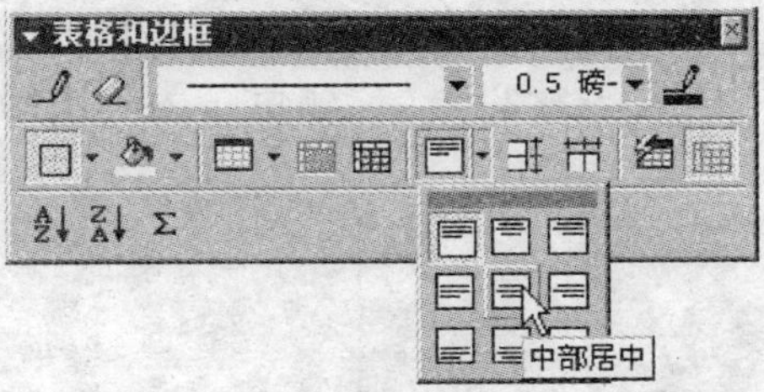

图 3－23　“表格和边框”工具栏中对齐按钮

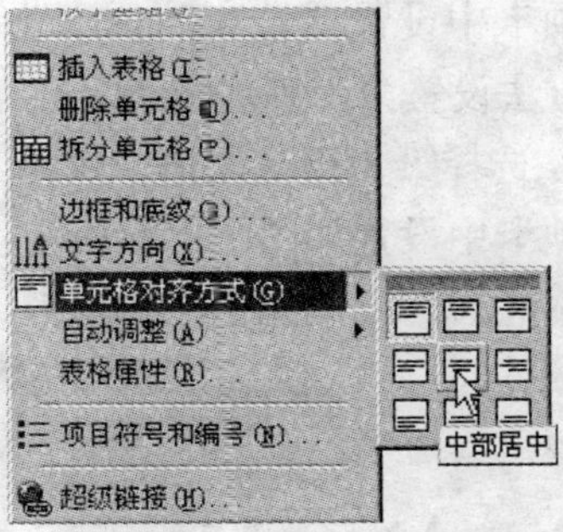

图 3－24　快捷菜单中单元格对齐方式

6. 设置细边框 0.75 磅，粗边框线为 2.25 磅。

操作方法如下：

（1）设置细边框：将插入点置于表格内，单击菜单“格式”中的“边框和底纹”命令，弹出“边框和底纹”对话框。在“边框”选项卡中设置如图 3－25，注意，选好线型和宽度后，在预览区将所有边框都设置上，然后选择“应用范围”为“表格”，确定。

（2）设置粗边框：可用（1）的方法进行设置，但要多次选择区域和应用“表格”下“边框和底纹”命令。这里简单的方法是得用铅笔绘制出粗线。方法：在“表格和边框”工具栏中选择“绘制表格”铅笔按钮，选择实线线型，选粗细为“2.5 磅”，然后在需要设置的边线上描绘出粗线，最后再次单击“绘制表格”按钮，结束绘制。

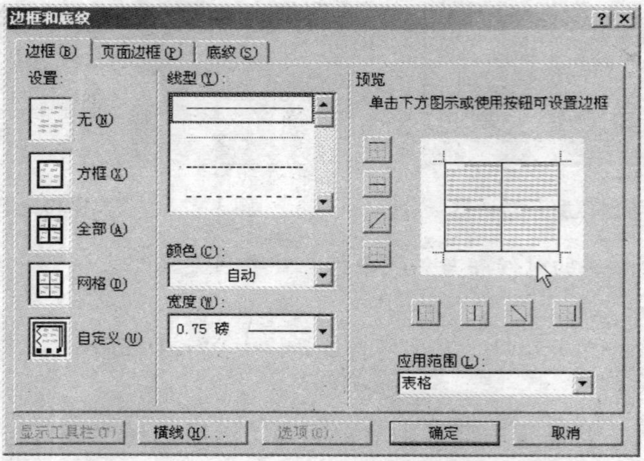

图 3－25　“边框和底纹”对话框设置表格边框

7. 第 1 行和第 1 列填充 15% 灰色底纹；第 8 行单元格的底纹图案设置为 20% 海绿色。

操作方法如下：

（1）选中第 1 行单元格，选择“格式”下“边框和底纹”命令，在弹出对话框的“底纹”选项卡中设置“填充”框下为 15% 灰色，选择应用范围为“单元格”，确定。然后用同样的方法设置第 1 列底纹。

（2）选择第 8 行单元格，选择“格式”下“边框和底纹”命令，在弹出对话框的“底纹”选项卡中设置如图 3－26 所示：“图案”框下“样式”为 20%，“颜色”为“海绿”，选择应用范围为“单元格”，确定。

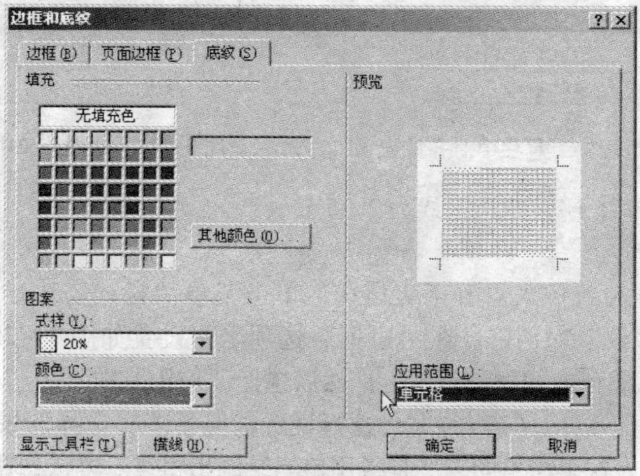

图 3－26　“边框和底纹”对话框“底纹”选项卡

8. 完成以上任务后，将文档以“成绩分析 . doc”保存到学号文件夹下的“word”文件夹中，并复制表格到“ \ 学号 \ word \ sy1. doc”文档中的第 4 页的最上边。

操作方法如下：

（1）保存文件：选择菜单“文件”下的“保存”命令，在出现的对话框中输入文件名“成绩分析 . doc”，确认“保存类型”是“Word 文档（ * . doc）”，并设置保存目录为“ \ 学号 \ Word \ ”后，单击“保存”按钮保存文件。

（2）复制表格：拖动鼠标选中表格（或使用“表格”菜单下“选定”下的“表格”命令），选择“编辑”菜单下的“复制”命令，则表格被复制到剪贴板。然后打开“ \ 学号 \ word \ sy1. doc”，将插入点光标置于文档中的第 4 页的最前，按快捷键 Ctl + V 或使用菜单“编辑”下的“粘贴”命令，则表格复制完成。

9. 将该文档以原文件名保存。

单击常用工具栏“保存”按钮后关闭文档，并关闭文档“成绩分析 . doc。”

提示：对于补充和提高部分的题目的操作请参考本章相关操作知识或教材自行完成。

实验六　熟悉 Word 2000 图文混排

一、课前准备

1. 进入 ftp：\\ server，在本班目录下查看上节课实验成绩。对自己的错误进行分析修改。

2. 下载 ftp 中自己的学号文件夹到 E 盘，并下载 ftp 根目录下“实验所需文件”文件夹到 E 盘。

3. 注意，所需视频文件在 ftp 根目录下“视频演示”中的相关文件夹中，需要时查看。

二、大纲要求

1. 绘制图形，包括：图形的绘制、移动与缩放，设置图形的颜色、填充和版式。
2. 插入图片，包括：插入剪贴画、艺术字和图片文件；以及它们的编辑操作。
3. 文本框的使用。
4. 对象的嵌入与链接操作。
5. 多个对象的对齐、组合与层次操作。

三、实验目的

1. 掌握图片、剪贴画、自选图形、文本框的插入及编辑方法。

2. 掌握图片等对象的格式设置方法。

3. 掌握对象的嵌入与链接方法。

4. 掌握图文混排的操作方法，包括叠放次序、组合、对齐等。

四、实验题目

（一）基本题目要求

打开学号文件夹下的“word”文件夹中“sy1. doc”文档，完成如下操作：

1. 在文档第3页中绘制两个矩形、一个圆角矩形，矩形和圆角矩形高为1.4厘米、宽为2.9厘米、文本框的内部边距为0.1厘米；矩形内添加文字如图3－27所示，宋体、小五。

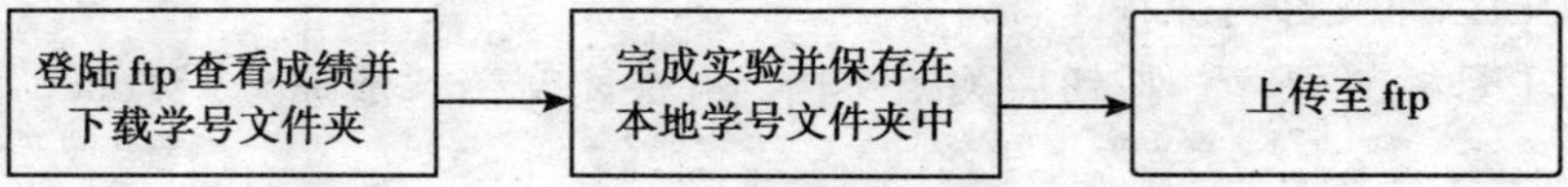

图3－27　编辑后的图形

2. 绘制两个箭头，设置两个箭头的高为0厘米、宽为1厘米；箭头样式2。

3. 设置三个矩形底端对齐，横向分布。

4. 将箭头放置相应位置（注意不要改动矩形位置），然后将五个图形组合。

5. 设置组合后图形上下型环绕，位于页边距左侧2厘米、下侧4.1厘米（位于第3页）。

完成以上图形的编辑后，在本文档的第3页中完成如图3－28所示图片，具体要求如下：

6. 插入艺术字，为艺术字库内1行1列样式；文字为“已设置权限”，隶书、28号。

7. 插入图片：“\ 各实验所需文件 \ word \ ftp. jpg”，设置大小为原尺寸50%，比例不变。

8. 调整层次后，将艺术字置于图片的上层。

9. 将图片与艺术字垂直居中、水平居中后组合。

10. 插入横排文本框：文字为“ftp目录”，居中；文本框高度0.5厘米、宽度2厘米；内部边距全部为0；无填充色、无线条色。

11. 调整文本框位置，然后与图片与艺术字的组合图形水平对齐组合。

12. 设置组合后的图片位置，水平方向距页边距左侧2厘米，垂直方向上距页边距下侧10.5厘米；图片文字环绕方式“上下型”，距下边正文为1厘米。

13. 完成以上题目后文档以原文件名保存在原来位置。

提示：在以上小题操作编辑时，常常会使用到相应的工具栏，如：“图片工具栏”、“艺

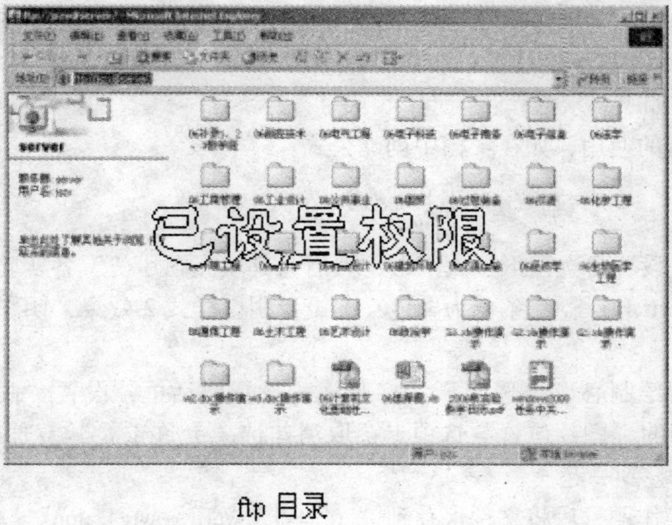

图 3－28　编辑后的图形

术字工具栏”、“绘图工具栏”，注意工具栏上的相应按钮工具的使用。同时也要注意菜单和右键快捷菜单的使用。

（二）补充题目要求

打开 E 盘学号文件夹下 word 文件夹中的“sy 美化版 . doc”文件，然后操作如下：

1. 将首页中第二段“2007 年河北省……”设置段前三行，将原来第一段标题文字删除。

2. 插入艺术字“2007 计算机文化基础实践教学研讨报告”，要求：艺术字为艺术字库中二行五列样式；隶书、加粗、24 号；形状为“细上弯弧”；位置为水平页边距 0 厘米、垂直页边距 0.5 厘米。设置版式为“衬于文字下方”。

3. 插入剪贴画，“工作人员”类别中的“演示”；设置为水印，版式为“衬于文字下方”。

4. 将图片与艺术字按图 3－29 所示层次设置。

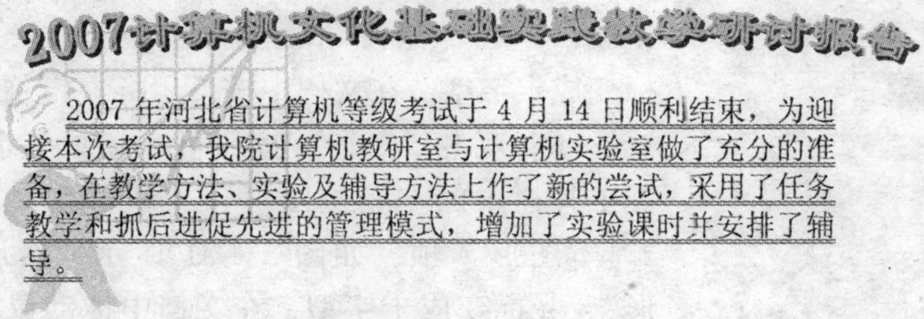

图 3－29　样文

5. 最后将文件以“sybc4. doc”另存到学号文件夹下的“word”文件夹中。

（三）提高题目要求

新建文档，按如下要求操作：

1. 公式编辑器的使用，如在文档中创建公式：

$$\oint_{r} F dx = \iint_{R} \frac{\partial F}{\partial y} dxdy$$

2. 按图 3－30 设置自选图形：太阳形，然后为其填充图片“\各实验所需文件\word\a1. jpg”；线条色为金色；并设置阴影样式 2 效果，阴影颜色为棕黄色。

图 3－30 太阳型

3. 在文档中再绘制心形自选图形，打开格式设置对话框，设置“高级版式”对话框中的“图片位置”选项卡：取消勾选“允许重叠”复选框。移动心形，看是否能与太阳形重叠到一起。

4. 完成以上操作题目后将文件保存到“\学号\word\sytg4. doc”。

提示：各题目样文位于“实验所需文件”文件夹中的“word”文件夹下。完成以上题目要求后，将学号文件夹上传至 ftp。

五、基本实验操作方法

打开学号文件夹下的“word”文件夹中“sy1. doc”文档方法有多种，可通过“我的电脑”找到该文件后双击打开它，也可以先打开 word 程序再用菜单“文件”中的打开命令来打开该文档，然后按下面的方法操作：

1. 在文档第 3 页中绘制如图 3－27 所示的两个矩形、一个圆角矩形，矩形内添加文字如图 3－27 所示，宋体、小五；矩形和圆角矩形高为 1.4 厘米、宽为 2.9 厘米、文本框的内部边距为 0.1 厘米。

操作方法如下：

将插入点置于第 2 页中，进行以下操作，最后要注意图形位于第三页中。

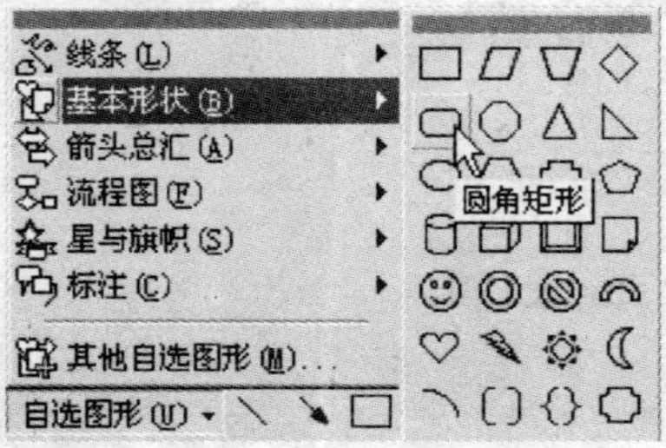

图 3－31 自选图形菜单

（1）在“绘图”工具栏中，单击“矩形”按钮，光标变成十字型，在文档中按下鼠标左键拖动可绘制出一个矩形（若双击“矩形”按钮可连续画多个矩形）。单击绘图工具栏中的“自选图形”按钮，在弹出的菜单中选择“基本图形”项，如图 3－31 所示，然后选择“圆角矩形”，光标变成十字型，在文档中拖动鼠标绘制一个圆角矩形。

（2）添加文字：右击矩形，在快捷菜单中单击“添加文字”命令，自选图形中出现插入点，在光标处输入如图 3 – 27 所示的相应的文字，选中该文字，用格式工具栏的字体、字号按钮设置宋体、小五。

（3）选中矩形，在图形上右击，选择快捷菜单中“设置自选图形格式”菜单命令，弹出“设置自选图形格式”对话框，如图 3 – 32 所示，选择“大小”选项卡，取消勾选“锁定纵横比”，输入“高度”1.4 厘米、宽度 2.9 厘米；用同样的方法设置另一矩形和圆角矩形。

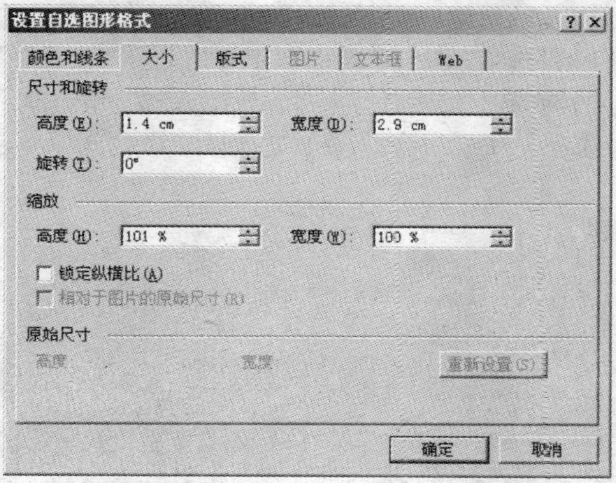

图 3 – 32　设置自选图形格式对话框

提示：当设置多个相同的自选图形时，可以先设置一个，其他的用复制的方法取得。若想绘制正方形或者正圆，则要直接在文档中单击或按住 shift 键的同时绘制图形；还要注意的是，要先添加文字，才能设置文本框的内部边距。

2. 绘制两个箭头，设置两个箭头的高为 0 厘米、宽为 1 厘米；箭头样式 2。

操作方法如下：

（1）单击“绘图”工具栏中“箭头”按钮，光标变成十字型，拖动鼠标绘制出箭头。

（2）选中箭头，单击“格式”菜单中“自选图形”命令，弹出“设置自选图形格式”对话框，选择“大小”选项卡，不可勾选“锁定纵横比”，输入“高度”为 0 厘米、宽为 1 厘米。

（3）选中箭头，在绘图工具栏中单击“箭头样式”按钮，选择“箭头样式 2”。

3. 设置三个矩形底端对齐，横向分布。

操作方法如下：

（1）选定三个图形：按住“Shift”上下档切换键的同时，用鼠标依次单击三个矩形，则三者全部选定。

（2）设置对齐和分布：选定三个图形后，单击“绘图”工具栏上的“绘图”按钮，在子菜单中选择“对齐和分布”命令；在子菜单中选择“底端对齐”命令，如图3－33所示，则三个矩形的底端对齐。再单击“绘图”工具栏上的“绘图”按钮，在子菜单中选择“对齐和分布”命令；在子菜单中选择“横向分布”命令，则三个矩形在水平上平均分布。

4. 将箭头放置相应位置（注意不要改动矩形位置），然后将五个图形组合。

操作方法如下：

用鼠标拖动箭头到相应的位置，然后按住“Shift”上下档切换键的同时，用鼠标分别单击各自选图形，将它们全部选定；单击“绘图”工具栏上的“绘图”按钮，选择菜单“绘图”下的“组合”选项；或单击鼠标右键，在“快捷方式”中选择“组合”，如图3－34所示，弹出“组合”菜单，在“组合”菜单中选择“组合”命令，将五个图形组合在一起。

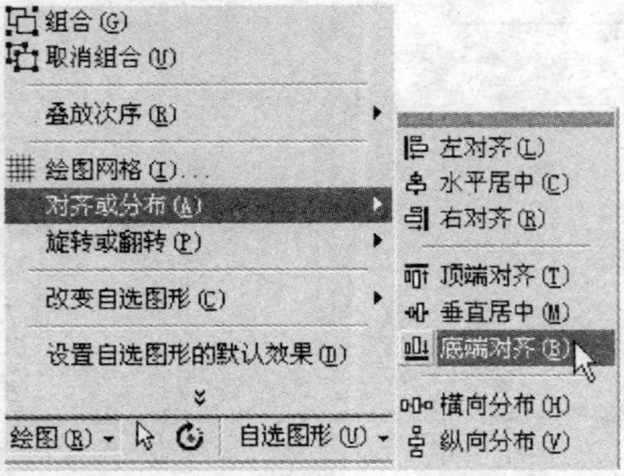

图3－33 “对齐或分布”菜单

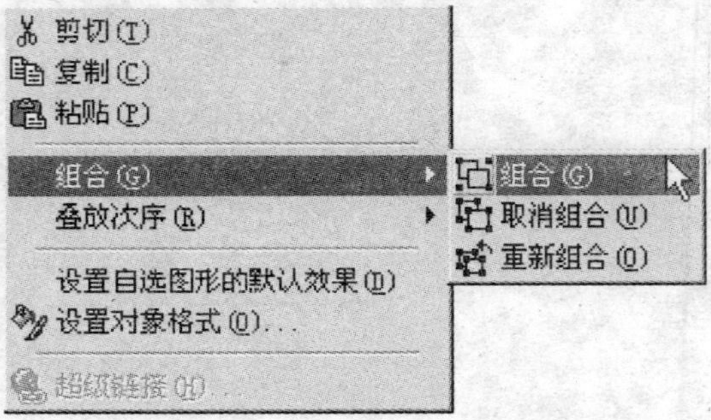

图3－34 “组合”菜单

5. 设置组合后图形上下型环绕，位于页边距左侧2厘米、下侧4.1厘米（位于第3页）。

操作方法如下：

(1) 用鼠标选定组合后的图片，单击右键，在快捷菜单中选择“设置对象格式”选项，弹出“设置对象格式”对话框，选择对话框中“版式”选项卡，单击“高级”按钮，弹出“高级版式”对话框，如图3－35所示，在“高级版式”对话框中选定“图片位置”选项卡，在选项卡中选择“水平对齐”框中的“绝对位置”，在“绝对位置”框中选择“页边距”，在“左侧”框中选择“2厘米”；选择“垂直对齐”框中的“绝对位置”，在“绝对位置”框中选择“页边距”，在“下侧”框中选择“22厘米”。

(2) 选择“文字环绕”选项卡，如图3－36所示，设置“环绕方式”为“上下型”，确定。

完成以上图形的编辑后，将插入点置于文档的第3页中，然后进行如下操作。

6. 插入艺术字，为艺术字库内1行1列样式；文字为“已设置权限”，隶书、28号。

操作方法如下：

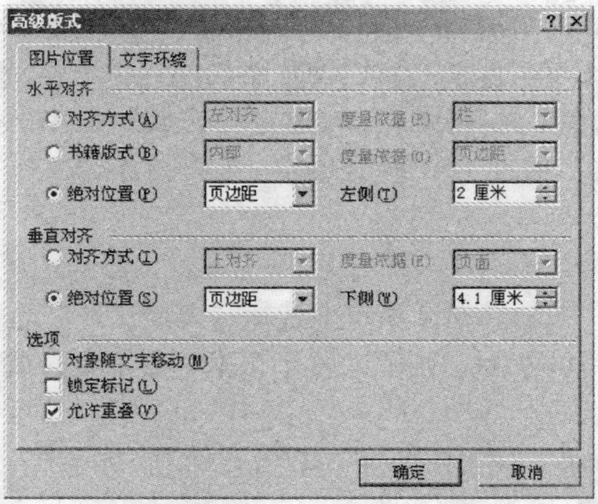

图3-35　“高级版式”对话框

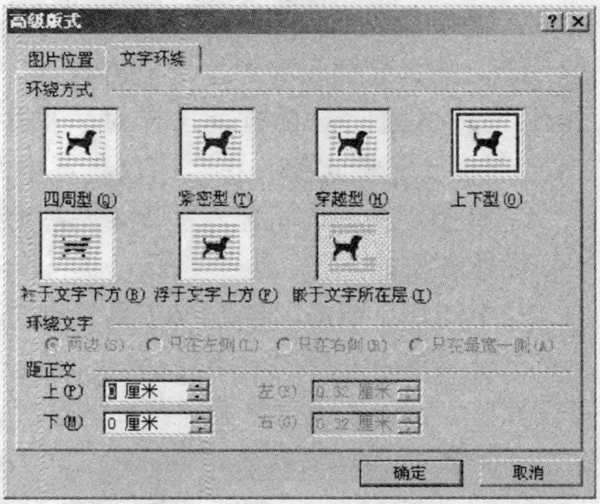

图3-36　“文字环绕”对话框

（1）光标置于第3页中，单击“插入”菜单下的“图片”下的“艺术字”命令，选择艺术字库中1行1列样式，如图3-37，单击“确定”按钮，弹出“编辑‘艺术字’文字”对话框，如图3-38所示。

（2）在“编辑‘艺术字’文字”对话框中输入“已设置权限”，在“字体”下拉列表中选择“隶书”，“字号”下拉列表中选择“28”，单击“确定”按钮后出现该艺术字。

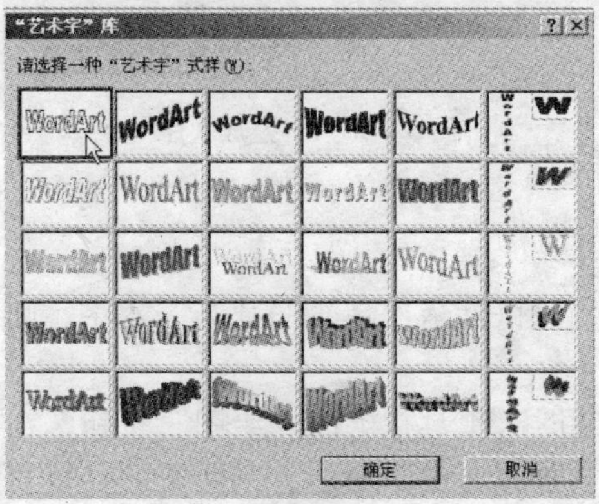

图3-37　“艺术字库”对话框

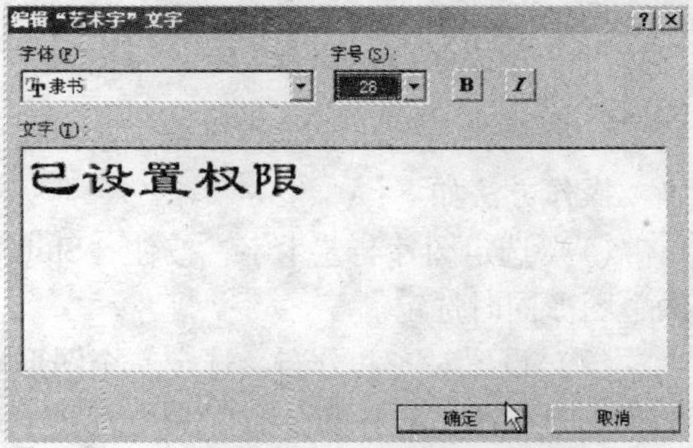

图3-38　“编辑‘艺术字’文字”对话框

7. 插入“\各实验所需文件\word\ftp.jpg”图片，设置大小为原尺寸的50%，比例不变。

操作方法如下：

（1）选择菜单“插入”下的“图片”下的“来自文件”选项，弹出“插入图片”对话框，如图3-39，在“文件类型”下拉列表框中选择“所有图片”，在“查找范围”列表框中找到“各实验所需文件\word\ftp.jpg”文件，选中它，双击该文件或者单击“插入”

按钮，所选图片插入到文档中。

（2）选择已插入的图片，单击右键，在快捷菜单中选择“设置图片格式”选项，弹出“设置图片格式”对话框，选择对话框中的“大小”选项卡，打勾选定“缩放”框中的“锁定纵横比”复选钮；在“缩放”框中的“高度”输入“50%”，确定。

8. 调整层次后，将艺术字置于图片的上层。

操作方法如下：

选中图片，单击“绘图”工具栏上的“绘图”按钮，在子菜单中选择“叠放次序”选项；在子菜单中选择“置于底层”命令，如图 3－40 所示，则图片置于艺术字的下方；或者设置艺术字置于顶层来调整图片的层次。

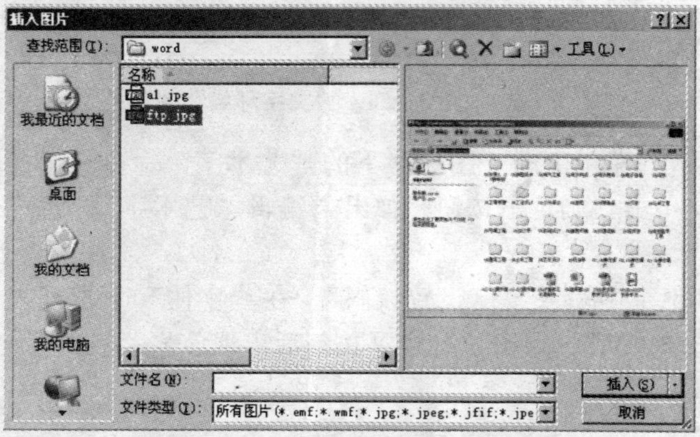

图 3－39　“插入图片”对话框

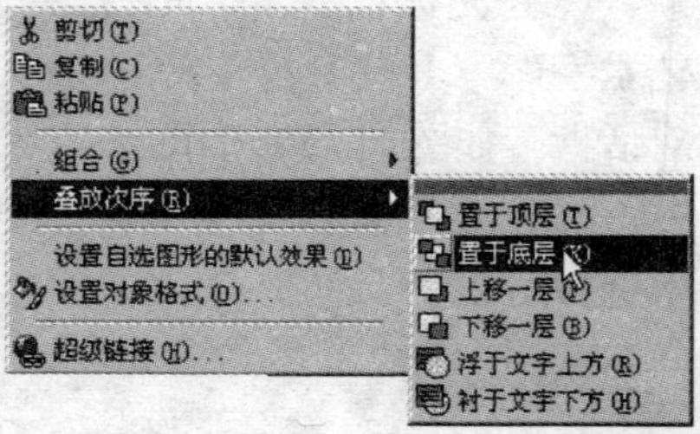

图 3－40　“叠放次序”菜单

9. 将图片与艺术字垂直居中、水平居中后组合。

操作方法如下：

（1）选定图片与艺术字，按住“Shift”键的同时，用鼠标依次单击图片与艺术字，则两个图形同时选定。

（2）设置对齐和分布：选定三个图形后，单击“绘图”工具栏上的“绘图”按钮，在子菜单中选择“对齐和分布”命令；在子菜单中选择“垂直居中”命令，则两图形在垂直方向上居中；再单击“绘图”工具栏上的“绘图”按钮，在子菜单中选择“对齐和分布”命令；在子菜单中选择“水平居中”命令，则图片与艺术字在水平方向上居中。

（3）同时选定图片与艺术字后，单击“绘图”工具栏上的“绘图”按钮，选择菜单“绘图”下的“组合”选项；或单击鼠标右键，在“快捷方式”中选择“组合”，弹出“组合”菜单，在“组合”菜单中选择“组合”命令，将两个图形组合在一起。

10. 插入横排文本框：文字为“ftp 目录”，居中；文本框高度 0.5 厘米、宽度 2 厘米；内部边距全部为 0；无填充色、无线条色。

操作方法如下：

（1）在“绘图”工具栏中，单击“横排文本框”按钮，光标变成十字型，在文档中拖动可画出文本框，在文字框中输入“ftp 目录”，单击“格式工具栏”中“居中”按钮。

（2）单击文本框的边框选中它，选择“格式”菜单下“文本框”命令，弹出“设置文本框格式”对话框，如图 3－41 所示，选择“文本框”选项卡，设置上、下、左、右内部边距全部为 0。

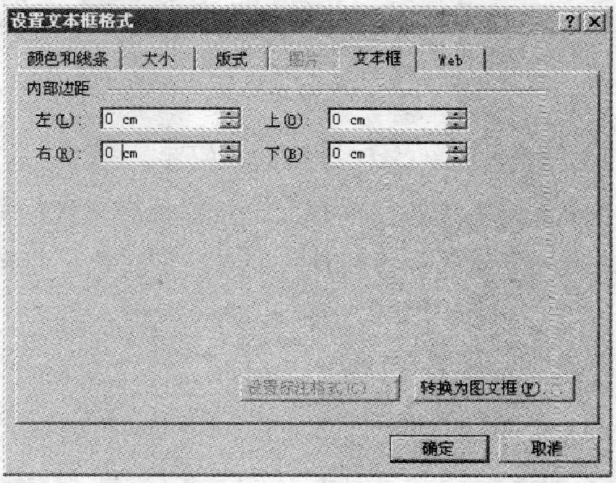

图 3－41　设置文本框对话框

（3）选择“大小”选项卡，不要选定“缩放”框中的“锁定纵横比”复选钮，设置高度 0.5 厘米、宽度 2 厘米。

（4）选择“颜色和线条”选项卡设置无填充色、无线条色。确定。

提示： 设置文本框的无填充色、无线条色也可以用绘图工具栏按钮。

11. 调整文本框位置，然后与图片与艺术字的组合图形水平对齐组合。

操作方法如下：

（1）选定图形，按住“Shift”键同时依次单击文本框与上面的组合后的图形。

（2）设置对齐和分布：选定文本框与组合图形后，单击“绘图”工具栏上的“绘图”按钮，在子菜单中选择“对齐和分布”命令；在子菜单中选择“水平居中”命令，则两对象在水平方向上居中。

（3）选定文本框与组合图形后，单击“绘图”工具栏上的“绘图”按钮，选择菜单“绘图”下的“组合”选项；或单击鼠标右键，在“快捷方式”中选择“组合”，弹出“组合”菜单，在“组合”菜单中选择“组合”命令，将两个图形对象组合在一起。

12. 设置组合后的图片位置，水平方向距页边距左侧 2 厘米，垂直方向上距页边距下侧 10.5 厘米；图片文字环绕方式“上下型”，距下边正文为 1 厘米。

操作方法如下：

（1）用鼠标选定组合后的图片，单击右键，在快捷菜单中选择“设置对象格式”选项，弹出“设置对象格式”对话框，选择对话框中“版式”选项卡，单击“高级”按钮，弹出“高级版式”对话框，在“高级版式”对话框中选定“图片位置”选项卡，在选项卡中选择“水平对齐”框中的“绝对位置”，在“绝对位置”框中选择“页边距”，在“左侧”框中选择“2 厘米”；选择“垂直对齐”框中的“绝对位置”，在“绝对位置”框中选择“页边距”，在“下侧”框中选择“10.5 厘米”。

（2）选择“文字环绕”选项卡，设置“环绕方式”为“上下型”，距下边正文设置为 1 厘米，确定。

13. 完成以上题目后文档以原文件名保存在原来位置。

完成以上题目后，单击常用工具栏“保存”按钮保存文件，关闭文件。

提示：对于补充和提高部分的题目的操作请参考本章相关操作知识或教材自行完成。

Word 2000 相关知识

一、Word 2000 的启动与退出

1. Word 2000 的启动方法

使用以下任何一种方法，都可以启动 Word。

（1）打开“开始”菜单，选择“程序”，单击其下的“Microsoft Word”，可启动 Word 并打开一名为“文档 1”的空白文档。

（2）在 Windows 桌面上，双击 Word 2000 的快捷图标（注意：用这个方法桌面上必须事先建立快捷图标）。

（3）通过“我的文档”，或“我的电脑”，或资源管理器找到已建立的 Word 2000 文档。双击该文档，将启动 Word 2000，并打开该文档。

（4）若一时无法找到已有文档，则可利用打开“开始”菜单中“搜索”菜单下的“文件或文件夹”命令，输入待查找文档的名字或其中的字符串，进行查找。查找到后，双击该文档。

2. 关闭文档、退出 Word 的方法

（1）单击窗口右上角的“关闭”按钮，可关闭文档并退出 Word。

（2）单击窗口左上角的 Word 系统图标，打开系统菜单，执行“关闭”命令，可关闭文档并退出 Word。

（3）双击窗口左上角的 Word 系统图标，可关闭文档并退出 Word。

(4) 执行“文件”菜单的“关闭”命令可关闭文档，但不退出 Word。

(5) 执行“文件”菜单的“退出”命令可关闭文档并退出 Word。

(6) 按“Alt + F4”快捷键可关闭文档并退出 Word。

注意:

在关闭文档或者退出 Word 2000 之前，如果打开的文档没有做任何修改或修改后执行了存盘操作，则立即关闭当前正在编辑的文档。

如果用户对文档进行了修改，而且对文档所作的最后一次修改没有存盘，则 Word 2000 会提问是否保存对文档所作的最后修改。单击“是”按钮，则保存文档所作的修改；单击“否”按钮，不保存文档所作的修改；单击“取消”，则重新返回文档编辑状态。

二、Word 2000 的编辑环境

Word 2000 编辑环境指的是 Word 2000 的工作区的环境。Word 窗口由程序窗口和文档窗口相叠而成，如图 3－42 所示，包括标题栏、菜单栏、常用工具栏、格式工具栏、文档编辑区（文档窗口）、状态栏等。工具栏是否在窗口中显示出来，取决于“视图”菜单“工具栏”中的相应项目是否被选中。

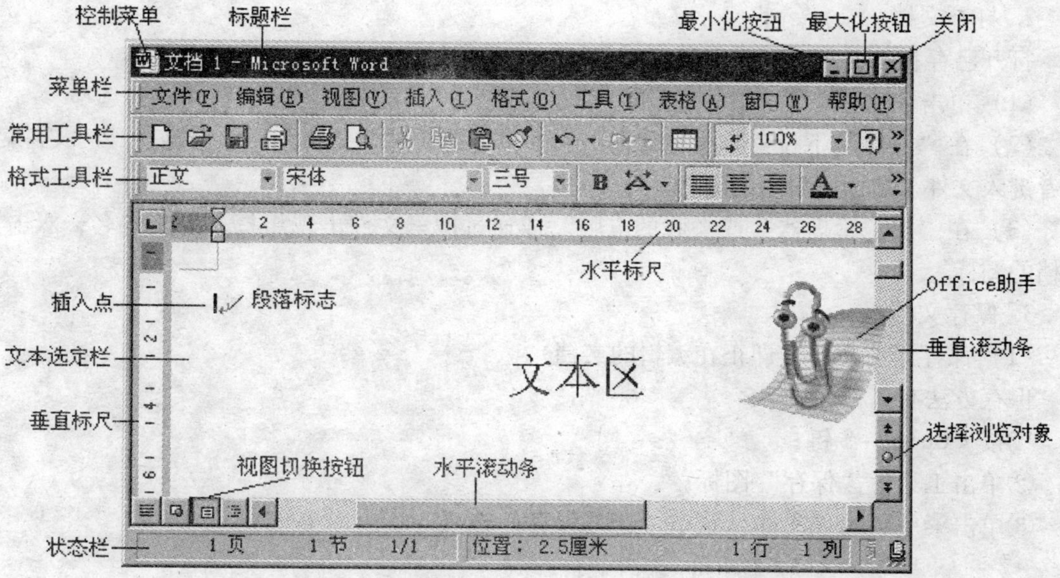

图 3－42　Word 窗口组成

1. Word 2000 工具栏的使用

Word 2000 的工具栏实际上是菜单的图形化方式。工具栏上的按钮对应菜单操作命令，

相当于一个工具。安装 Word 2000 时，系统默认提供常用工具栏和格式工具栏。可以通过以下方法设置工具栏的显示与否：

单击菜单“视图”下→“工具栏”命令，即显示可供选择的工具栏，单击欲显示的工具栏，使其左方出现“√”，该工具栏即可显示在窗口上。

2. 视图的切换方法

Word 2000 提供了普通视图、Web 版式视图、页面视图及大纲视图四种模式，是针对文档的不同显示方式，切换到页面视图的方法为：单击菜单“视图”中“页面”命令即可切换到页面视图。

三、文档操作的基本步骤

1. 创建文档

当用户开始一项新的 Word 文档制作时，首先必须创建一个空文档，操作步骤如：单击“开始”菜单中“程序”，选择“Microsoft Word”，启动 Word 2000，新建一篇文档。

提示：可以利用 Word 2000 提供的多种常见文档的专用模板，如“Web 页”、“报告”、“信函和传真”、“英文向导模板”等，创建新文档。

2. 打开文档

打开已存在的文档，只需将其打开就能对它进行编辑。有以下几种方法：

（1）单击“文件”菜单中“打开”项，出现“打开”对话框，选择相应的选项。

（2）在“文件”下拉菜单的底部列出 4 个最近使用过的文档名。单击要打开的文件名，或者键入文件名前面所对应的编号。

（3）在“资源管理器”或“我的电脑”或通过搜索文件出现想打开的文件名，双击该文档的图标。

3. 保存文档

（1）保存当前文档（即正在编辑的文档）

保存方法有 3 种：

①按 <Ctrl> +S 键；

②单击工具栏“保存”图标；

③单击菜单栏的“文件”菜单，选“保存”选项。

注意：保存新建的文档时，Word 会弹出“另存为”对话框，提示输入文件名，并选定该文档的路径和文件夹。否则，Word 会以默认的文件名“文档 n. DOC”保存到默认文件夹“MyDocuments”中，其中 n 表示该文档是第 n 个新建的文档。

（2）将当前文档另行保存

若要将当前文档用另一个文件名保存，可单击菜单“文件”中“另存为”命令。

注意：此时需要给该文档另行指定文件名及存储的文件夹和路径。当前文档更名保存后，Word 将自动关闭原来的活动文档，并保留其最新的内容。而更名文档变成当前文档，其后的编辑与原来的文档无关。

4. 关闭文档

任何打开的文档，如果已经完成对它的编辑，除应当保存外，还应当及时关闭它，以释放它所占的内存空间。有两种关闭文档的方法：菜单方法和键盘命令方法。

（1）菜单方法

①单击菜单“文件”中“关闭”选项，可关闭当前正在编辑的活动文档，但不退出 Word。

②如果单击菜单栏“文件”中“退出”选项，则关闭当前正在编辑的活动文档，并退出 Word，回到 Windows 的桌面。

③如果要想一次关闭所有打开的文档，需要先按住 <Shift> 键，然后再单击菜单“文件”中“全部关闭”项。当然，也可以逐个关闭打开的文档。

（2）键盘命令方法

按 <Ctrl> + W 键，立即关闭当前正在编辑的活动文档。

四、文本编辑的基本方法

1. 光标移动

光标表明输入文字或图形的插入点，同时也是删除、修改操作的开始位置。因此，移动光标是文档编辑的重要基本操作。在 Word 2000 文档中，光标可在整个编辑窗口中移动，有两种控制方式：用光标控制键移动光标或用鼠标定位光标。

（1）用光标控制键移动光标

下面列出 Word 2000 中的光标控制键及其功能：

①↑、↓：使光标上、下移动一文本行。

②←、→：使光标左、右移动一个英文字符或一个汉字字符。

③ <Home>：使光标移动到文本行首。

④ <End>：使光标移动到文本行末。

⑤ <Ctrl> + <Home>：使光标移动到文档首。

⑥ <Ctrl> + <End>：使光标移动到文档尾。

⑦ <PageUp>：使光标向前移动一个显示页，在当前页不是首页或尾页时，光标的行位置不变。

⑧ <PageDown>：使光标向后移动一个显示页，在当前页不是首页或尾页时，光标的

行位置不变。

⑨ < Ctrl > + < PageUp >：使光标移动到编辑窗口首行。

⑩ < Ctrl > + < PageDown >：使光标移动到编辑窗口尾行（下一编辑窗口首行）。

（2）用鼠标定位光标

移动鼠标指针到编辑窗口文本区域的任意行、列位置，单击鼠标左键，即可将编辑光标定位于此行、列的位置。

注意：

①鼠标指针处于编辑窗口的文本区域时，箭头符号自动改为“工”字型符号。

②可以用“定位”命令可以将光标快速移动到文档指定的位置。

③如果要编辑的内容不在窗口区域中，可以先滚动文本，使其显示要编辑的部分，再将编辑光标定位。滚动文本有两种方法：按光标控制键 < Page Up > 或 < Page Dn >、用鼠标单击屏幕边缘的滚动条。

2. 文字的选取

（1）选部分文字

在要选定文字的开始位置，按住鼠标左键移动到在要选定文字的结束位置松开；或者按住 Shift 键，在要选定文字的结束位置单击，就选中了这些文字。这个方法对连续的字、句、行、段的选取都适用。

（2）行的选取

把鼠标移动到行的左边，鼠标就变成了一个斜向右上方的箭头，单击，就可以选中这一行了。或者把光标定位在要选定文字的开始位置，按住 Shift 键按 End 键（或 Home 键），可以选中光标所在位置到行尾（首）的文字。你可以试试用 Shift 键配合其他的光标键进行选取，挺好吧！

在文档中按下左键上下进行拖动可以选定多行文字；配合 Shift 键，在开始行的左边单击选中该行，按住 Shift 键，在结束行的左边单击，同样可以选中多行。

（3）句的选取

按住 Ctrl 键，单击文档中的一个地方，鼠标单击处的整个句子就被选取。

选中多句：按住 Ctrl 键，在第一个要选中句子的任意位置按下左键，松开 Ctrl 键，拖动鼠标到最后一个句子的任意位置松开左键，就可以选中多句。配合 Shift 键的用法就是按住 Ctrl 键，在第一个要选中句子的任意位置单击，松开 Ctrl 键，按下 Shift 键，单击最后一个句子的任意位置。

（4）段的选取

在第一段中的任意位置三击鼠标左键，选定整个一段。

选中多段：在左边的选定区双击选中第一个段落，然后按住 Shift 键，在最后一个段落中任意位置单击，一样可以选中多个段落。

（5）矩形区域选取

按住 Alt 键，在要选取的开始位置按下左键，拖动鼠标可以拉出一个矩形的选择区域。配合 Shift 键：先把光标定位在要选定区域的开始位置，同时按住 Shift 键和 Alt 键，鼠标单击要选定区域的结束位置，同样可以选择一个矩形区域。

（6）全文选取

选择菜单“编辑”下的“全选”命令或使用快捷键 Ctrl + A 可以选中全文；或先将光标定位到文档的开始位置，再按 Shift + Ctrl + End 键选取全文；按住 Ctrl 键在左边的选定区中单击，同样可以选取全文。

3. 文本删除

（1）删除字符

①删除编辑光标前的某个字符，按退格键 <Back space>。按住不放时，可连续删除光标前的多个字符。

②删除编辑光标后的某个字符，按删除键 <Del> 或 <Delete>。按住不放时，可连续删除光标之后的多个字符。

③可以用“查找与替换”的方法自动删除大量重复的内容。

注意：

- 删除操作也能起到连接两个文本行的作用。例如，当光标处于行首时，按退格键 <Backspace>，其结果是本行连到上一行之后；当光标处于行尾时，按删除键 <Del> 或 <Delete>，能使下一个文本行连到本行之后。
- <Enter> 键能起到分行或空行的作用。如果要将文本的一行分成两行，则将光标移到需分开行的文字左边，按 <Enter> 键。若在行首按 <Enter> 键，则插入一个空白行。

（2）删除文本块

设置文本块后，按删除键 <Del> 或 <Delete>，或按退格键 <Backspace>，可删除整个文本块。此外，还可以用剪贴板的方法，剪切文本块，达到删除文本块的目的。

4. 复制和粘贴

对重复输入的文字，利用复制和粘贴功能比较方便，方法是：先选定要重复输入的文字，使用“编辑”菜单中的“复制”命令或右键菜单中的“复制”命令或快捷键 Ctrl + C 命令对文字进行复制；然后在要输入的地方插入光标，使用“编辑”菜单中的“粘贴”命令或右键菜单中的“粘贴”命令或快捷键 Ctrl + V 可以实现粘贴，这样可以免去很多输入的麻烦。

5. 移动和剪切

方法 1：用菜单，使用“编辑”菜单中的“剪切”命令；然后在要置入的地方插入光标，使用“编辑”菜单中的“粘贴”命令或右键菜单中的“粘贴”。

方法2：用鼠标，先选中要移动的文字，然后在选中的文字上按下鼠标左键拖动鼠标，一直拖动到要插入的地方松开，则被选的文字移动相应的位置，这常用于字句位置的调换。

方法3：先选定要移动的文字，按F2键，光标变成了虚短线，现在用键盘把光标定位到要插入文字的位置，按一下回车键，文字就移动过来了。

剪切跟复制差不多，所不同的只是复制只将选定的部分拷贝到剪贴板中，而剪切在拷贝到剪贴板的同时将原来的选中部分也从原位置删除了。

6. 撤销和恢复

撤销和恢复是相对应的，撤销是取消上一步的操作，而恢复就是把撤销操作再重复回来。例如在文档中输入“晓宇”，结果一不小心输成了“小于”，单击“撤销”按钮，可以撤销这一步操作，再用鼠标单击“恢复”按钮，刚才输入的文字又出现了，如图3-43：

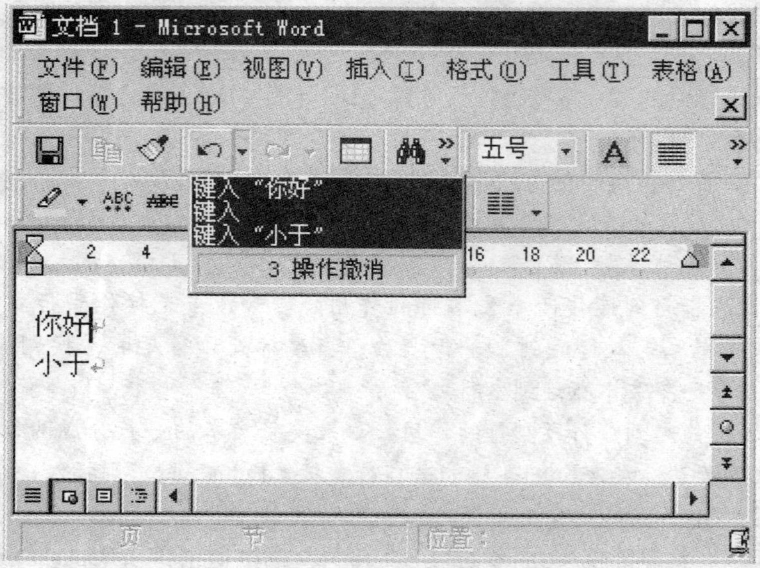

图3-43 撤销示例窗口

另外还可以一次撤销多次的操作。单击“撤销”按钮上的向下小箭头，会弹出一个列表框，这个列表框中列出了目前你能撤销的所有操作，从中选择多步操作来撤销。但是这里不允许任意选择一个以前的操作来撤销，而只能连续撤销一些操作。

“编辑”菜单中的“撤销”和“恢复”命令也可以实现撤销和恢复操作；其相对应的快捷键是：撤销：Ctrl+Z键，恢复：Alt+Shift+Backspace键。

7. 字符串查找与替换

在编辑文档过程中，常常需要对文档中相同的某一语句或字段进行修改，Word提供了字符串查找与替换操作，可以为用户减轻许多重复而繁琐的劳动，提高编辑效率。

（1）字符串的查找

字符串的查找可以用来在文档中搜索并定位于指定的文本、格式、脚注、尾注或批注标记等位置，以便编辑。也可以按搜索条件搜索特殊的字符，如段落标记、制表符和人工分页符等。

方法：选择“编辑”菜单中的“查找”命令，出现“查找和替换”对话框，如图 3－44所示，提示输入查找内容。

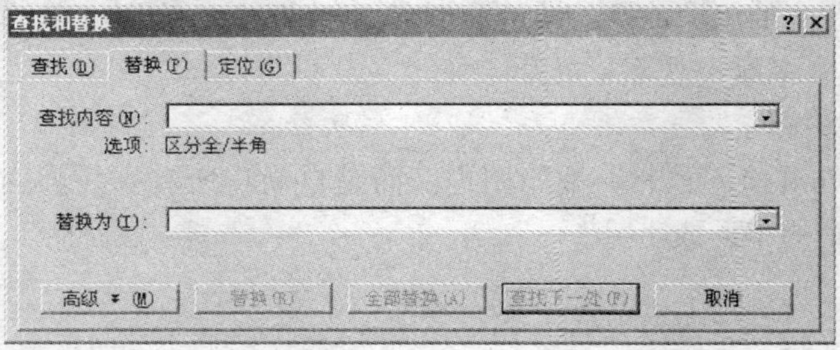

图 3－44　查找和替换对话框　查找选项卡

可点“高级”按钮，出现更多选项，设置要查找的内容后，点“查找下一处”查找。

（2）字符串的替换

“替换”命令可以在查找到指定的内容后，用另一个字符串进行替换。

方法：单击选择“编辑”菜单中“替换”命令，或者直接按＜Ctrl＞＋H 组合键，出现对话框，如图 3－45 所示，图中“高级”按钮已被点开，变为“常规”，以显示更多功能。

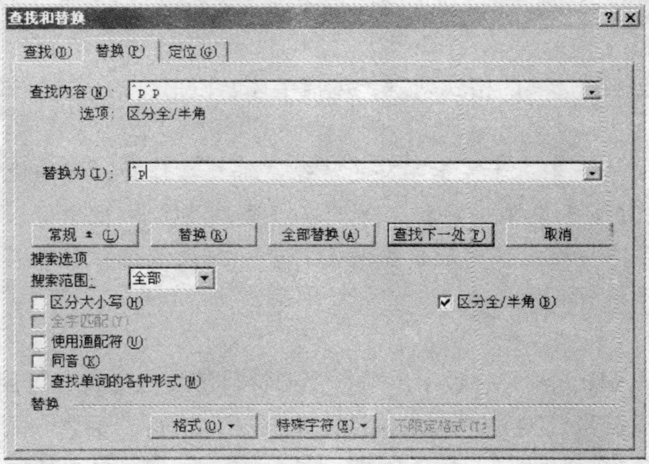

图 3－45　查找替换对话框　替换选项卡

这里主要介绍以下对话框中的项目：

①查找内容

在此框中输入查找的内容。找到要替换的内容后，再确定是否进行替换。

②替换为

输入用来替换查找内容的字符。可以直接从键盘输入，或者按 <Ctrl> + V 键，从剪贴板上将要替代的文本粘贴过来。

③“替换”按钮

Word 找到指定的查找内容后，并不立即替换，而是等待用户决定。如果用户单击“替换”按钮，则将查找到的单词或字符改为“替换为”框中的单词或字符。如果选择“查找下一处”，则不替换，继续查找下一处。

④“全部替换”按钮

选择该项后，Word 将不再逐一询问用户，而是自动将所有查找到的单词或字符全部修改为“替换为”框中的单词或字符。

注意：

替换操作也可以实现“删除”功能。譬如，若要删除文本中的部分文字，则可保持“替换为”框中为空白状态，即不输入任何文字。在查找到选定文字后，执行替换操作即将选定文字删除。

若执行替换操作时，替换了不该替换的内容，可使用“编辑”菜单下的“撤销”命令，放弃替换操作。

⑤“不限定格式”按钮

用于取消在“查找内容”或替换为框中指定的全部格式。

⑥“格式”按钮

用于设置查找或替换选项的格式列表，包括字体、段落、语言或样式等选项。

注意：Word 允许查找不属于显示字符的特殊字符或操作符，例如段落标记（回车符）、分页符、分栏符、分节符和其他一些标记等。在“查找内容”框中输入这些特殊字符的方法是：单击“特殊字符”按钮，然后单击所需符号。如果能记住特殊符号对应的键，也可以直接从键盘输入。

8. 插入特殊字符

如果在文档中输入标点符号、数字序号、图形符号等特殊字符，可用以下方法实现。

（1）使用“特殊符号”对话框：定位插入点光标，执行“插入”菜单的“特殊符号”命令，打开“特殊符号”对话框。选择所需符号分类：单位符号、数字序号、拼音、标点符号、特殊符号、数学符号，在相应的选项卡中，单击选中需要的符号，单击“插入”按钮，将选择的符号插入到插入点光标位置处，并关闭该对话框。该方法适用于输入常用的特殊符号。

（2）使用“符号”集：定位插入点光标，执行“插入”菜单的“符号”命令，打开“符号”对话框。在“符号”选项卡的“字体”列表中选择一种字体符号集，单击选中一个符号，单击“插入”按钮，即可将该符号插入到当前位置。该方法适用于需要输入不常用特殊符号时，在所有的字符集中查找所需符号。

（3）使用“软键盘”：在选择一种中文输入法（如智能 ABC、全拼、五笔）之后，将打开输入法状态条，右击状态条右端的软键盘按钮，即可打开一个列表，选择符号的类别：希腊字母、俄文字母、注音符号、拼音、日文平假名、日文片假名、标点符号、数字序号、数学符号、单位符号、制表符、特殊符号，打开软键盘，使用键盘按键或用鼠标单击软键盘上相应按键输入所需符号。该方法适用于输入常用的特殊符号。

9. 插入日期和时间

在 Word 文档中，可以直接键入日期和时间，也可以使用“插入”下拉菜单中的“日期和时间”命令来插入日期和时间。

具体步骤为：单击“插入”菜单下“日期和时间”命令。打开如图 3－46 所示的“日期和时间”对话框；在“语言”下拉列表中选定“中文（中国）”或“英文（美国）”，在“有效格式”列表框中选定所需的格式。如果选定“自动更新”复选框，则所插入的日期和时间会自动更新，否则保持原插入的值。

10. 插入脚注和尾注

在编写文章时，常常需要对一些从别的文章中引用的内容、名词或事件加以注释，这称为脚注。Word 提供的插入脚注和尾注的功能，可以在指定文字处插入注释。脚注和尾注都是注释，其唯一的区别是：脚注是放在每一页面的底端，而尾注是放在文档的结尾处。

插入脚注和尾注的操作步骤如下：

（1）单击“插入”菜单中“脚注和尾注”命令，打开如图 3－47 所示的“脚注和尾注”对话框。

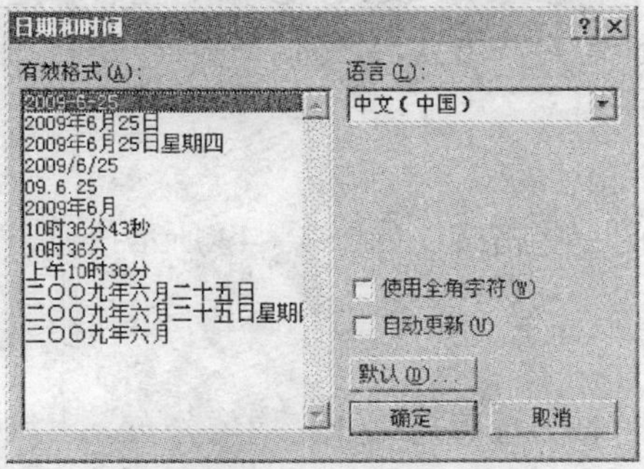

图 3－46　日期和时间对话框

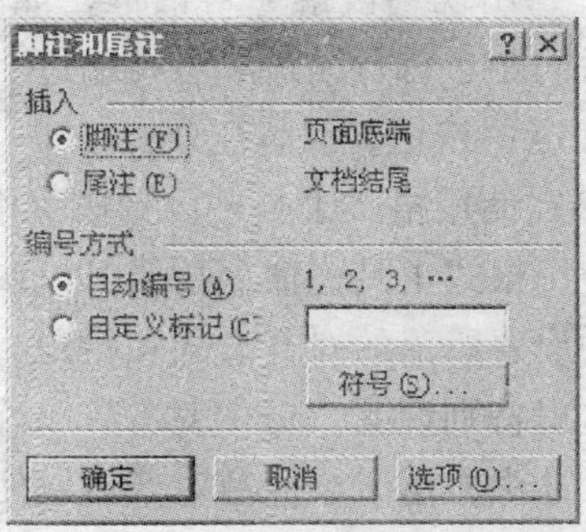

图 3－47　脚注和尾注对话框

（2）在对话框中选“脚注”或“尾注”单选项和编号方式，并单击“确定”按钮。

（3）输入注释文字后，鼠标在文档任意处单击一下退出注释的编辑，完成插入。

（4）单击该对话框中的“选项”按钮，打开“注释选项”对话框，如图所示。在这对话框中可对注释的位置、编号格式、起始编号和编号方式进行设定。

（5）如果要删除脚注或尾注，则选定脚注或尾注号。按 Delete 键。

11. 插入另一个文档

利用 Word 插入文件的功能，可以将几个文档连接成一个文档，其具体步骤如下：

（1）把插入点移动到要插入另一个文档的位置。

（2）单击“插入”→“文件”命令，打开如图“插入文件”对话框。

（3）在“插入文件”对话框中，选定要插入文档所在的文件夹和文档名。

（4）单击“确定”按钮。就可在插入点指定处插入所需的文档。

五、文本的排版与美化

1. 字符的格式化方法

（1）使用工具栏：单击格式工具栏上“字体”或“字号”长方框右侧的小三角（下拉箭头），拉出选项列表，单击选择需要的字体或字号。

（2）使用菜单：选择菜单栏上“格式”菜单中“字体”命令，出现“字体”对话框，选择“字体”选项卡进行设置，单击“确定”按钮，设置生效。如单击“取消”按钮，则放弃设置，仍使用原来的默认设置。

在“字体”选项卡中可以设置选定文字的：字体与字号、粗体字与斜体字、颜色与效果、下划线等；在“字符间距”选项卡中可以调整字符缩放、间距、位置等。

2. 段落的格式化方法

（1）选中相应段落后，选择“格式”菜单中“段落”命令或在右键快捷菜单中选择“段落”，出现“段落”对话框，如图 3 – 48 所示，这里可以设置：段落的左右缩进、段落的前后间距、首行缩进和悬挂缩进、段落间的行距、对齐方式等。选择选项卡进行设置，单击“确定”按钮，设置生效。

（2）使用格式工具栏设置段落格式

使用格式工具栏命令按钮可以快速设置段落的一些格式，如图 3 – 49 所示按钮，可以更快捷的设置段落的对齐方式和行距。

这里特别说明“分散对齐”这个按钮：

①选中段落时，分散对齐可以使整个段落中的每一行字符拉开，均匀分布，占满一行。

②当选中几个字符再单击“分散对齐”按钮，则弹出“调整宽度”对话框，如图 3 – 50，可设置共占几个字符的位置。也可通过菜单“格式”下“调整宽度”命令，打开此对话框设置。

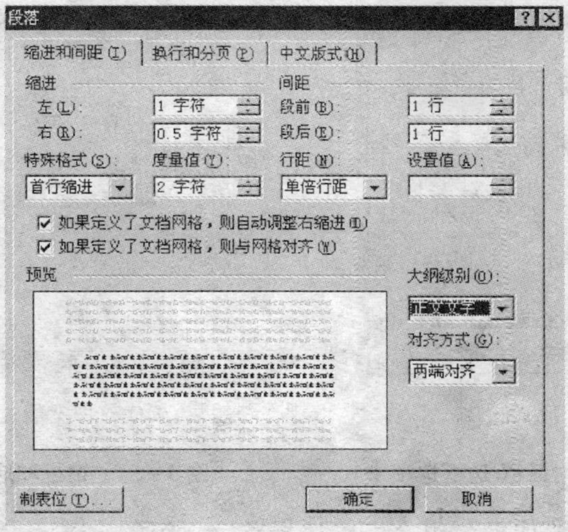

图 3－48　段落对话框

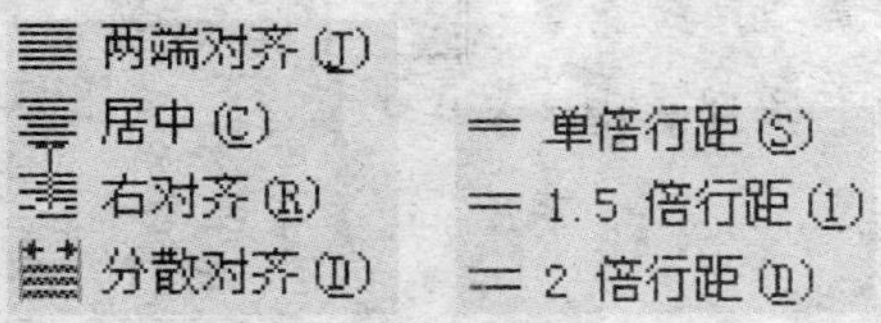

图 3－49　格式工具栏中与段落格式有关按钮

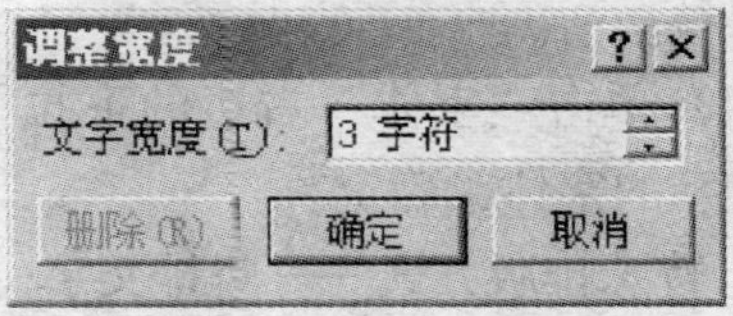

图 3－50　调整宽度对话框

3. 设置文字与段落的边框和底纹

操作方法如下：

（1）首先要选定要设置边框和底纹的对象，段落或表格可不用选取，只要将插入点置于其中即可。

（2）然后选择“格式”菜单中“边框和底纹”命令，打开“边框和底纹”对话框，选择“边框”选项卡设置边框线，如图 3－51，选择“底纹”选项卡设置底纹，如图 3－52 所示。

（3）最后一定要注意设置应用范围是段落、文字或表格，然后单击“确定”按钮关闭“边框和底纹”对话框。

4. 设置首字下沉

首字下沉起到了使文档醒目的目的，从而达到强化的特殊效果。

在 Word 中，将首字下沉的操作步骤如下：

（1）将光标插入要设置首字下沉的段落中。

（2）单击“格式”菜单下的“首字下沉”命令，系统将弹出如图 3－53 所示的“首字下沉”对话框。

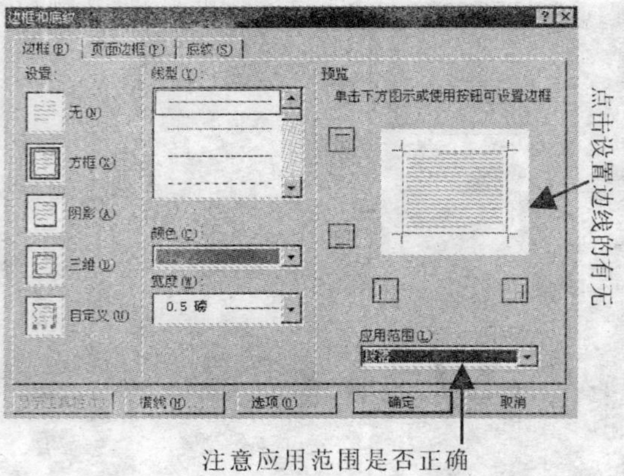

图 3－51　边框和底纹对话框 边框选项卡

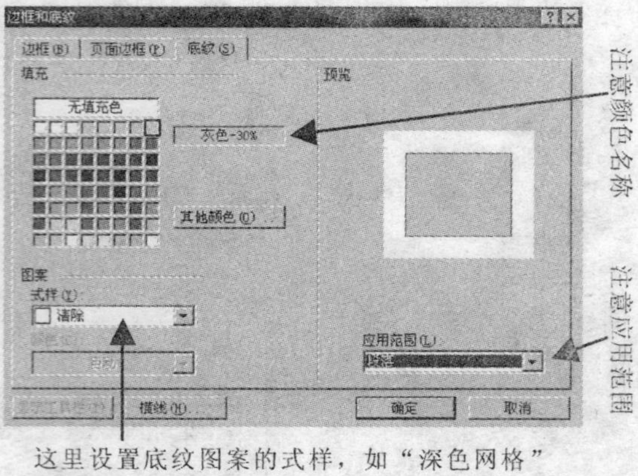

图 3－52　边框和底纹对话框 底纹选项卡

（3）在对话框中的“位置”组合框中选择首字下沉的方式，如“无”、“下沉”、“悬挂”等。在此选择“下沉”，“选项”组合框将被激活。

（4）单击“字体”右边的下拉按钮，从弹出的下拉列表中选择首字的字体，确定。

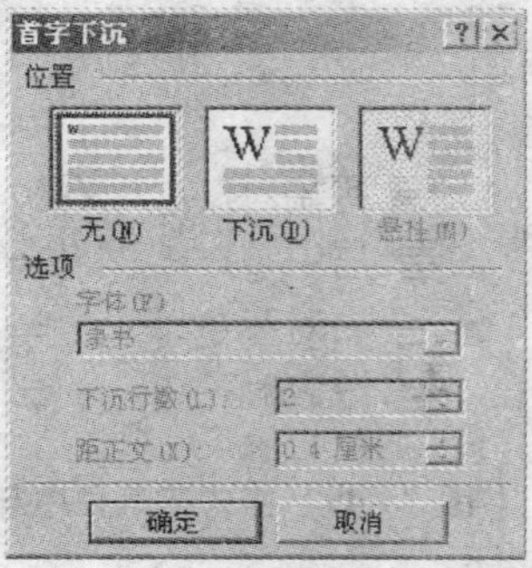

图 3－53　首字下沉对话框

5. 特殊排版方式——竖排文字

打开一篇文档，单击工菜单“格式”中“文字方向”命令，或单击“常用”工具栏上“更改文字方向”按钮，如图 3－54 所示，整篇文档的文字就变成了竖排的了。再单击这个按钮，文字方向又变回来了。

在文档的任意位置单击右键，单击快捷菜单中的“文字方向”命令，也可以打开“文字方向”对话框，选择任一种格式设置。

图 3－54　常用工具栏

上面的都是对整篇文档的文字方向进行更改，也可以选定一部分内容进行竖排：选中一段文字，在标尺的灰色部分双击，打开“页面设置”对话框，单击“文档网格”选项卡，在“文字排列”一栏中选择“竖排”，在“应用于”中选择“所选文字”，如图 3－55，单击“确定”按钮，我们所选择的文字就变成了竖排的格式；而且同其他的文字也分了页。

6. 文字方向

Word 中可以方便的更改文字的显示方向，实现不同的效果。选择“格式”菜单中“文字方向”命令显示，如图 3－56 所示对话框。

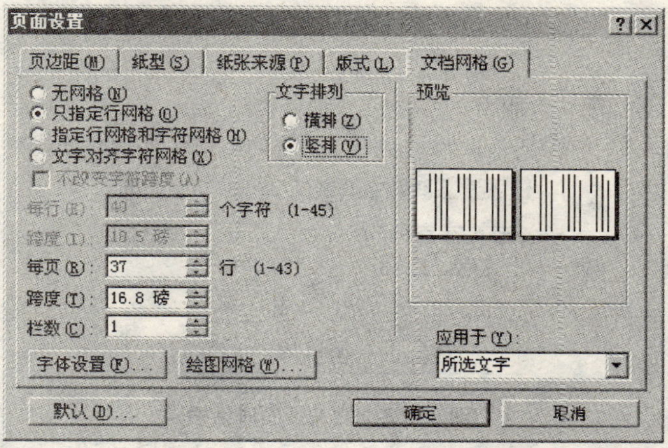

图 3－55　页面设置对话框

选择一种文字方向类型，右侧预览区域可显示设置的效果，单击“确定”按钮即对文字应用该文字方向。注意：该对话框的标题中显示的应用对象是“整篇文档”，即全部文字都将改变方向。如果需要对特定的文字应用不同方向，则该文字必须处在特定的“容器”中，例如“文本框”、表格中的“单元格”等。

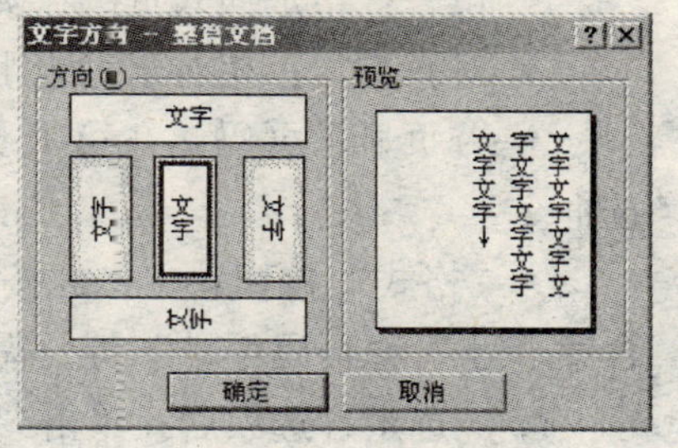

图 3－56　文字方向对话框

7. 使用格式刷

格式刷就是“刷”格式用的，也就是复制格式用的。在 Word 中格式同文字一样是可以复制的：选中这些文字，单击常工具栏“格式刷”按钮，如图 3－57，鼠标就变成了一个小刷子的形状，用这把刷子“刷”过的文字的格式就变得和选中的文字一样了。

图 3－57　常用工具栏

我们可以直接复制整个段落和文字的所有格式。把光标定位在段落中，单击“格式刷”按钮，鼠标变成了一个小刷子的样子，然后选中另一段，该段的格式就和前一段的相同。

如果有好几段的话，先设置好一个段落的格式，然后双击“格式刷”按钮，这样在复制格式时就可以连续给其他段落复制格式；单击“格式刷”按钮即可恢复正常的编辑状态。

另外还可使用组合键：Ctrl + Shift + C、Ctrl + Shift + V。

把光标定位在第一段中，按 Ctrl + Shift + C 键，把格式复制下来，再把光标定位到第二段中，按 Ctrl + Shift + V 键，上个段落的格式就复制了过来；再把光标定位到第三段中，按

Ctrl + Shift + V 键，格式也复制到了这里。

8. 插入页码

在文档中插入页码的方法如下：

（1）选择“插入”菜单中“页码”选项，屏幕弹出图 3 – 58 对话框。

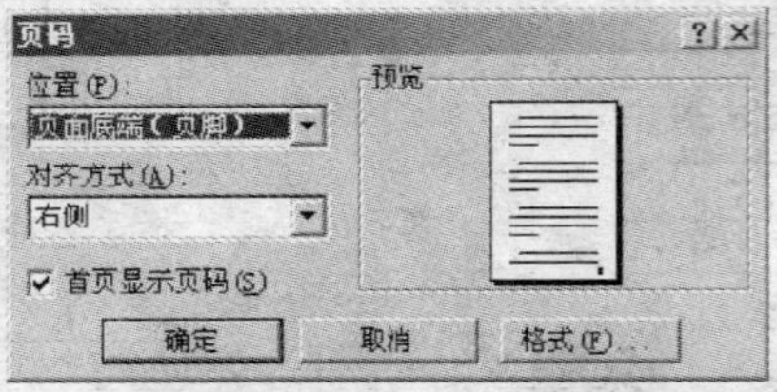

图 3 – 58　插入页码对话框

（2）选择对话框中各选项。其中：

- 位置：指定插入页码在页面的位置。
- 对齐方式：相对于页边距的水平位置。
- 首页显示页码：在第 1 页上显示出页码。若要隐藏第一页上的页码，需清除此复选框。
- “格式”按钮：单击此按钮后，可选定有关页码格式的选项，如“数字格式”、“包含章节号”、“页码编排”等，需进一步选择。

（3）选定各选项后，单击“确定”按钮。

9. 分栏

（1）创建分栏

- 点击“格式”菜单“分栏”命令，出现“分栏”对话框，在“预设”中选择分栏。
- 若不满意“预设”中的分栏格式，可以在“栏数”数值框中输入所要分割的栏数。
- 如果要使各栏等宽，请选取“栏宽相等”复选框，否则取消“栏宽相等”复选框中的选取标记，并在“栏宽”和“间距”中设置各栏的栏宽和间距。
- 如果要在各栏之间加入分隔线，请选取“分隔线”复选框。
- 在“应用范围”下拉列表中选择分栏的范围。
- 完成设置后，单击确定按钮，关闭“分栏”对话框，这时在页面视图中可以看到文档的分栏情况。

（2）制作跨栏标题

有时，我们会希望文章标题位于所有各栏的上面，标题本身不分栏，要达到这种效果就需要对文档进行分节处理。在文档中每个节都可以设置不同的栏数，现在只要将标题单独作为一节，该节只设置一栏，即可产生跨栏标题。具体的操作方法如下：

①将光标移至标题的下面，正文的第一个字前。

②打开“插入”菜单，选择“分隔符”命令，出现“分隔符”对话框，在“分节符”组中选取“连续”选项。

③单击确定按钮，这时在标题和正文之间插入一个分节符。

④打开“格式”菜单，选择“分栏”命令，出现“分栏”对话框。

⑤在“预设”中选择分栏格式，或自己设置分栏格式，例如在“预设”中选择“三栏”。

⑥在“应用范围”下拉菜单中选择“本节”。

⑦单击确定按钮，关闭“分栏”对话框，这时在页面视图中就可以看到使用跨栏标题的情况了。

（3）平衡各栏文字长度

在前面的分栏操作中我们可能会发现，分栏后的页面各栏长度不一致，最后一栏可能比较短，这样版面显得很不美观。为了使各栏的长度一致，只要单击需平衡的栏的结尾，然后在栏的最后一个字符后面插入一个连续的分节符即可。

10. 项目符号和编号

（1）自动编号

自动识别输入：当输入 1，顿号，然后输入项目，回车，下一行就出现了一个“2、”，如果认为输入的是编号，就会调用编号功能，设置起编号来很方便。不想要这个编号，按一下 Backspace 键，编号就消失了。

（2）项目符号

选中段落，单击“格式”工具栏上的“项目符号”按钮，就给它们加上了项目符号。和去掉自动编号的方法一样，把光标定位到项目符号的后面，按 Backspace 键。另外还有一种方法：把光标定位到要去掉的项目符号的段落中，单击“格式”工具栏上的“项目符号”按钮，也可以把这个项目符号去掉。

改变项目符号的样式：打开“格式”菜单，单击“项目符号和编号”命令，打开“项目符号和编号”对话框，现在是“项目符号”选项卡，选择一个所需的项目符号，然后单击“确定”按钮，就可以给选定的段落设置一个自选的项目符号了，如图 3 – 59 所示。

若要自定义一个：打开“项目符号和编号”对话框，选择一个项目符号的样式，单击“自定义”按钮，打开“自定义项目符号列表”对话框，单击“项目符号”按钮，打开“符号”对话框，选择一个符号，然后从“字体”列表设置格式，单击“确定”按钮，回到“自定义项目符号列表”对话框，单击“确定”按钮，就可以把刚才设置好的符号作为项目符号了，如图 3 – 60 所示。

（3）编号设置

打开“格式”菜单，单击“项目符号和编号”命令，打开“项目符号和编号”对话框，现在这里默认的就是“编号”选项卡了，有很多的编号可以选择，如图 3 – 61。

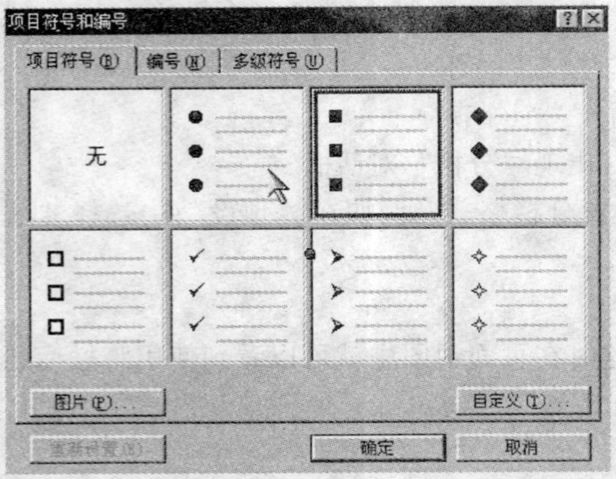

图 3－59　项目符号和编号对话框

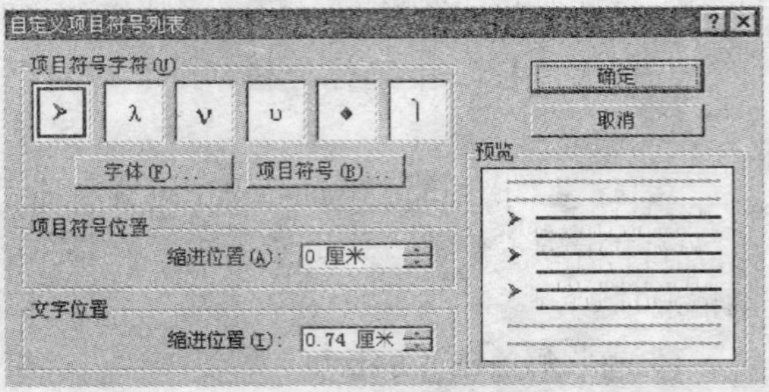

图 3－60　自定义项目符号列表对话框

想用中文的一、二、三也可以，但要设置一下。选择一种编号，单击“自定义”按钮，打开“自定义编号列表”对话框；从“编号样式”下拉列表框中选择中文的“一、二、三……”，在上面的“编号格式”的输入框中就出现了我们选择的样式，我们在后面输入一个顿号，将括号删除；从右面的预览框中可以看到设置的效果。单击“字体”按钮，打开“字体”对话框，将“中文字体”设置为“楷体”，单击“确定”按钮，回到“自定义编号列表”对话框，可以看到编号的字体已经变成楷体了，如图 3－62。

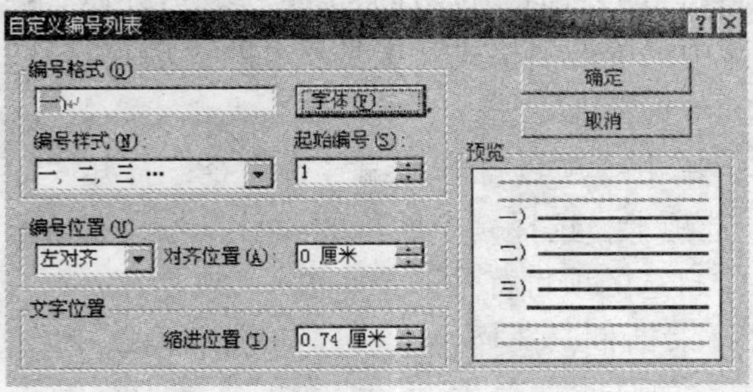

图 3－61　自定义编号列表对话框

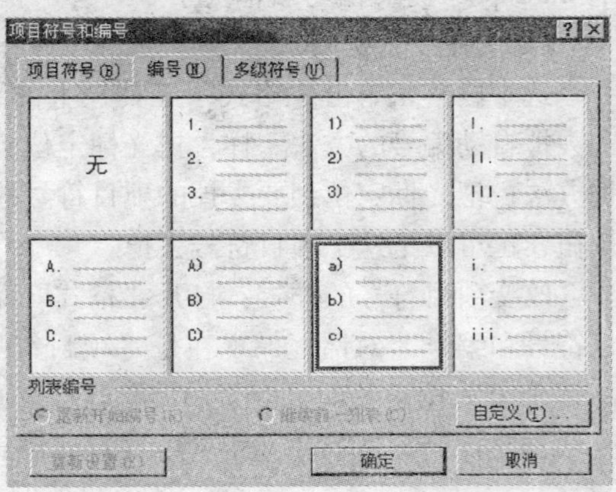

图 3－62　项目符号和编号对话框　编号选项卡

11. 页面设置方法

“页面设置”用来改变文档打印参数，如纸张的大小、字符数/行数、页边距、页面放置方向以及打印纸张来源等。

页面设置的操作方法：

将光标置于文档中，单击菜单“文件”中“页面设置”，屏幕弹出对话框。在对话框中，有 5 个选项卡设置完毕，单击“确认”按钮，以保存设置。若单击“取消”按钮，则放弃设置。

六、表格及相关操作

Word 中关于表格的一切操作都可通过“表格”菜单命令完成。

1. 插入表格

在 Word 文档中，插入表格的方法有以下几种：

（1）使用“表格”菜单的“插入表格”

将插入点光标定位于要插入表格处。执行“表格”菜单的“插入”、“表格”命令，打开“插入表格”对话框。如图 3－63 所示，在对话框中设置要插入表格的行数和列数，单击“确定”按钮，即可在文档的指定位置处插入指定行列数的表格。

（2）使用“常用”工具栏的“插入表格”按钮

将插入点光标定位于要插入表格处。按下“常用”工具栏上“插入表格”按钮，在表格框中选择需要的行数和列数。如果表格框中显示的行列数不够，可按下鼠标左键拖动鼠标，直到选择到需要的行数和列数，释放按键，即可在文档中插入指定行列数的表格。

（3）使用“表格和边框”工具栏绘制表格

在“常用”工具栏上单击“表格和边框”按钮，或执行“视图”菜单的“工具栏”下“表格和边框”命令，打开“表格和边框”工具栏。如图 3－64 所示，在工具栏上单击按下“绘制表格”按钮，此时鼠标指针变成铅笔头形状。按下鼠标左键拖动鼠标，即可在文档中绘制表格。

使用绘制表格线的方法可以方便地在表格中绘制结构复杂的表格、绘制表格中的斜线。

（4）将文字转换成表格

如果需要将已输入的文本转换成表格，可通过“将文字转换成表格”对话框完成转换。选定要转换成表格的文字，然后执行“表格”菜单的“将文字转换成表格”命令，打开“将文字转换成表格”对话框，如图 3－65 所示。

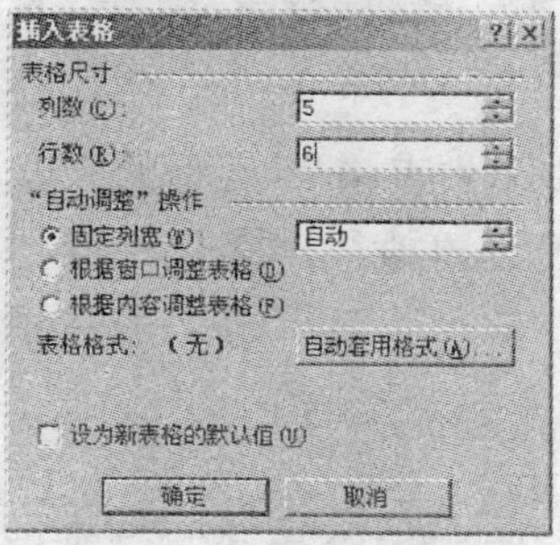

图 3－63　插入表格对话框

图 3－64　表格和边框工具栏

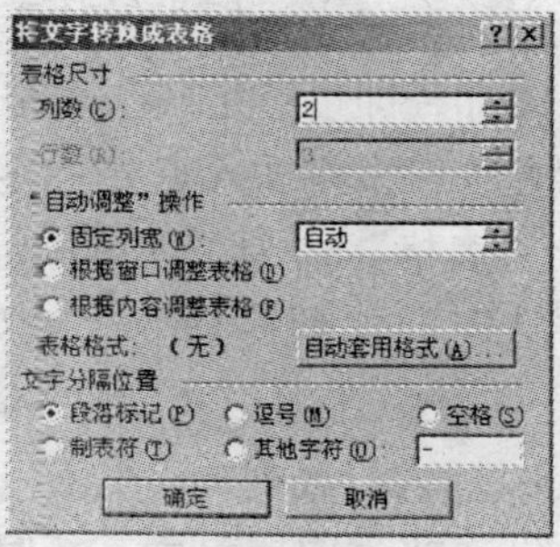

图 3－65　将文字转换成表格对话框

在对话框中设置表格的行、列数。如果需要将文字转换成表格，则应在文字中设置用于分隔的符号，如空格，逗号等，再进行转换。

2. 表格的选定

（1）选定单元格

①选定一个单元格，将鼠标指针放在单元格左侧的选定区（回车符前的空白区域）变成向右倾斜的黑色箭头指针时单击，即可选定该单元格。或者，将插入点光标定位在一个单元格中，执行“表格”菜单的“选定”、“单元格”命令，即可选定该单元格。

②选定多个单元格，将鼠标指针放在一个单元格中，按鼠标左键，拖动鼠标可选定数个单元格。或者，将插入点光标定位于一个单元格，按下 Shift 键，按↑、↓、←、→光标键，可逐行、逐列地选定单元格区域。

（2）选定行

①选定一行：将鼠标指针放在表格左侧的选定区（文档左侧的空白区域）变成向右的空心箭头指针时单击，即可选定鼠标所在的表格行。或者，将插入点光标定位于表格某行的一个单元格中，执行“表格”菜单的“选定”、“行”命令，可选定插入点所在行。

②选定数行：将鼠标指针放在表格左侧的选定区变成向右的空心箭头指针时按下鼠标左键并向上或下拖动鼠标，即可选定数行。

（3）选定列

①选定一列：将鼠标指针移到表格最上面的边框线处变成黑色向下的箭头指针时单击，即可选定鼠标所在列。或者，将插入点光标定位在表格某列的一个单元格中，执行“表格”菜单的“选定”、“列”命令，即可选定该列。

②选定数列：将鼠标指针移到表格最上面的边框线处变成黑色向下的箭头指针时按下鼠标左键向左或右拖动鼠标，即可选定数列。

（4）选定表格

方法一，将鼠标指针移到表格左上角的单元格中，按下鼠标左键拖动鼠标到表格右下角的单元格，可选定整个表格。

方法二，当鼠标指针位于表格中时，表格的左上角会出现一个十字箭头图标，用鼠标单击该图标，即可选定整个表格。

方法三，将插入点光标定位于表格的任何一个单元格中，执行“表格”菜单的“选定”、“表格”命令，即可选定整个表格。如果已选定表格中的某行，再执行“表格”菜单的“选定”、“列”命令，或如果已选定表格中的某列，再执行“表格”菜单的“选定”、“行”命令，都可以选定整个表格。用选定数行和选定数列的方法也可以选定整个表格。

3. 插入行或列

（1）当选定表格中某行时，“常用”工具栏上的“插入表格”按钮变成“插入行”按钮，单击该按钮即可在选定的行之上插入一空行。

（2）当选定表格中某列时，“常用”工具栏上的“插入表格”按钮变成“插入列”按钮，单击该按钮即可在选定的列的左侧插入一空列。

（3）将光标定位在表格某行的一个单元格中，执行“表格”菜单的“插入”、“行（在上方）”或“行（在下方）”命令，即在插入点所在行的上方或下方插入一空行。

（4）将光标定位在表格中某行的一个单元格中，执行“表格”菜单的“插入”、“列（在左侧）”或“列（在右侧）”命令，则在插入点所在列的左侧或右侧插入一空列。

（5）选定行或列后，在选定区域右击，在弹出的快捷菜单中执行“插入行”或“插入列”命令，即可在选定行的上方插入一空行或在选定列的左侧插入一空列。

4. 单元格的合并与拆分

所谓合并单元格，即将选定的数个单元格合并成一个大单元格。所谓单元格的拆分，即将一个单元格拆分成数个单元格。

（1）单元格的合并：选定数个单元格，执行“表格”菜单的“合并单元格”命令，或将鼠标指针放在选定区域右击，在弹出的快捷菜单中执行“合并单元格”命令，即可将选定的单元格合并成一个单元格。单元格合并后，所有参与合并的单元格中的数据将用换行方式分隔放置在合并后的单元格中。

（2）单元格的拆分：将插入点光标定位于要拆分的单元格中，执行“表格”菜单的“拆分单元格”命令，或将鼠标指针放在欲拆分的单元格中右击，在快捷菜单中执行“拆分单元格”命令，都可以打开“拆分单元格”对话框，如图 3－66 所示，在对话框中设置单元格需要拆分的行数和列数，单击“确定”按钮，即可按设置将单元格拆分成数个单元格。

拆分单元格可能改变表格的结构，该操作应慎用！

（3）拆分及合并表格

选定表格中的某行，执行“表格”菜单的“拆分表格”命令，即可将表格从该行处一分为二，拆分成上、下两个表格。删除表格之间的换行符号（回车符），即可将两个表格合二为一，合并成一个表格。

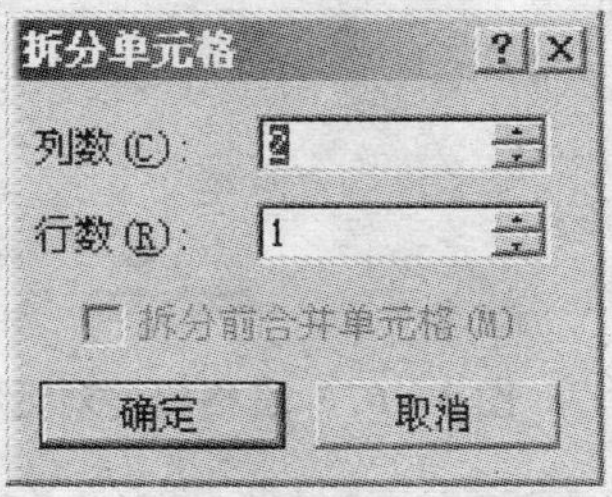

图 3－66　拆分单元格对话框

5. 复制或移动行或列

如果在编辑表格时，需要调整表格中某行或列的位置，则可采用如下方法完成操作：

（1）选定表格中要调整位置的行或列。用鼠标拖动选定区域（此时鼠标左侧显示一虚竖线，用于判断要移动的位置）到目标行或目标列的第一个单元格的内容前释放鼠标按键，即可将该行移动到目标行上方或目标列左侧。

（2）如按下 Ctrl 键拖动选定区域到目标位置，则将选定行或选定列复制到目标行的上方或目标列的左侧。

（3）选定要复制或移动的行或列后，执行“复制”或“剪切”操作，将选定行或列复制或移动到剪贴板中，再将插入点光标定位于目标行的第一个单元格内容前或目标列的第一个单元格内容前，执行“粘贴”操作，即可将剪贴板中的内容复制到当前位置，完成行或列的复制或移动。

6. 表格的删除

（1）选定要删除的行，执行“表格”菜单的“删除”、“行”命令，或将鼠标指针放在选定区域右击，执行快捷菜单中的“删除行”命令，即可删除选定行。同理可删除表格的列。

（2）选定表格，执行“表格”菜单的“删除”、“表格”命令，即可删除表格。

（3）如果仅需要删除表格单元格中的内容，则可选定要删除内容的单元格，执行“编辑”菜单的“清除”命令。

7. 设置表格属性

通过“表格属性”对话框，可以完成表格、行、列、单元格相关设置。

（1）选定表格，执行“表格”菜单的“表格属性”命令，打开该对话框。如图3－67。

图3－67　表格属性对话框

（2）设置各项属性

● 在“表格”选项卡中，可设置表格的宽度，表格的对齐方式，表格与文字的环绕方式，还可单击“边框和底纹”按钮打开“边框和底纹”选项卡，设置表格边框和底纹，单击“选项”按钮打开“表格选项”对话框，设置单元格内容与单元格边框线上、下、左、右边距，单元格间距等。

● 在“行”选项卡中，可设置选定行的高度，单击“上一行”或“下一行”按钮，可逐行设置行高。

● 在“列”选项卡中，可设置选定列的宽度，单击“前一列”或“后一列”按钮，可逐列设置列宽。

● 在“单元格”选项卡中，可设置单元格内容的对齐方式等。

（3）设置完毕，单击“确定”按钮，即可将设置应用于表格。

8. 单元格中文本的垂直对齐方式

如果要改变表格单元格中文本的垂直对齐方式，可按如下步骤进行：

（1）选定要改变文字方向的表格单元格，如果是一个单元格，只需将插入点置于该单元格内。

（2）单击“表格”菜单中的“表格属性”命令，弹出“表格属性”对话框，再单击“单元格“选项卡。

（3）“垂直对齐方式”框中，选中“顶端对齐”、“居中”或“底端对齐”选项。

（4）单击“确定”按钮。

另外，也可以单击“表格与边框”工具栏的“单元格对齐方式”按钮右边的向下箭头，从下拉菜单中选中所需的对齐方式。

9. 设置表格的边框和底纹

为表格设置边框和背景颜色或图案，可使用“表格和边框”工具栏完成，也可使用“边框和底纹”对话框完成。

（1）右击工具栏，在快捷菜单中选中“表格和边框”，将其工具栏打开。

（2）在表格中选择要设置边框线的单元格，在工具栏上打开“线型”列表，选择需要的线条样式；打开“粗细”列表，设置线条宽度；打开“框线”列表，将选择的线型应用于选定单元格的指定边框。

（3）在表格中选择要设置背景颜色的单元格，在工具栏上打开“底纹颜色”列表，选择背景颜色，将选择的颜色应用到选定的单元格中。在“表格和边框”工具栏上还可以方便地完成单元格对齐方式、平均分布行或列、合并或拆分单元格、表格自动套用格式、排序等操作。

10. 表格自动套用格式

选定表格后，执行“表格”菜单的“表格自动套用格式”命令，打开表格自动套用格式对话框，如图 3－68 所示：

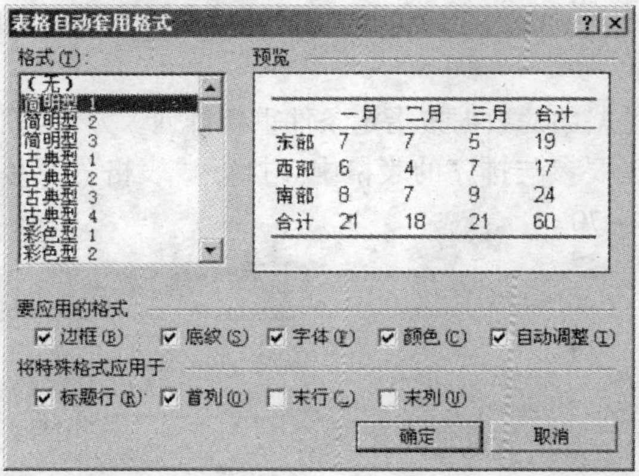

图 3－68　表格的自动套用格式

在对话框的“格式”列表中选择需要套用的表格格式，在“要应用的格式”栏和“将特殊格式应用于”栏设置要将选择的格式应用的选项。设置完毕，通过“预览”可浏览设置效果。单击“确定”按钮，可将设置应用于表格。

11. 设置表格的边框和底纹

为表格设置边框和背景颜色或图案，可使用“表格和边框”工具栏完成，也可使用“边框和底纹”对话框完成。

(1) 右击工具栏，在快捷菜单中选中“表格和边框”，将其工具栏打开。

(2) 在表格中选择要设置边框线的单元格，在工具栏上打开“线型”列表，选择需要的线条样式；打开“粗细”列表，设置线条宽度；打开“框线”列表，将选择的线型应用于选定单元格的指定边框。

(3) 在表格中选择要设置背景颜色的单元格，在工具栏上打开“底纹颜色”列表，选择背景颜色，将选择的颜色应用到选定的单元格中。在“表格和边框”工具栏上还可以方便地完成单元格对齐方式、平均分布行或列、合并或拆分单元格、表格自动套用格式、排序等操作。

12. 表格中的数据计算

在 Word 的表格中，可对表格中数据进行一些简单的函数运算。

(1) 将插入点光标定位于要存放计算结果的单元格中，执行“表格”菜单的“公式”命令，打开“公式”对话框，如图 3－69 所示。

(2) 在对话框的“公式”文本框中，设置需要的函数。计算公式必须以“＝”开始。需用的函数可打开“粘贴函数”列表选择。函数名后的（）中用于定义参与计算的数据范围，LEFT 表示参与计算的数据来自左侧单元格，RIGHT 表示参与计算的数据来自右侧单元格，ABOVE 表示参与计算的数据来自下面的单元格。例如：要计算左侧单元格数据的平均值，则应在存放计算结果的单元格中设置计算公式“＝AVERAGE（LEFT)”。

(3) 设置完毕，单击“确定”按钮，即将计算结果填充到指定的单元格中。

13. 表格数据的排序

所谓排序，是指将表格中的数据按指定条件重新排列。方法如下：

将插入点光标定位于要参与排序的表格中。执行“表格”菜单的“排序”命令，打开“排序”对话框，如图 3－70。

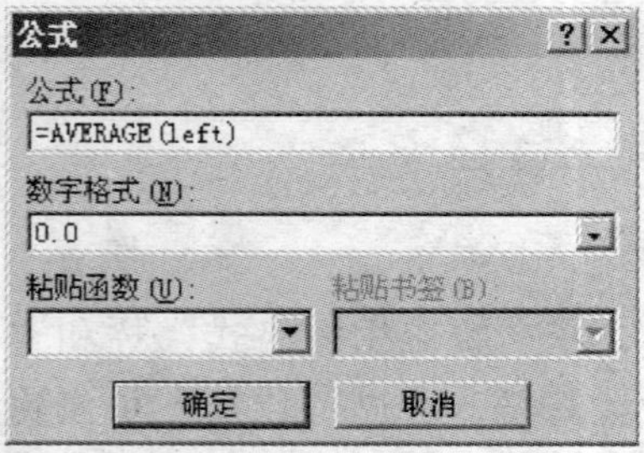

图 3－69　公式对话框

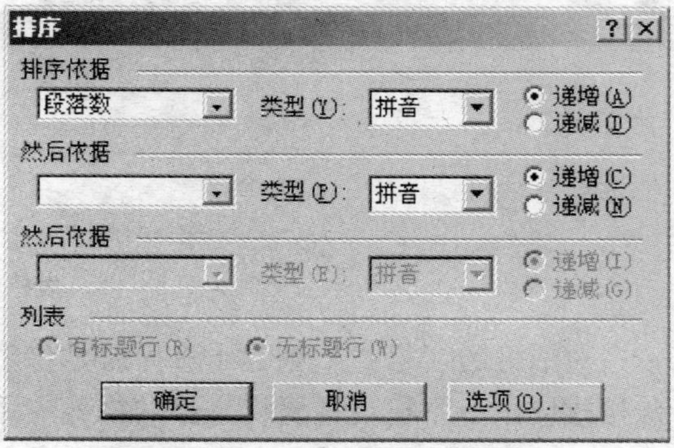

图 3－70　排序对话框

在对话框的“排序依据”列表中选择排序关键字（列标题名）；在“类型”列表中选择参与排序的数据类型，可以是数字、拼音等；选择排序方式是递增还是递减；然后依据用于设置排序的第二关键字、第三关键字。

设置完毕，单击“确定”按钮，表格中数据按设置重新排列。

14. 在表格中竖排文本

中文 Word 2000 提供了竖排文本的功能。竖排文本既可以用于整篇文档，也可以用于表格之中。操作方法：选定要竖排文本的单元格，选择“格式”菜单中的“文字方向”命令，出现“文字方向—表格单元格”对话框，单击所需的文字方向，然后单击“确定”按钮。

15. 设置斜线表头

在使用表格时，经常需要在表头（第一行的第一个单元格）绘制斜线，这时用户可以用“表格与边框”工具栏的“绘制表格”按钮。但使用 Word 2000 制作斜线表头功能更简单，更有效率，需注意的是此种方法绘制的表头文字的倾斜的，与对角线平行。可以按以下步骤进行：

（1）将插入点置于表格的第一个单元格中。选择“表格”菜单中的“绘制斜线表头”命令，出现“插入斜线表头”对话框。

（2）在“表头样式”列表框中选中需要的表头样式，下面的预览框中会显示相应的效果。在“字体大小”列表框中选择表头字体的大小。在“行标题”、“列标题”等文本框中输入表头的文字。

（3）单击“确定”按钮完成设置。

七、图片及图文混排

Word 2000 中图片对象的插入可以通过菜单“插入”中“图片”命令，如图 3－71，然后弹出相应的对话框来设置并插入相应的对象，可以插入图片文件、剪贴画、自选图形、艺术字等图片对象。

图 3－71　插入菜单中图片子菜单

1. 插入图片与剪贴画

在 Word 2000 中，既可以插入 Microsoft 的剪贴画，也可以插入其他图片文件。

（1）插入图片文件

如果要插入图片文件，只要依次单击菜单“插入”中“图片”下“来自文件”命令，弹出如图 3－72 所示的“插入图片”对话框。“查找范围”中设置要找的图片的路径，找到后选该文件，点击“插入”，即可。

图 3－72　插入图片对话框

单击“图片”工具栏上的“插入图片”按钮，可以打开“插入图片”对话框，如图 3－73 所示。

图 3－73　图片工具栏

（2）插入剪贴画

如果要插入“剪贴画”，只要将插入点移至需要插入图片的地方，再依次单击“插入”菜单中的“图片”“剪贴画”命令，打开“插入剪贴画”对话框，如图 3－74 所示，单击所需剪贴画的类别，在预览框中双击所需的剪贴画，即可将该图片插入到相应位置。

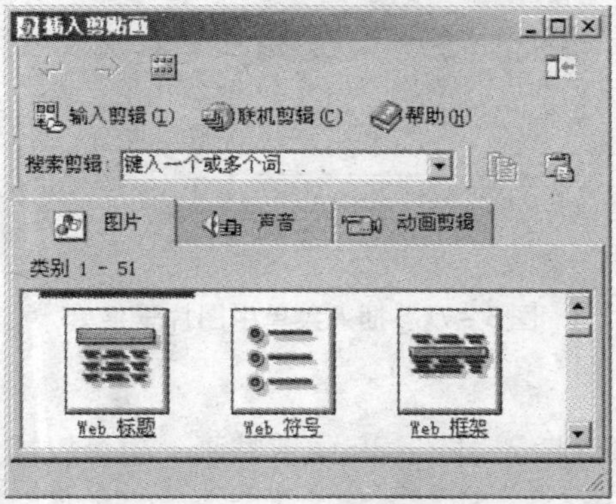

图 3－74　插入剪贴画对话框

单击“绘图”工具栏上的“插入剪贴画”按钮，可以打开“插入剪贴画”对话框，如

图 3－75 所示。

2. 设置图片格式

图片的大小、版式、颜色、位置等格式的设置主要有两种方式，第一利用“图片”工具条，第二利用“设置图片格式对话框”。

当选定一张图片时，就会出现浮动的“图片”工具条，如图 3－76 所示，若没有出现，可单击“视图”菜单中“工具栏”命令，在弹出的子菜单中再选择“图片”命令即可。

“设置图片格式对话框”，如图 3－77 所示，打开此对话框有多种方法：选中图片后，右击图片，也可也选择菜单“格式”下的“图片”，也可以利用“图片工具栏”来打开。

图 3－75　绘图工具栏

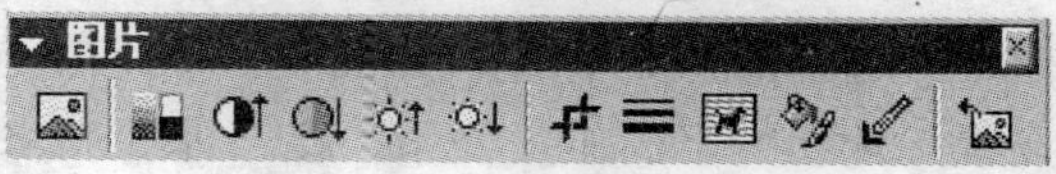

图 3－76　“图片”工具栏

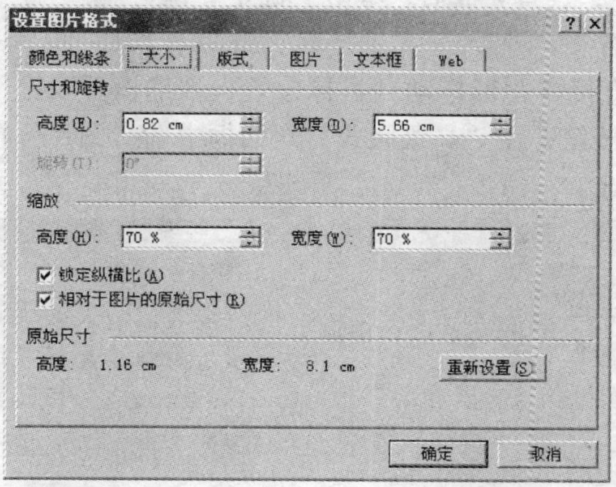

图 3－77　设置图片格式对话框

（1）设置图片的大小

调整图片大小的方法有两种：一种是通过拖动鼠标来实现，这种方法虽然快捷，但不够精确；另一种是通过“设置图片格式”对话框中参数的输入，来精确调整图片的大小。具体操作方法如下：

①用鼠标：单击图片中的任意位置，将鼠标指针指向控制点，指针即变成↔、↕、↗、↘四种形状中的一种，此时拖动鼠标即可改变图片的大小。沿水平方向拖动鼠标指针，改变图片的宽度；沿竖直方向拖动鼠标，将改变图片的高度，这两种方法都会改变图片的高、宽比例。若想等比例放大或缩小图形，可以在按住 Shift 键的同时，沿对角线方向拖动图片 4 个角的控制点。

②通过“设置图片格式”对话框：单击“图片”工具栏“设置图片格式”按钮，或右

击图片，在快捷菜单中选“设置图片格式”，打开“设置图片格式”对话框，如图 3－77 所示。

单击“大小”标签，即可输入数据进行设置，其中需注意的是，在设置图片大小时注意是否选定“锁定纵横比”复选框，如果要改变大小时不改变比例，那么就要选定它；若要将宽高都改变就不要选中它，把对勾去掉。最后单击“确定”按钮即可。

（2）改变图片的版式

可使用用图片工具栏中文字环绕按钮，也可以使用格式对话框。

在图形上右击鼠标，在快捷菜单选“设置图片格式”命令，在“设置图片格式”对话框中，选“版式”标签，如图 3－78。在“版式”选项卡中的“环绕方式”区域中，可以设置图片和文字的位置关系，在“水平对齐方式”区域中可以选择与文字的对齐方式。如果想进一步设置图片的位置和与文字的环绕关系，可以单击“高级”按钮，可以设置“图片位置”和“文字环绕”，设置完成后，单击“确定”即可。

（3）改变图片的位置

选定图形后，可以直接将图形拖动到目标位置。精确设置要在图 3－78 中，点选“版式”标签，按“高级”按钮，在“高级版式”对话框中选“图片位置”标签，如图 3－79，输入数据设置。

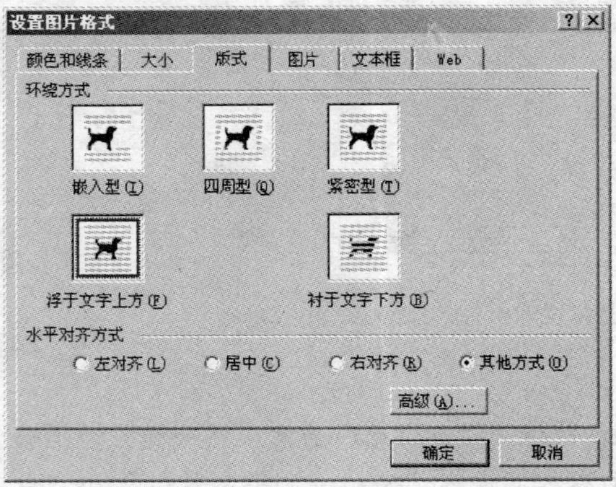

图 3－78　设置图片格式对话框　版式选项卡

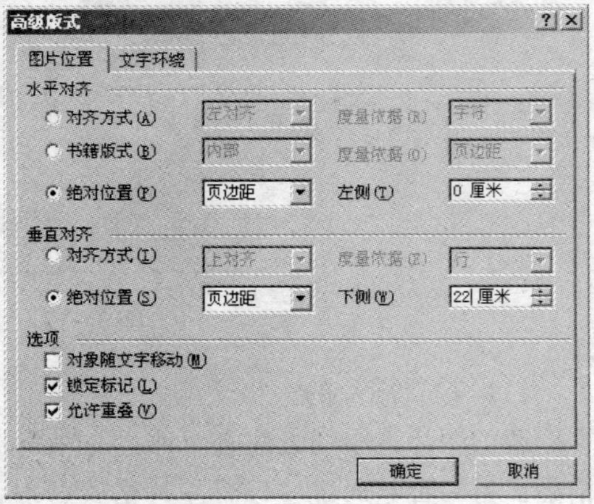

图 3－79　“高级版式”对话框

（4）图像控制

Word 2000 可以对图片的质量进行调整，如增加/降低对比度、增加/降低亮度，将图片设置成灰度、黑白、水印效果等。使用时，先选定图形，然后单击“图片”工具栏中的对应按钮即可。

另外，在图形上右击鼠标，在快捷菜单选“设置图片格式”命令，在“设置图片格式”对话框中，选“图片”标签，选“图像控制”，进行相应的设置。

（5）改变图片的颜色和线条

在图形上右击鼠标，在快捷菜单选“设置图片格式”命令，在“设置图片格式”对话框中，选“颜色和线条”标签，进行相应的设置。

3. 使用自选图形

（1）插入自选图形

可使用绘图工具栏和菜单，使用菜单：“插入”中“图片”、“自选图形”命令，或使用绘图工具栏上“自选图形”按钮（注：打开“绘图”工具栏：“视图”菜单下“工具栏”、“绘图”；按住 Shift 键可绘制方正图形）。

（2）在图形中添加文字

选定自选图形，快捷菜单的添加文字命令。

自选图形的大小线条版式等设置与图片基本相同。

4. 艺术字设置

（1）插入艺术字

单击“绘图”工具栏上的“插入艺术字”按钮 4，或使用菜单“插入”下的“图片”、“艺术字”命令，从而打开的“‘艺术字库’”对话框，如图 3－80，在其中选择一个样式，单击“确定”按钮，弹出“编辑‘艺术字’文字”对话框，如图 3－81，输入文字，选择“字体”项，单击“确定”按钮，文档中就插入了艺术字，同时 Word 自动显示出了如图 3－82 所示的“艺术字”工具栏。

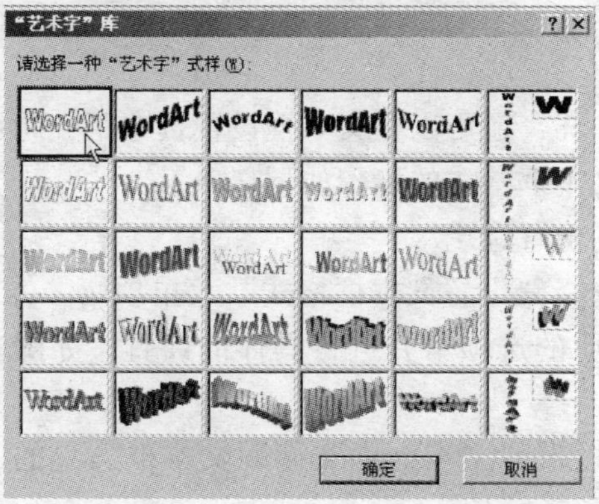

图 3－80　“艺术字库”对话框

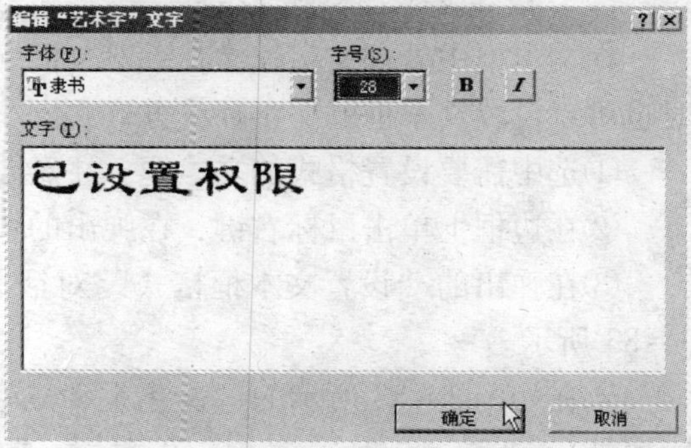

图 3－81　“编辑‘艺术字’文字”对话框

图 3－82　艺术字工具栏

（2）通过艺术字工具栏，设置艺术字的格式

- 选中艺术字后，拖动黄色的控制点，可以改变艺术字的形状。
- 单击“艺术字库”按钮，可以打开“‘艺术字库’”对话框。
- 单击“艺术字型状”按钮，从打开的面板中选择“细上弯弧”，我们就把这个艺术字的形状变成了弧形。
- 单击“艺术字字母高度相同”按钮，所有字母的高度就一样了。
- 单击“艺术字竖排文字”按钮，字母变成了竖排的样式。
- 单击“艺术字字符间距”按钮，从弹出的菜单中选择“很松”，艺术字中间的间距就变大了。

此外，艺术字也可以同剪贴画一样设置填充颜色、对齐、环绕等格式。

另外，打开“插入”菜单中的“图片”子菜单，单击“艺术字”命令，打开“‘艺术字库’”对话框，选择格式，输入文字并设置也可以插入艺术字。

5. 文本框

文本框有两种，一种是横排文本框；另一种是竖排文本框，它们没有什么本质上的区别，只是文本方向不一样而已。

（1）插入文本框

下面以插入横向文本框为例，介绍插入文本框的方法：

①单击“绘图”工具栏中的“文本框”按钮，鼠标指针变为十字型。

②在文档中拖动鼠标，像绘制图形一样绘制文本框，到适当大小后松开鼠标即可。

③在文本框中输入文字，或者插入图片等。

（2）设置文本框格式

在文本框中处理文字就像在一般页面中处理文字一样，还可以在文本框设置页边距，同时也可以设置文本框的文字环绕方式、大小等。设置文本框格式的步骤如下：

①选中需要设置格式的文本框，注意要点击边框的位置选定。

②在边框上单击鼠标右键，在弹出的快捷菜单中选择“设置文本框格式”菜单项。

③在弹出的“设置文本框格式”对话框中选择相应的选项卡并进行具体的设置，如图3－83所示。

④在如图3－83所示的“文本框”选项卡中，可以设置文本框中文字距文本框边界的距离。

6. 调整图形叠放顺序

对于绘制的自选图形或插入的其他图形对象，Word将按绘制或插入的顺序将它们放于不同的对象层中。如果对象之间有重叠，则上层对象会遮盖下层对象。当需要显示下层对象时，可以通过调整它们的叠放次序来实现。步骤如下：

（1）选中要改变叠放次序的图形，如果图形对象的版式为嵌入型，需要先将其改为其他的浮动型版式。

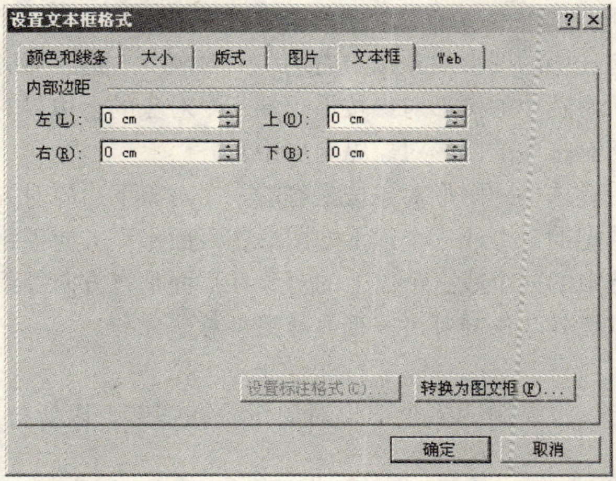

图 3－83　设置文本框对话框

(2) 单击"绘图"工具栏上的"绘图"按钮（或单击右键，显示快捷菜单），指向"叠放次序"，在出现的 6 种选项中选择其中一种。选择"置于顶层"，该对象将处于绘图层的最顶层。但如果对其他对象同样也执行了此命令，那么最后一个进行此操作的对象将处于最顶层。"置于底层"的用法与此相同。

(3) 当图形对象与文档正文重叠在一起时，要将图形对象移到文档正文的前面或后面，请从"叠放次序"菜单中选择"浮于文字上方"或者"衬于文字下方"两个菜单项。

7. 选择多个图形对象

选择多个对象的方法有下面几种：

(1) 按 Ctrl 键一一点选各个对象；

(2) 按 Shift 键一一点选各个对象；

(3) 单击"绘图"工具栏的"选择对象"按钮，用鼠标拖动圈选对象，选定之后再次单击该按钮，结束圈选。

8. 图形对象的对齐与分布

要使多个图形对象整齐排列，按以下步骤进行：

(1) 选定多个图形对象。

(2) 单击"绘图"工具栏上的"绘图"按钮，在弹出的菜单中选择"对齐或分布"，将弹出"对齐或分布"子菜单，可选用以下命令：

①相对于页：选择此项后，图形对齐的参照标准为"页"边框，此时可以只选中一个图形对象进行相对于页的对齐操作。若要进行图形对象之间的对齐和排列操作，需取消此项的选择。

②左对齐：将所有选中的图形对象按最左侧一个对象的左边界对齐。

③水平对齐：将所有选中的图形对象横向居中对齐。

④右对齐：将所有选中的图形对象按最右侧一个对象的右边界对齐。

⑤顶端对齐：将所有选中的图形对象按最顶端一个对象的上边界对齐。

⑥垂直对齐：将所有选中的图形对象纵向居中对齐。

⑦底端对齐：将所有选中的图形对象按最底端一个对象下边界对齐。

⑧横向分布：将选定的三个或三个以上的图形在页面水平方向等距离排列。

⑨纵向分布：将选定的三个或三个以上的对象在页面垂直方向等距离排列。

注意：对齐和分布操作只能针对同一页内的图形对象进行。

9. 组合图形对象

组合图形对象是指，将绘制的多个图形对象组合在一起，以便把它们作为一个新对象使用。

组合后的图形可以在任何时候取消对象的组合，并且可以通过选定以前组合的任何对象或新绘制的图形对象重新组合。

组合图形对象的步骤如下：

（1）选定要组合的多个图形，可单击“绘图”工具栏中的“选择对象”按钮，然后按住鼠标左键拖动，将要选定的图形全部框住。此时，被选定的每个图形对象周围都出现句柄，表明它们是独立的。也可以按住 Ctrl + Shift 组合键，用鼠标逐次单击选中要组合的图形对象。

（2）在选定的图形对象上单击右键，在弹出的快捷菜单中选择“组合”菜单项，再从其级联菜单中选中“组合”菜单项。

将多个图形对象组合之后，再次选定组合后对象，会发现它们只有一个句柄了。如果要想取消它们的组合，或者想对其中某个对象修改一下，请选择“取消组合”菜单项。

当取消组合对某个图形修改后，觉得需要将它们重新组合起来，只需单击以前组合过的一个图形对象，然后选择“组合”菜单中的“重新组合”菜单项。

第4章　Excel 2000

实验七　Excel 2000 工作表编辑与格式设置

一、课前准备

1. 进入 ftp：\\ server，在本班目录下查看上节课实验成绩，对自己错误部分进行分析修改。

2. 下载 ftp 中自己的学号文件夹到 E 盘，并下载 ftp 根目录下“实验所需文件”文件夹到 E 盘。

3. 注意，所需视频文件在 ftp 根目录下“视频演示”中的相关文件夹中，需要时查看。

二、大纲要求

1. Excel 应用程序的启动与退出。

2. 工作簿操作。包括：新建、打开、保存、另存为、关闭工作簿。

3. 工作表操作。包括：选定工作表、插入/删除工作表、插入/删除行与列、调整行高与列宽、命名工作表、调整工作表顺序、拆分和冻结工作表、打印工作表。

4. 单元格操作。包括：选定单元格、合并/拆分单元格、设置单元格格式。

5. 输入数据操作。包括：输入基本数据、输入公式与自动填充，修改、移动、复制与删除数据。

三、实验目的

1. 掌握 Excel 2000 应用程序的启动与退出及 Excel 2000 窗口的组成。

2. 掌握 Excel 2000 工作簿文件建立、打开、存储和关闭的操作方法。

3. 熟悉并掌握 Excel 2000 工作表中数据输入和自动填充的操作方法。

4. 熟悉并掌握 Excel 2000 工作表中函数和公式的使用方法。

5. 熟悉并掌握 Excel 2000 工作表中单元格格式的设置方法。

四、实验题目

（一）基本题目要求

打开“实验所需文件”文件夹中的excel文件夹，将CRE. xls工作簿复制到“\学号\excel”文件夹下，单击“Sheet1”标签，如图4－1所示，按如下要求操作：

1. 在A列插入“序号”列，并自动填充数据1～12，常规格式，水平居中。

2. 在顶端插入一行，合并及居中A1：L1单元格，调整行高35，输入文本“2007计算机文化基础教学研讨会考生成绩单”，黑体，字号20，字体颜色蓝色。

3. 设置字段名，中文“宋体”，英文“Times New Roman”，字号12号，水平居中，垂直居中，行高18。

4. 自动填充每个学生的总分。

5. 根据学生总分分值填入等级，总分与等级的对应关系为：总分大于等于90为“优秀”，总分小于90并且大于等于60为“通过”，总分小于60为“未过”。

6. 设置B3：C14所有单元格格式：“宋体”，字号12号，水平居中，垂直居中。

7. 设置D3：K14所有单元格格式：数值型第4种，小数点后位数为0，“Times New Roman”，字号12号，水平居中，垂直居中。

8. 设置所有单元格为最适合列宽。

9. A1：L14所有单元格设置边框线。

10. 将编辑好的Sheet1改名为“学生成绩单”，工作簿以原文件名保存。

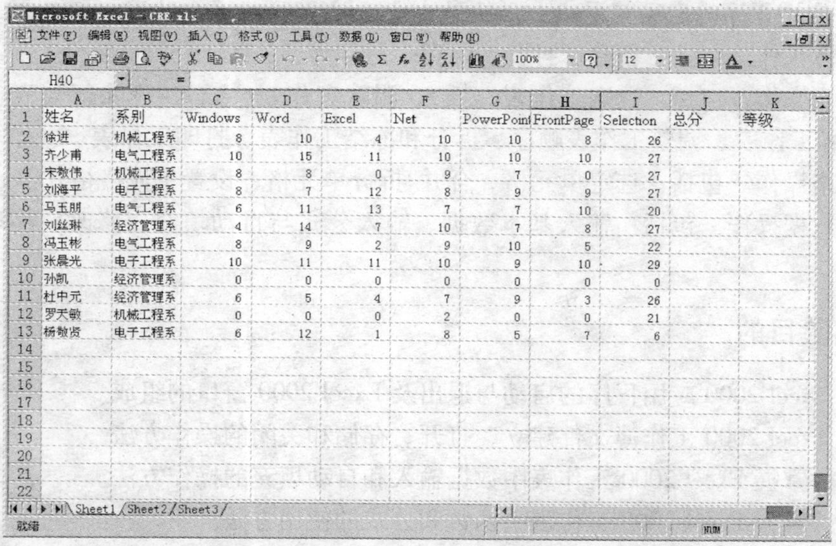

	A	B	C	D	E	F	G	H	I	J	K
1	姓名	系别	Windows	Word	Excel	Net	PowerPoint	FrontPage	Selection	总分	等级
2	徐进	机械工程系	8	10	4	10	10	8	26		
3	齐少甫	电气工程系	10	15	11	10	10	10	27		
4	宋敬伟	机械工程系	8	8	0	9	7	0	27		
5	刘海平	电子工程系	8	7	12	8	9	9	27		
6	马玉朋	电气工程系	6	11	13	7	7	10	20		
7	刘丝琳	经济管理系	4	14	7	10	7	8	27		
8	冯玉彬	电气工程系	8	9	2	9	10	5	22		
9	张晨光	电子工程系	10	11	11	10	9	10	29		
10	孙凯	经济管理系	0	0	0	0	0	0	0		
11	杜中元	经济管理系	6	5	4	7	9	3	26		
12	罗天敏	机械工程系	0	0	0	2	0	0	21		
13	杨敬贤	电子工程系	6	12	1	8	5	7	6		

图4－1　CRE工作簿文件

（二）补充题目要求

打开“\ 学号 \ excel \ CRE. xls”工作簿，单击“学生成绩单”标签，按如下要求操作：

1. 将“学生成绩单”工作表中 A2：L14 复制到 Sheet3 工作表中，在“系别”后插入两列，将 Sheet2 工作表中 A1：B13 复制到 Sheet3 工作表 D1：E13 区域。

2. 自动填充每个学生的年龄。设置 E 列单元格格式：数值型第 4 种，小数点后位数为 0，“Times New Roman”，字号 12 号，水平居中，垂直居中。

3. 调整所有列为最适合列宽。

4. 合并及居中 A14：E14 单元格，输入文本“平均值”，字号 16，水平居中；用平均值函数自动填充 F14：K14 单元格，设置 F14：K14 单元格格式：数值型第 4 种，小数点后位数为 0，“Times New Roman”，字号 12 号，水平居中，垂直居中；将 A1：N14 所有单元格设置边框线。

5. 将编辑好的 Sheet3 改名为“学生信息表”，并将“学生信息表”工作表移到“学生成绩单”工作表前面，工作簿以“CREBC”文件名另存到“\ 学号 \ excel”文件夹中。

（三）提高题目要求

打开“\ 学号 \ excel \ CRE. xls”，单击“学生成绩单”标签，按如下要求操作：

1. 选中 A1：L1 单元格，插入批注，批注文本为“本工作表成绩记录为随机抽取的结果”；删除 A1：L1 单元格的批注。

2. 以 C3 为活动单元格，冻结窗格，后撤销窗口冻结；以 C3 为活动单元格，拆分窗格，后撤销拆分窗口，将工作簿以原文件名保存。

3. 设置“学生成绩单”工作表打印格式：纸张大小为 A4，页边距上、下 2，左、右为 0，水平居中，在页眉处右侧插入“日期”，执行打印预览，不保存操作，关闭窗口。

提示：完成以上题目要求后，将学号文件夹上传至 ftp。

五、基本题目操作方法

打开“实验所需文件”文件夹中的 excel 文件夹，将 CRE. xls 工作簿复制到“\ 学号 \ excel”文件夹下，单击“Sheet1”标签，如图 4－1 所示，按如下要求操作：

1. 在 A 列插入“序号”列，并自动填充数据 1～12，常规格式，水平居中。

操作方法如下：

（1）选中第 A 列，单击“插入”菜单下的“列”菜单命令，在选中列的左面插入一个空白列，在 A1 单元格输入“序号”。

（2）单击单元格 A2，输入序号“1”，移动鼠标指针到 A2 单元格的右下角，鼠标指针呈黑十字状“十”，按住“Ctrl”键，用鼠标移动填充柄至被填充的单元格 A13，放开鼠标，完成对 A 列数据的填充。

（3）选定区域 A2：A13（单击单元格 A2，拖动鼠标至 A13 单元格，以下选定区域操作同），单击“格式”菜单下的“单元格”菜单命令，弹出“单元格格式”对话框，选择“数字”选项卡，在“分类”列表框中，选择“常规”，如图 4－2 所示。选择“对齐”选项卡，在“水平对齐”列表框中，选择“居中”，如图 4－3 所示，单击“确定”按钮。

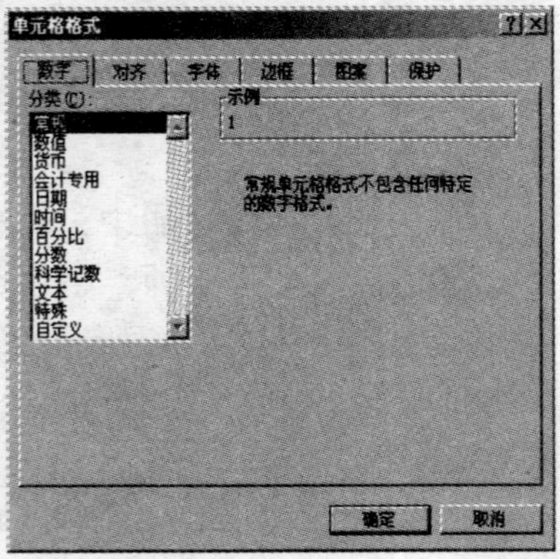

图 4－2　“数字”选项卡

图 4－3　“对齐”选项卡

2. 在顶端插入一行，合并及居中 A1：L1 单元格，调整行高 35，输入文本“2007 计算机文化基础教学研讨会考生成绩单”，黑体，字号 20，字体颜色蓝色。

操作方法如下：

（1）选中第 1 行，单击“插入”菜单下的“行”菜单命令，在选定行上面插入一个空行。

（2）选定区域 A1：L1，单击工具栏中“合并及居中”按钮，输入文本“2007 计算机文化基础教学研讨会考生成绩单”。

图 4－4　“行高”对话框

（3）选中第 1 行，单击“格式”下的“行”下的“行高”菜单命令，弹出“行高”对话框，在“行高”的文本框中输入“35”，如图 4－4 所示，单击“确定”按钮。

（4）选定标题区域 A1：L1，单击工具栏中“字体”旁的下三角按钮选择“黑体”。单击“字号”旁的下三角按钮，选择“20”，单击“字体颜色”旁的下三角按钮，选择字体颜色“蓝色”。

3. 设置字段名，中文“宋体”，英文“Times New Roman”，字号 12 号，水平居中，垂直居中，行高 18。

操作方法如下：

（1）选定区域 A2：C2 和区域 K2：L2，单击“格式”菜单下的“单元格”菜单命令，弹出“单元格格式”对话框，选择“字体”选项卡，在“字体”列表框中选择“宋体”，在“字号”列表框中选择“12”号，如图 4－5 所示。选择“对齐”选项卡，在“水平对齐”列表框中选择“居中”，在“垂直对齐”列表框中选择“居中”，如图 4－6 所示，单击“确定”按钮。

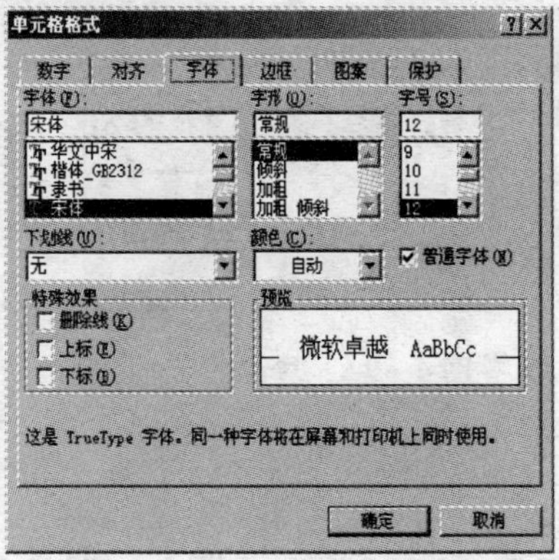

图 4－5　“字体”选项卡

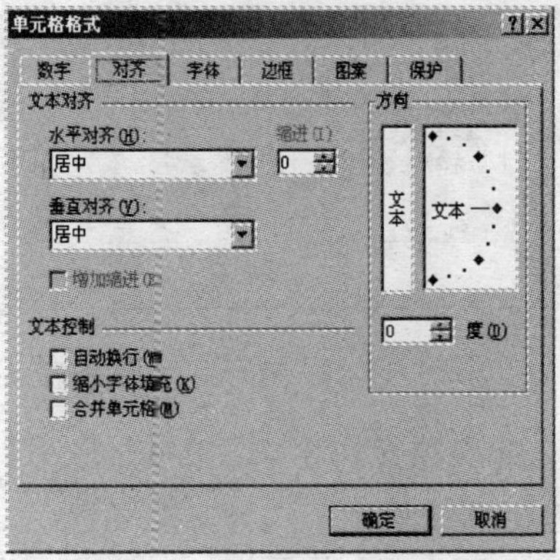

图 4－6　“对齐”选项卡

（2）选定区域 D2：J2，单击“格式”菜单下的“单元格”菜单命令，弹出“单元格格式”对话框，选择“字体”选项卡，在“字体”列表框中选择“Times New Roman”，在“字号”列表框中选择“12”，如图 4－7 所示。选择“对齐”选项卡，在“水平对齐”列

图 4－7　“字体”选项卡

表框中选择“居中”，在“垂直对齐”列表框中选择“居中”，如图 4－8 所示，单击“确定”按钮。

（3）选中第 2 行，单击“格式”下的“行”下的“行高”菜单命令，弹出“行高”对话框，在“行高”的文本框中输入“18”，如图 4－9 所示，单击“确定”按钮。

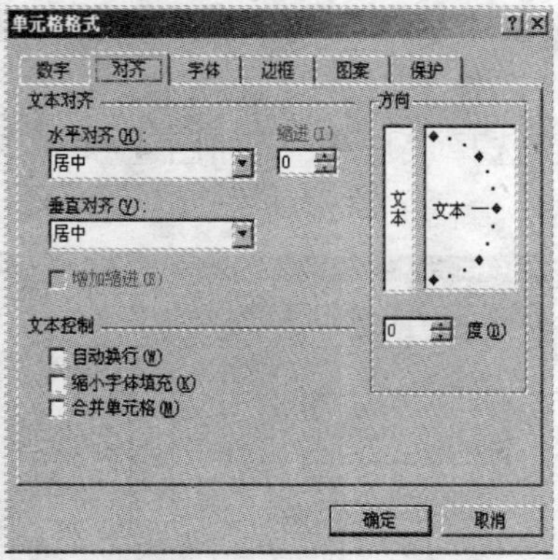

图 4-8 “对齐”选项卡

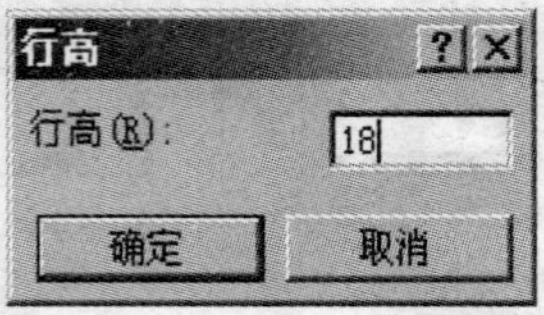

图 4-9 “行高”对话框

4. 自动填充每个学生的总分。

操作方法如下：

（1）选中 K3 单元格，单击工具栏中“自动求和∑”按钮，单击“输入√”按钮，完成第一条记录总分求和。

（2）鼠标指向 K3 单元格的右下角，当形状变成“填充柄”时，按下鼠标拖动到 K14 单元格，完成 K 列的填充。

5. 根据学生总分分值填入等级，总分与等级的对应关系为：总分大于等于 90 为“优秀”，总分小于 90 并且大于等于 60 为“通过”，总分小于 60 为“未过”。

操作方法如下：

（1）选中 L3 单元格，单击“插入”菜单栏下“函数”菜单命令，弹出“粘贴函数”对话框，在“函数分类”列表框中选择“常用函数”，在“函数名”列表框中选择“IF”函数，如图 4-10 所示，单击“确定”按钮。

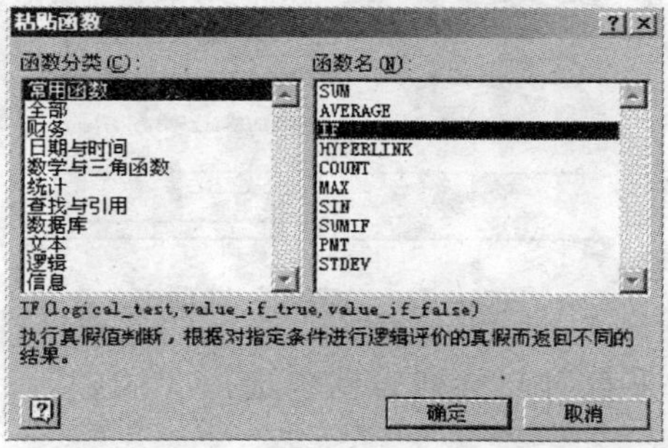

图 4-10 “粘贴函数”对话框

（2）在弹出的 IF 函数窗口中，在 IF 选项组“Logical_ test”一栏输入“k3 > =90”，在 IF 选项组“Value_ if_ true”一栏输入“" 优秀"”，完成总分大于等于 90 为优秀的对应关系，如图 4 - 11 所示。光标放在 IF 选项组“Value_ if_ false”一栏，单击图 4 - 11 左上角的“IF”按钮，实现 IF 函数的嵌套。在新弹出的 IF 函数窗口中，在 IF 选项组“Logical_ test”一栏输入“k3 < 60”，在“Value_ if_ true”一栏输入“" 未过"”，在“Value_ if_ false”一栏输入“" 通过"”，如图 4 - 12 所示，单击“确定”按钮。

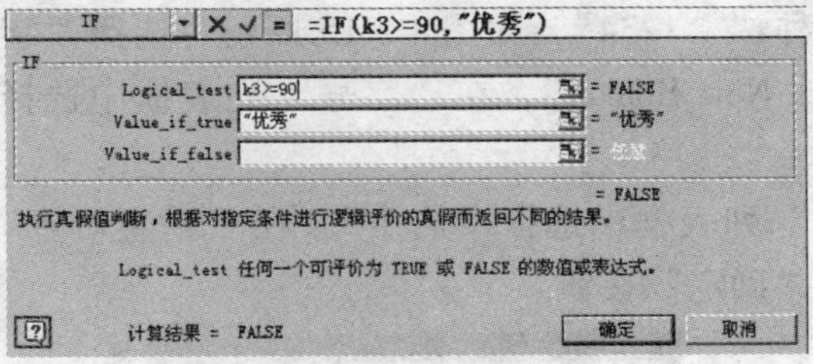

图 4 - 11　IF 函数窗口 1

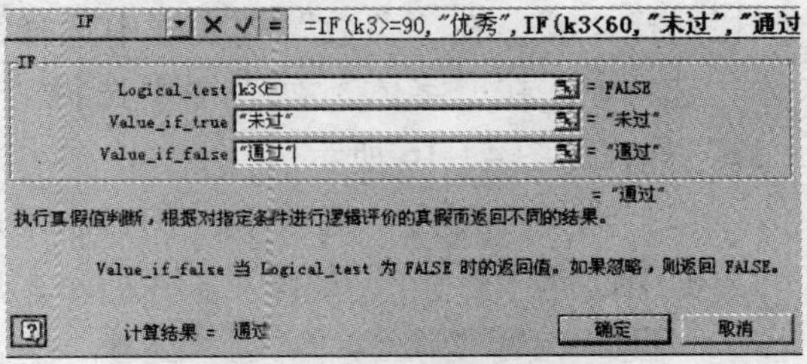

图 4 - 12　IF 函数窗口 2

（3）鼠标指向 L3 单元格的右下角，当形状变成“填充柄”时，按下鼠标拖动到 L14 单元格，完成 L 列对应关系的填充。

6. 设置 B3：C14 所有单元格格式：“宋体”，字号 12 号，水平居中，垂直居中。

操作方法如下：

（1）选定区域 B3：C14，单击“格式”菜单下的“单元格”菜单命令，弹出“单元格格式”对话框，选择“字体”选项卡，在“字体”列表框中选择“宋体”，在“字号”列表框中选择“12”，如图 4 - 13 所示。

（2）选择“对齐”选项卡，在“水平对齐”列表框中选择“居中”，在“垂直对齐”列表框中选择“居中”，如图 4 - 14 所示，单击“确定”按钮。

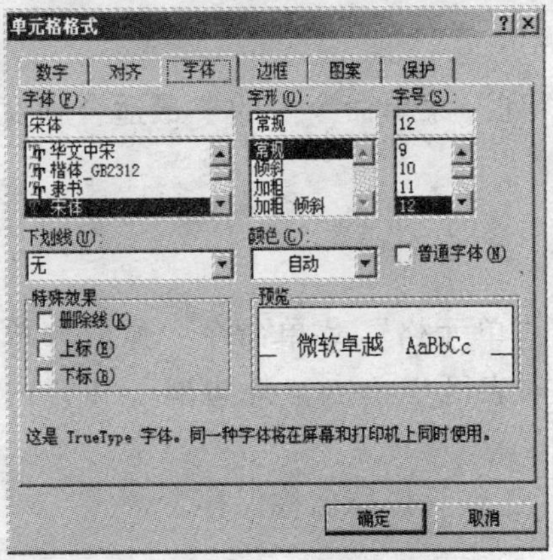

图 4 - 13　“字体”选项卡

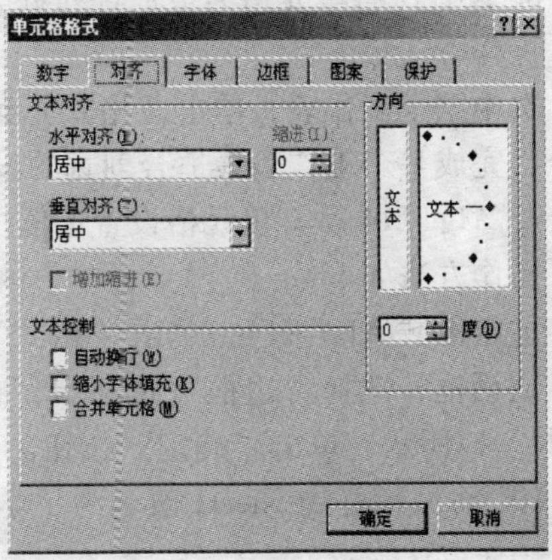

图 4 - 14　“对齐”选项卡

7. 设置 D3：K14 所有单元格格式：数值型第 4 种，小数点后位数为 0，“Times New Ro-

man”，字号12号，水平居中，垂直居中。

操作方法如下：

（1）选定区域D3：K14，单击“格式”菜单下的“单元格”菜单命令，弹出“单元格格式”对话框，选择“数字”选项卡，在“分类”列表框中选择“数值”，在“小数位数”一栏选择“0”，在“负数”列表框中选择第4种“-1234”，如图4-15所示。选择“字体”选项卡，在“字体”列表框中选择“Times New Roman”，在“字号”列表框中选择“12”号，如图4-16所示。

（2）选择“对齐”选项卡，在“水平对齐”列表框中选择“居中”，在“垂直对齐”列表框中选择“居中”，如图4-14所示，单击“确定”按钮。

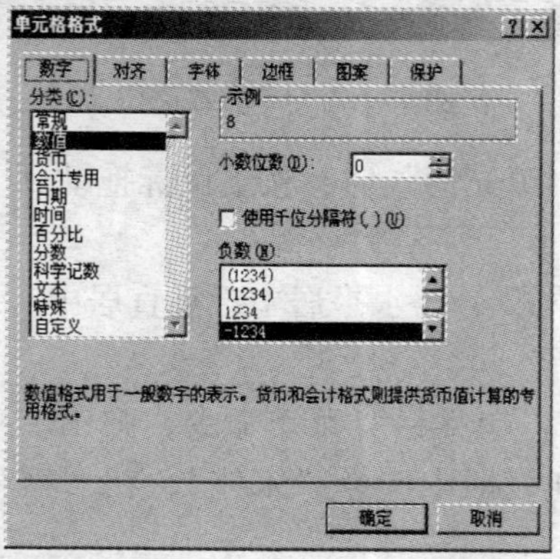

图4-15 “字体”选项卡

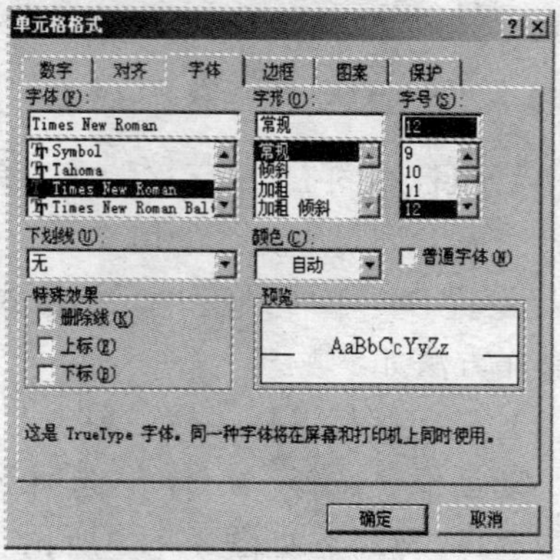

图4-16 “对齐”选项卡

8. 设置所有单元格为最适合列宽。

操作方法如下：

选中整个工作表，单击“格式”菜单栏下的“列”菜单命令下的“最适合列宽”菜单命令，完成整个工作表最适合列宽的设置。

9. A1：L14所有单元格设置边框线。

操作方法如下：

选定区域A1：K14，单击“格式”菜单下的“单元格”菜单命令，弹出“单元格格式”对话框，选择“边框”选项卡，在“预置”列表区中单击“外边框”和“内边框”，如图4-17所示，单击“确定”按钮。

10. 将编辑好的Sheet1改名为“学生成绩单”，工作簿以原名称保存。

操作方法为：

（1）在工作表标签“Sheet1”位置处，单击鼠标右键，在弹出的快捷菜单中单击“重命名”，输入“学生成绩单”，按回车键。

（2）单击“文件”菜单栏下“保存”菜单命令，或者单击工具栏中的“保存”按钮，

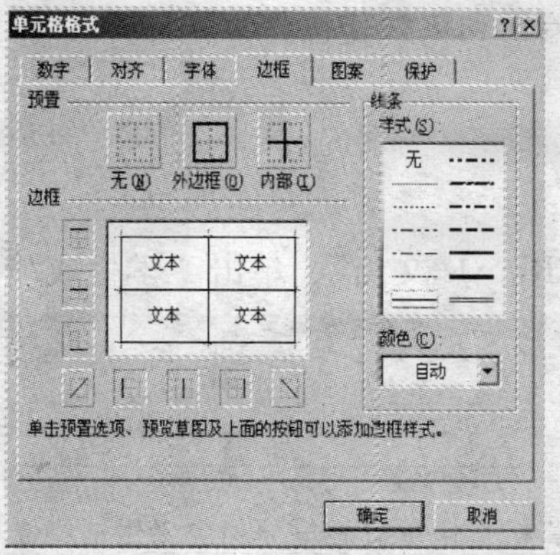

图 4－17　“边框”选项卡

实现工作簿以原名称保存。

提示：对于补充和提高部分的题目的操作请自己参考本章相关操作知识或教材自行完成。

实验八　Excel 2000 图表操作

一、课前准备

1. 进入 ftp：\\ server，在本班目录下查看上节课实验成绩，对自己错误部分进行分析修改。

2. 下载 ftp 中自己的学号文件夹到 E 盘，并下载 ftp 根目录下“实验所需文件”文件夹到 E 盘。

3. 注意，所需视频文件在 ftp 根目录下“视频演示”中的相关文件夹中，需要时查看。

二、大纲要求

1. 创建图表。包括：嵌入式图表和图表工作表。

2. 图表编辑。包括：编辑图表对象、改变图表类型和数据系列、图表的移动和缩放。

三、实验目的

1. 了解 Excel 2000 图表的作用和术语。

2. 掌握 Excel 2000 系统下创建图表的方法。

3. 掌握 Excel 2000 图表编辑和格式化操作方法。

四、实验题目

（一）基本题目要求

打开“\ 学号 \ excel \ CRE. xls 文档”，单击“学生成绩单”标签，如图 4－18 所示。

2007计算机文化基础教学研讨会考生成绩单

序号	姓名	系别	Windows	Word	Excel	Net	PowerPoint	FrontPage	Selection	总分	等级
1	徐进	机械工程系	8	10	4	10	10	8	26	76	通过
2	齐少甫	电气工程系	10	15	11	10	10	10	27	93	优秀
3	宋敬伟	机械工程系	8	8	0	9	7	0	27	59	未过
4	刘海平	电子工程系	8	7	12	8	9	9	27	80	通过
5	马玉朋	电气工程系	6	11	13	7	7	10	20	74	通过
6	刘丝琳	经济管理系	4	14	7	10	7	8	27	77	通过
7	冯玉彬	电气工程系	8	9	2	9	10	5	22	65	通过
8	张晨光	电子工程系	10	11	11	10	9	10	29	90	优秀
9	孙凯	经济管理系	0	0	0	0	0	0	0	0	未过
10	杜中元	经济管理系	6	5	4	7	9	3	26	60	通过
11	罗天敏	机械工程系	0	0	0	2	0	0	21	23	未过
12	杨敬贤	电子工程系	6	12	1	8	5	7	6	45	未过

图 4－18　编辑完成的 CRE 工作簿文件

1. 创建簇状柱形图，如图 4－19 所示，按如下要求操作：

（1）根据 CRE 工作表中数据创建图表工作表，命名为“成绩统计图”。

（2）选择图表类型为“簇状柱形图”；图例位置为“右上角”，字体“Times New Roman”，字号 18，蓝色。

（3）添加图表标题“2007 教学研讨会考生 Windows-Word-Excel 成绩比较图”、楷体_GB2312、字号 24、红色，添加分类轴标题“姓名”、宋体、字号 20、蓝色。

（4）设置数值轴刻度：最小值 0，最大值 16，主要刻度单位 4，分类轴交叉于 0，数值轴数字无小数点。

（5）设置数值轴显示为 Times New Roman、字号 20，分类轴显示为宋体、字号 10。

（6）数据标志显示值，Times New Roman，字号 12，Windows 红色，Word 蓝色，Excel 黄色，重叠比例为 0、间距宽度均为 50。

（7）绘图区背景淡蓝色。

（8）将工作簿以“图表工作表 . xls”文件名另存到“\ 学号 \ excel”文件夹中。

2. 创建数据点折线图，如图 4－20 所示，按如下要求操作：

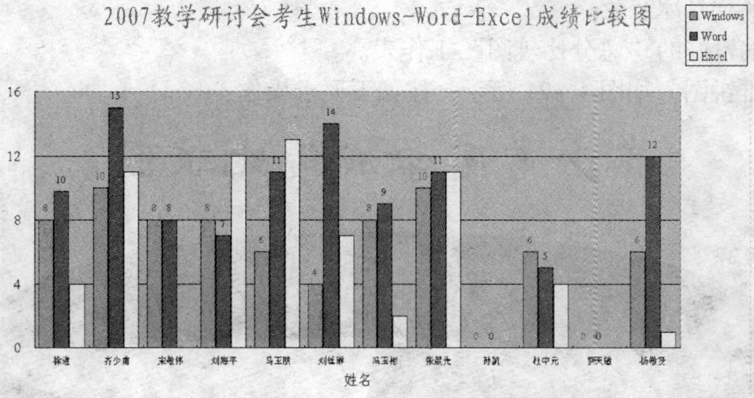

图 4－19　2007 教学研讨会考生 Windows-Word-Excel 成绩比较图

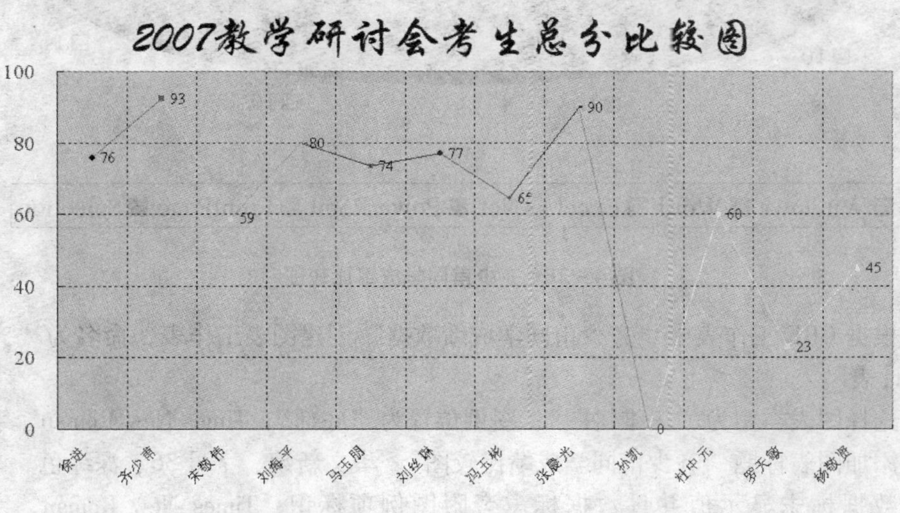

图 4－20　2007 教学研讨会考生总分比较图

（1）根据 CRE 工作表中数据创建图表工作表，命名为“总分比较图”。

（2）选择图表类型为“数据点折线图”；无图例。

（3）添加图表标题“2007 教学研讨会考生总分比较图”、华文行楷、字号 36、蓝色。

（4）分类轴和数值轴都设置主要网格线，设置主要网格线的颜色为深蓝色，样式为线型第 3 种；数据标志显示值，Times New Roman，字号 12。

（5）设置数值轴刻度：最小值 0，最大值 100，主要刻度单位 20，分类轴交叉于 0。

（6）设置分类轴显示为宋体、字号 12、蓝色、文字对齐方向为 45 度；设置数值轴显示为 Times New Roman、字号 16、红色。

（7）依数据点分色。

（8）绘图区背景冰蓝色。

（9）保存编辑好的“总分比较图”工作表。

3. 创建三维饼图，如图 4－21 所示，按如下要求操作：

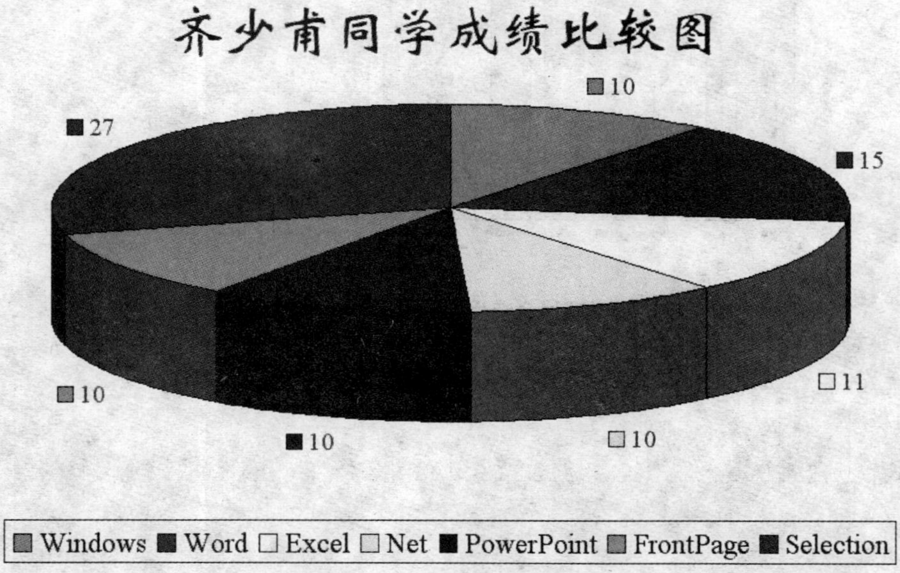

图 4－21　齐少甫同学成绩比较图

（1）根据 CRE 工作表中“齐少甫同学成绩数据”创建图表工作表，命名为“齐少甫同学成绩统计表”。

（2）选择图表类型为“三维饼图”；图例位置为“底部”，Times New Roman，字号 18。

（3）添加图表标题“齐少甫同学成绩比较图”、华文新魏、字号 36、深绿色。

（4）数据标志显示值并且数据标志旁附图例项标识，Times New Roman，字号 16，红色。

（5）保存编辑好的“齐少甫同学成绩统计表”工作表。

（二）补充题目要求

打开“\ 学号 \ excel \ CREBC. xls 文档”，单击“学生信息表”标签，创建三维柱形圆锥图，如图 4－22 所示，按如下要求操作：

1. 根据 CREBC 工作表中数据嵌入式图表工作表。

2. 选择图表类型为“三维柱形圆锥图”；图例位置为“底部”，字体“Times New Roman”，字号 14，蓝色。

3. 添加图表标题“平均分比较图”、楷体_ GB2312、字号 20、红色。

4. 设置数值轴刻度：最小值 0，最大值 10，主要刻度单位 2，分类轴交叉于 0，数值轴数字无小数点。

5. 设置数值轴显示为 Times New Roman，字号 14，无主坐标轴和系列轴显示。

6. 数据标志显示值，Times New Roman，字号 12。

7. 背景墙为黄色，设置三维视图格式中左右转角为 40。

8. 将工作簿以“平均分 . xls”文件名另存到“\ 学号 \ excel”文件夹中。

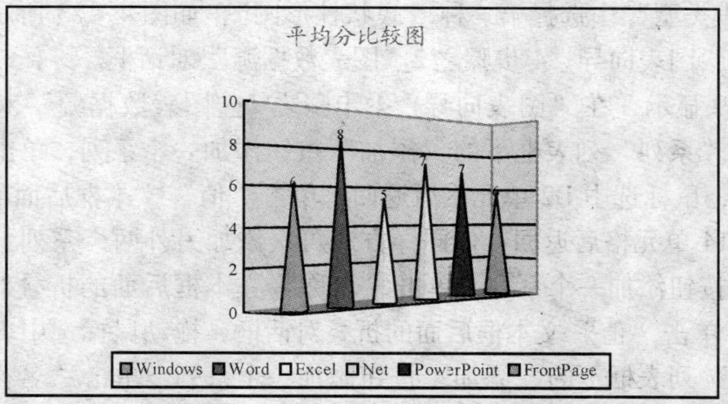

图 4 – 22　平均分比较图

（三）提高题目要求

打开“\ 学号 \ excel \ 平均分 . xls 文档”，单击“学生信息表”标签，按如下要求操作：

1. 选中“平均分比较图”图表，将图表类型改为“三维簇状柱形图”。

2. 设置三维视图格式中上下仰角和左右转角为默认值。

3. 将工作簿以“平均分 1. xls”文件名另存到“\ 学号 \ excel”文件夹中。

提示： 完成以上题目要求后，将学号文件夹上传至 ftp。

五、基本题目操作方法

首先启动 Excel 2000 应用程序，在 Excel 的工具栏中单击“打开”按钮或者选择 Excel“文件”菜单下的“打开”菜单命令，弹出“打开”对话框，在“文件类型”下来列表框中选择“Excel 文档”，在查找范围列表框中找到 excel 文件夹中的 CRE. xls 文件，最后单击“打开”按钮或者双击该文件，打开 CRE. xls 文档，单击“学生成绩单”标签，如图 4 – 18 所示。或者通过“学号 \ excel \ CRE. xls”，双击打开 CRE. xls 文档，单击“学生成绩单”标签。

1. 创建簇状柱形图。

（1）根据 CRE 工作表中数据创建图表工作表，命名为“成绩统计图”。

（2）选择图表类型为“簇状柱形图”；图例位置为“右上角”，字体“Times New Roman”，字号18，蓝色。

操作方法如下：

①鼠标选中数据区域外的一个空白单元格。单击“插入”菜单栏中的“图表”菜单命令，弹出“图表向导_ 4 步骤之1_ 图表类型”对话框。在“图表类型”列表框中选择“柱形图”，在“子图表类型”中选择第一种“簇状柱形图”，如图4－23所示，然后单击“下一步”按钮，弹出“图表向导_ 4 步骤之2_ 图表数据源”对话框。

②根据图4－19显示，在“图表向导_ 4 步骤之2_ 图表数据源”对话框中选择“系列”选项卡，单击“系列”列表框下的“添加”按钮添加一个系列，单击“名称”文本框后面的折叠对话框，鼠标选中D2单元格后返回，单击“值”文本框后面的折叠对话框，拖动鼠标选中D3：D14单元格后返回；依同样方法再次添加另外两个系列：单击“系列”列表框下的“添加”按钮添加一个系列，单击“名称”文本框后面的折叠对话框，鼠标选中E2单元格后返回，单击“值”文本框后面的折叠对话框，拖动鼠标选中E3：E14单元格后返回，单击“系列”列表框下的“添加”按钮添加一个系列，单击“名称”文本框后面的折叠对话框，鼠标选中F2单元格后返回，单击“值”文本框后面的折叠对话框，拖动鼠标选中F3：F14单元格后返回；单击“分类（X）轴标志”文本框后面的折叠对话框，拖动鼠标选中B3：B14单元格后返回，如图4－24所示，然后单击“下一步”按钮，弹出“图表向导_ 4 步骤之3_ 图表选项”对话框。

图4－23 “向导_ 4 步骤之1_ 图表类型”对话框

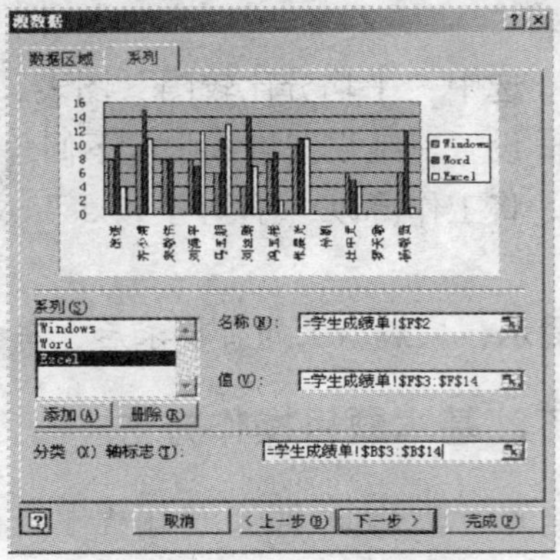

图4－24 “系列”选项卡

③在“图表向导_ 4 步骤之3_ 图表选项”对话框中选择“图例”选项卡，在“位置”列表框中选中“右上角”单选按钮，如图4－25所示，然后单击“下一步”按钮，弹出“图表向导_ 4 步骤之4_ 图表位置”对话框。

④在“图表向导_ 4 步骤之4_ 图表位置”对话框选中“作为新工作表插入”单选按钮，在后侧的文本框中输入“成绩统计图”，如图4－26所示，然后单击“完成”按钮，创

建了图表工作表。

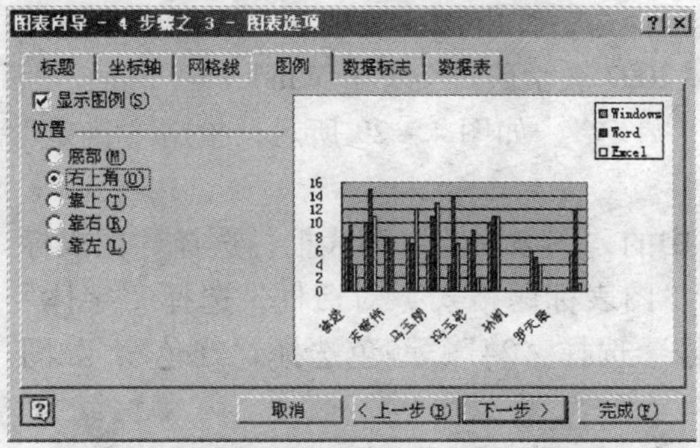

图 4－25　“图例”选项卡

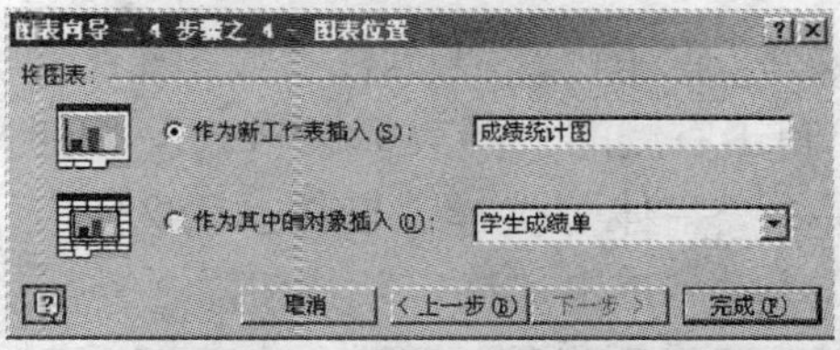

图 4－26　“向导_ 4 步骤之 4_ 图表位置”对话框

⑤单击“视图”菜单栏下的“工具栏”菜单命令，选中“图表”，打开“图表”工具栏，如图 4－27 所示。单击“图表”工具栏中的“图表对象”列表框，选择“图例”对象，单击列表框右侧的“图例格式”按钮，弹出“图例格式”对话框，选择“字体”选项卡，“字体”选择“Times New Roman”“字号”选择“18”，颜色选择“蓝色”，如图 4－28 所示，单击“确定”按钮。

图 4－27　“图表”工具栏

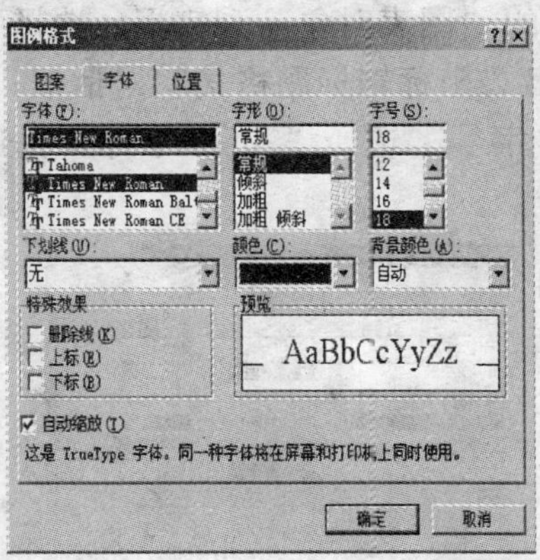

图 4－28　“字体”选项卡

（3）添加图表标题“2007 教学研讨会考生 Windows-Word-Excel 成绩比较图”、楷体_GB2312、字号 24、红色，添加分类轴标题“姓名”、宋体、字号 20、蓝色。

操作方法如下：

①单击“图表”菜单栏下的“图表选项”菜单命令，弹出“图表选项”对话框，选择“标题”选项卡，在“图表标题”文本框中填写“2007 教学研讨会考生 Windows-Word-Excel 成绩比较图”，在“分类（X）轴”文本框填写“姓名”，如图 4－29 所示，单击“确定”按钮。

②单击“图表”工具栏（如图 4－27 所示）中的“图表对象”列表框，选择“图表标题”，单击右侧的“图表标题格式”按钮，弹出“图表标题格式”对话框，选择“字体”选项卡，“字体”选择“楷体_ GB2312”，“字号”选择“24”，颜色选择“红色”，如图 4－30 所示，单击“确定”按钮。

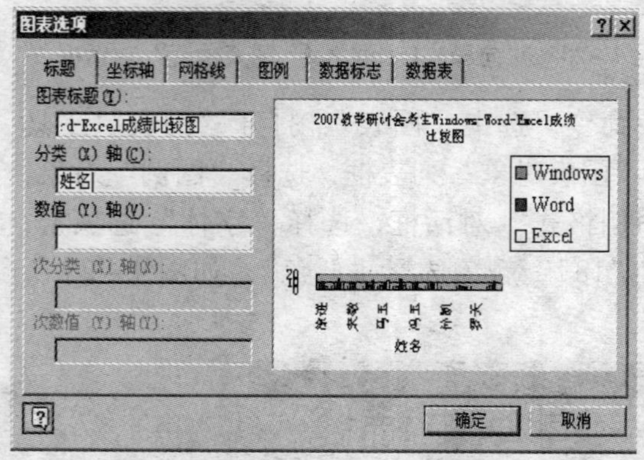

图 4－29　“图表选项”对话框

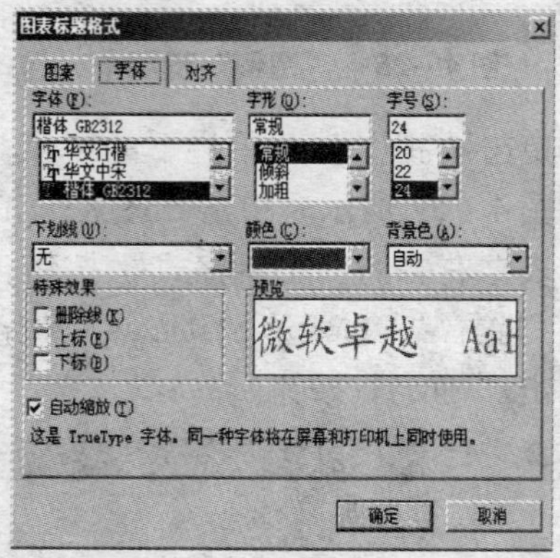

图 4－30　“字体”选项卡

③单击“图表”工具栏中的“图表对象”列表框，选择“分类轴标题”，单击右侧的“坐标轴标题格式”按钮，弹出“坐标轴标题格式”对话框，选择“字体”选项卡，“字体”列表框中选择“宋体”，“字号”选择“20”，字体颜色选择“蓝色”，如图 4－31 所示，单击“确定”按钮。

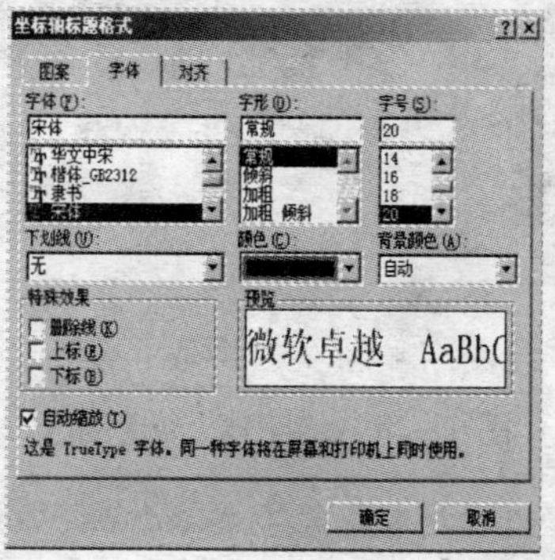

图 4－31　“字体”选项卡

（4）设置数值轴刻度：最小值0，最大值16，主要刻度单位4，分类轴交叉于0，数值轴数字无小数点。

操作方法如下：

①单击“图表”工具栏中的“图表对象”列表框，选择“数值轴”选项，单击右侧的“坐标轴标题格式”按钮，弹出“坐标轴标题格式”对话框，选择“刻度”选项卡，“最小值”输入“0”，“最大值”输入“16”，“主要刻度单位”输入“4”，“分类轴交叉于”输入“0”，如图4－32所示。

②选择“数字”选项卡，在“小数位数”列表框中选择“0”，如图4－33所示，单击“确定”按钮。

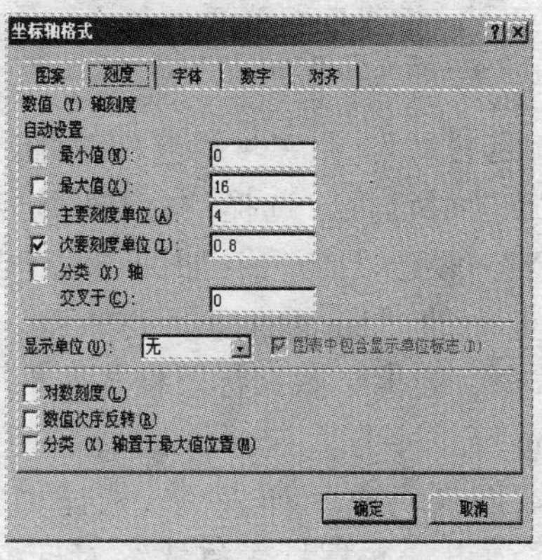

图4－32　“刻度”选项卡

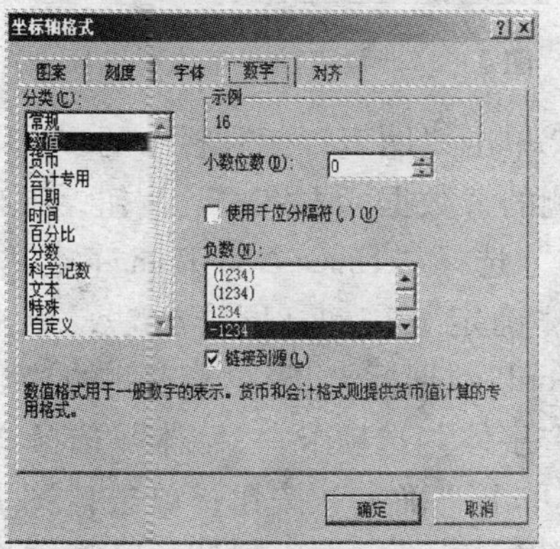

图4－33　“数字”选项卡

（5）设置数值轴显示为Times New Roman、字号20，分类轴显示为宋体、字号10。

操作方法如下：

①单击“图表”工具栏中的“图表对象”列表框，选择“数值轴”，单击右侧的“坐标轴标题格式”按钮，弹出“坐标轴标题格式”对话框，选择“字体”选项卡，“字体”选择“Times New Roman”，“字号”选择“20”，如图4－34所示，单击“确定”按钮。

②单击“图表”工具栏中的“图表对象”列表框，选择“分类轴”，单击右侧的“坐标轴标题格式”按钮，弹出“坐标轴标题格式”对话框，选择“字体”选项卡，“字体”选择“宋体”，“字号”选择“10”，如图4－35所示，单击“确定”按钮。

（6）数据标志显示值，Times New Roman，字号12，Windows红色，Word蓝色，Excel黄色，重叠比例为0、间距宽度均为50。

操作方法如下：

①单击“图表”菜单栏下的“图表选项”菜单命令，弹出“图表选项”对话框，选择“数据标志”选项卡，在“数据标志”列表框中选中“显示值”单选框，如图4－36所示，单击“确定”按钮。

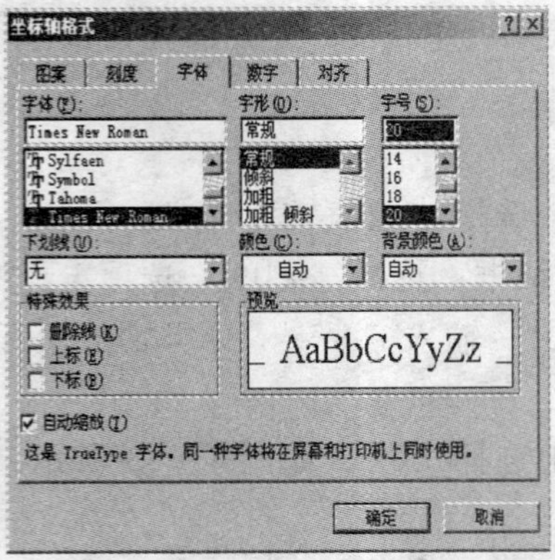

图 4－34　数值轴“字体”选项卡

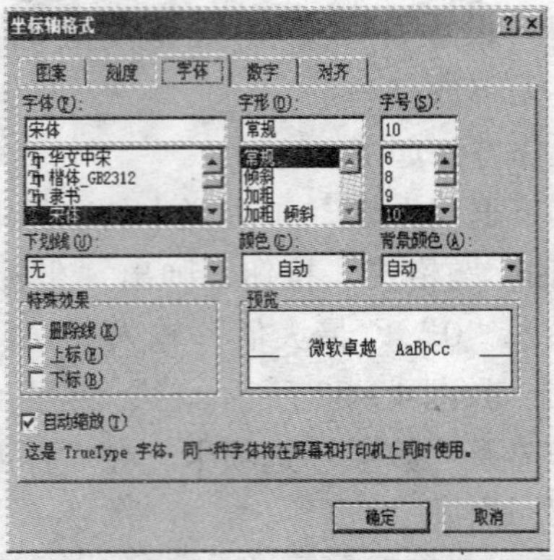

图 4－35　分类轴“字体”选项卡

②单击“图表”工具栏中的“图表对象”列表框，选择“" Windows" 数据标志”，单击右侧的“数据标志格式”按钮，弹出“数据标志格式”对话框，选择“字体”选项卡，“字体”选择“Times New Roman”，“字号”选择“12”，颜色“红色”如图 4－37 所示，单击“确定”按钮；同样方法，单击“图表”工具栏中的“图表对象”列表框，选择“" Word"数据标志”，单击右侧的“数据标志格式”按钮，弹出“数据标志格式”对话框，选择“字体”选项卡，“字体”选择“Times New Roman”，“字号”选择“12”，颜色“蓝色”，单击“确定”按钮；单击“图表”工具栏中的“图表对象”列表框，选择“" Excel" 数据标志”，单击右侧的“数据标志格式”按钮，弹出“数据标志格式”对话框，选择“字体”选项卡，“字体”选择“Times New Roman”，“字号”选择“12”，颜色“黄色”，单击“确定”按钮。

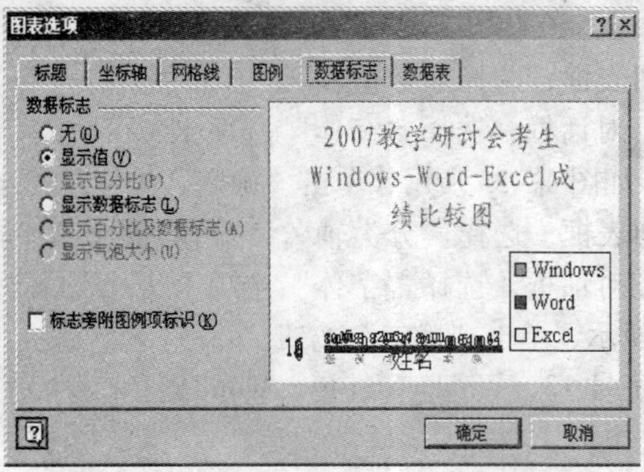

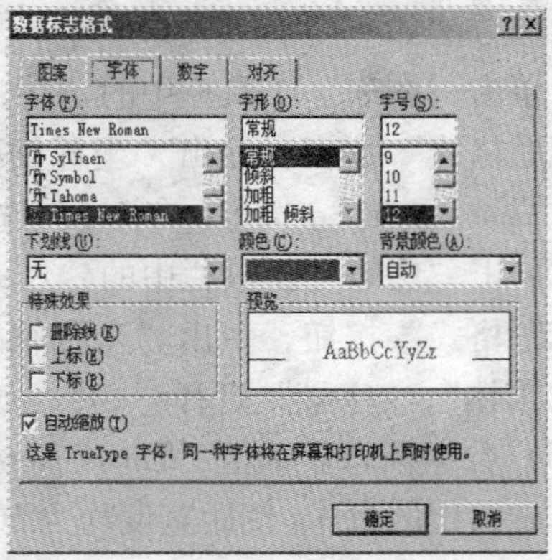

图 4－36　图表选项“数据标志”选项卡

图 4－37　Windows-“字体”选项卡

③单击“图表”工具栏中的“图表对象”列表框，“选择系列" Windows"”，单击右侧的“数据系列格式”按钮，弹出“数据系列格式”对话框，选择“选项”选项卡，在“重

叠比例”一栏输入“0”，在“间距宽度”一栏输入“50”，如图 4 – 38 所示，单击“确定”按钮。

（7）绘图区背景淡蓝色。

操作方法如下：

单击“图表”工具栏中的“图表对象”列表框，选择“绘图区”，单击右侧的“绘图区格式”按钮，弹出“绘图区格式”对话框，选择“图案”选项卡，“颜色”区域选择“淡蓝”，如图 4 – 39 所示，单击“确定”按钮。

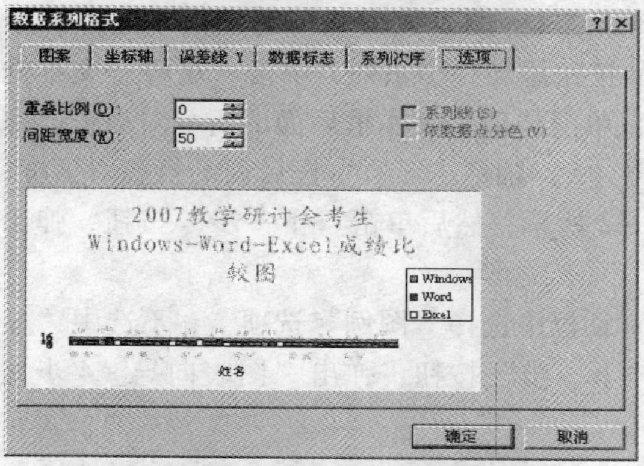

图 4 – 38　数据系列 –“选项”选项卡

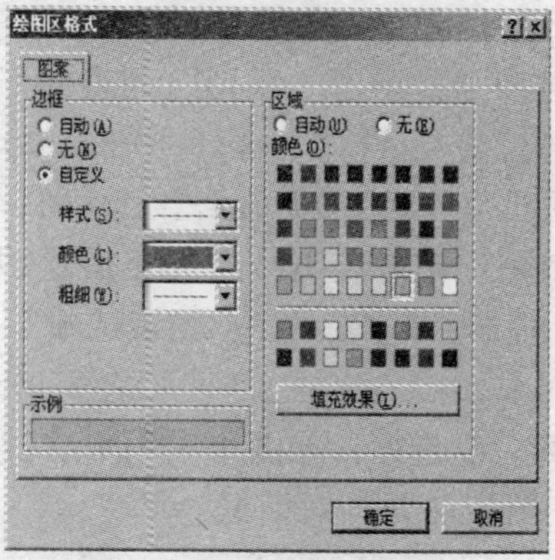

图 4 – 39　绘图区 –“图案”选项卡

（8）将工作簿以“图表工作表 . xls”文件名另存到“\ 学号 \ excel”文件夹中。

操作方法如下：

单击“文件”菜单栏下“另存为”菜单命令，弹出“另存为”对话框，在“文件名”一栏输入“图表工作表 . xls”，如图 4 – 40 所示，单击“保存”按钮。

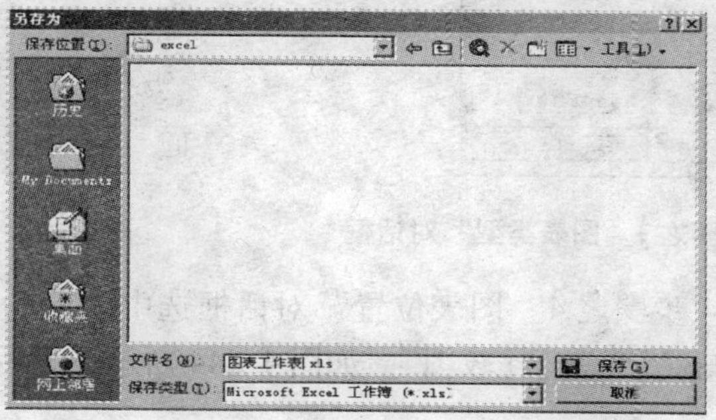

图 4 – 40　“另存为”对话框

2. 创建数据点折线图

（1）根据 CRE 工作表中数据创建图表工作表，命名为“总分比较图”。

（2）选择图表类型为“数据点折线图”；无图例。

操作方法如下：

①打开保存过的“图表工作表.xls”文档，单击“学生成绩单”标签。

②鼠标选中数据区域外的一个空白单元格。单击“插入”菜单栏中的“图表”菜单命令，弹出“图表向导_ 4 步骤之 1_ 图表类型”对话框。选择“标准类型”选项卡，在“图表类型”列表框中选择“折线图”，在“子图表类型”中选择第四种“数据点折线图”，如图 4－41 所示，然后单击“下一步”按钮，弹出“图表向导_ 4 步骤之 2_ 图表数据源”对话框。

③根据图 4－20 显示，在“图表向导_ 4 步骤之 2_ 图表数据源”对话框中选择“系列”选项卡，单击“系列”列表框下的“添加”按钮添加一个系列，单击“名称”文本框后面的折叠对话框，鼠标选中 K2 单元格后返回，单击“值”文本框后面的折叠对话框，拖动鼠标选中 K3：K14 单元格后返回；单击“分类（X）轴标志”文本框后面的折叠对话框，拖动鼠标选中 B3：B14 单元格后返回，如图 4－42 所示，然后单击“下一步”按钮，弹出“图表向导_ 4 步骤之 3_ 图表选项”对话框。

④在“图表向导_ 4 步骤之 3_ 图表选项”对话框中选择“图例”选项卡，不选中“显示图例”复选框，如图 4－43 所示，然后单击“下一步”按钮，弹出“图表向导_ 4 步骤之 4_ 图表位置”对话框。

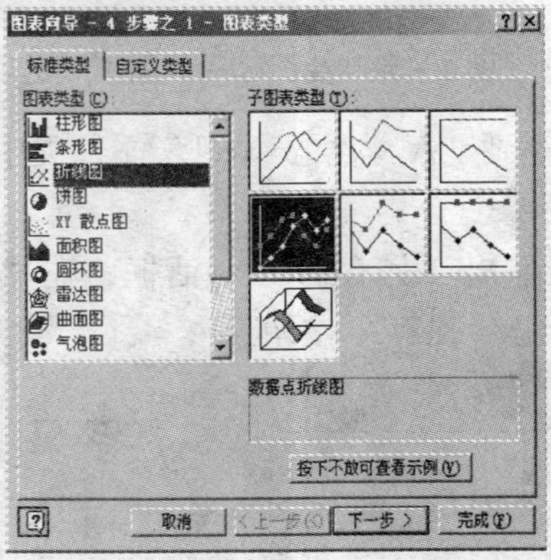

图 4－41　“向导_ 4 步骤之 1_ 图表类型”对话框

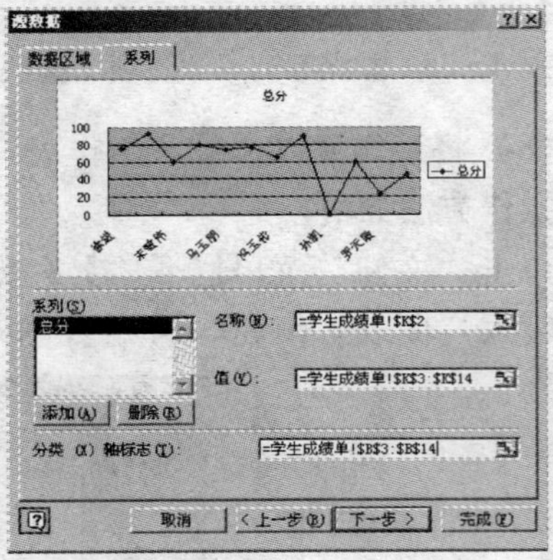

图 4－42　“系列”选项卡

⑤在“图表向导_ 4 步骤之 4_ 图表位置”对话框选中“作为新工作表插入”单选按钮，在后侧的文本框中输入“总分比较图”，如图 4－44 所示，然后单击“完成”按钮，创建了图表工作表。

（3）添加图表标题“2007 教学研讨会考生总分比较图”、华文行楷、字号 36、蓝色。

操作方法如下：

①单击“图表”菜单栏下“图表选项”菜单命令，弹出“图表选项”对话框，选择“标题”选项卡，在“图表标题”中输入“2007 教学研讨会考生总分比较图”，如图 4－45

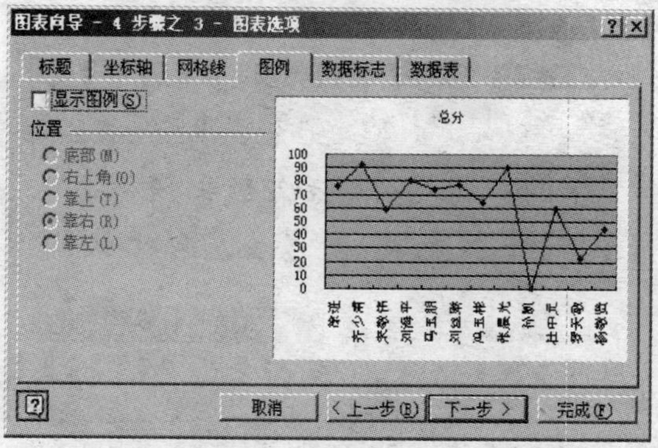

图 4－43　“图例”选项卡

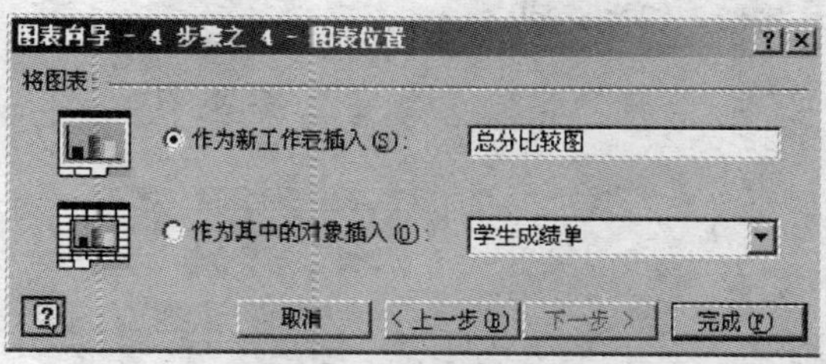

图 4－44　“向导_ 4 步骤之 4_ 图表位置”对话框

所示，单击“确定”按钮。

②单击“图表”工具栏（如图 4－27 所示）中的“图表对象”列表框，选择“图表标题”，单击右侧的“图表标题格式”按钮，弹出“图表标题格式”对话框，选择“字体”选项卡，“字体”选择“华文行楷”，“字号”选择“36”，颜色选择“蓝色”，如图 4－46 所示，单击“确定”按钮。

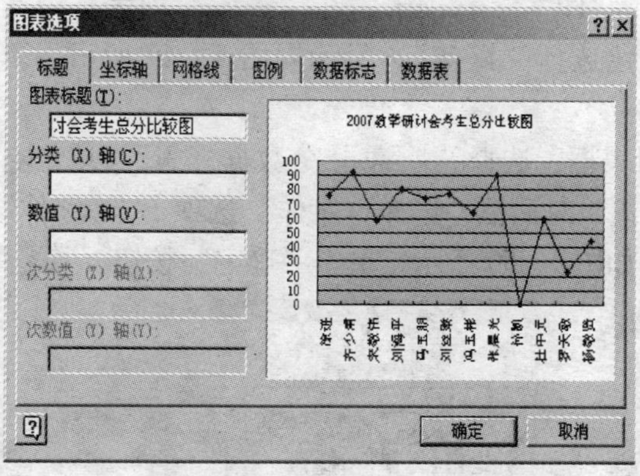

图 4－45　“图表选项”对话框

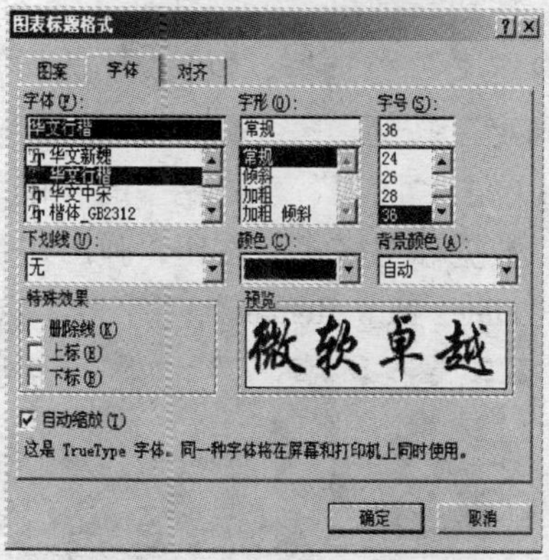

图 4－46　“字体”选项卡

（4）分类轴和数值轴都设置主要网格线，设置主要网格线的颜色为深蓝色，样式为线型第 3 种；数据标志显示值，Times New Roman，字号 12。

操作方法如下：

①单击“图表”菜单栏下“图表选项”菜单命令，弹出“图表选项”对话框，选择“网格线”选项卡，选中“分类（X）轴”“主要网格线”的复选框和“数值（Y）轴”“主要网格线”的复选框，如图 4－47 所示。

②选择“数据标志”选项卡，在“数据标志”列表框中选中“显示值”单选框，如图

4－48所示，单击“确定”按钮。

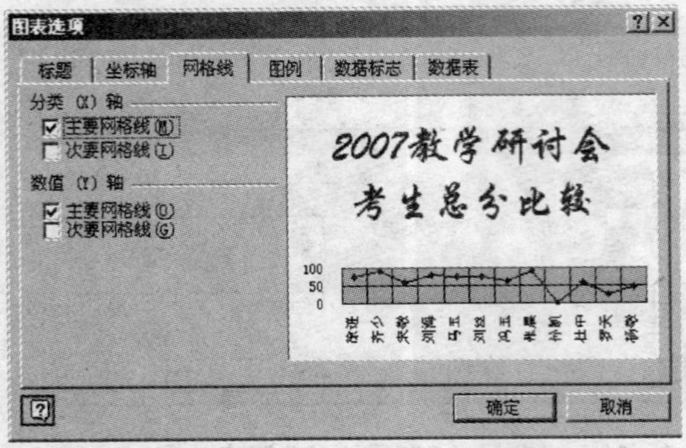

图4－47　“网格线”选项卡

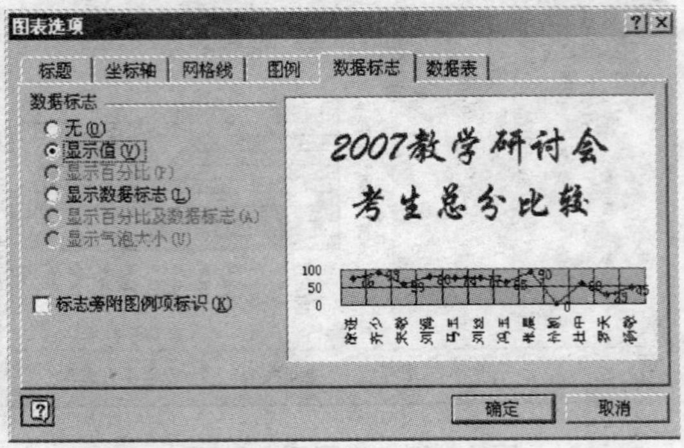

图4－48　“数据标志”选项卡

③单击“图表”工具栏中的“图表对象”列表框，选择“分类轴主要网格线”，单击右侧的“网格线格式”按钮，弹出“网格线格式”对话框，选择“图案”选项卡，在“线条”列表框中选中“自定义”单选框，“样式”选择第3种，颜色选择“深蓝”，如图4－49所示，单击“确定”按钮。同样，选择“数值轴主要网格线”，单击右侧的“网格线格式”按钮，弹出“网格线格式”对话框，选择“图案”选项卡，在“线条”列表框中选中“自定义”单选框，“样式”选择第3种，颜色选择“深蓝”，显示同图4－49所示，单击“确定”按钮。

④单击“图表”工具栏中的“图表对象”列表框，选择“" 总分" 数据标志”，单击右侧的“数据标志格式”按钮，弹出“数据标志格式”对话框，选择“字体”选项卡，“字体”选择“Times New Roman”，“字号”选择“12”，如图4－50所示，单击“确定”按钮。

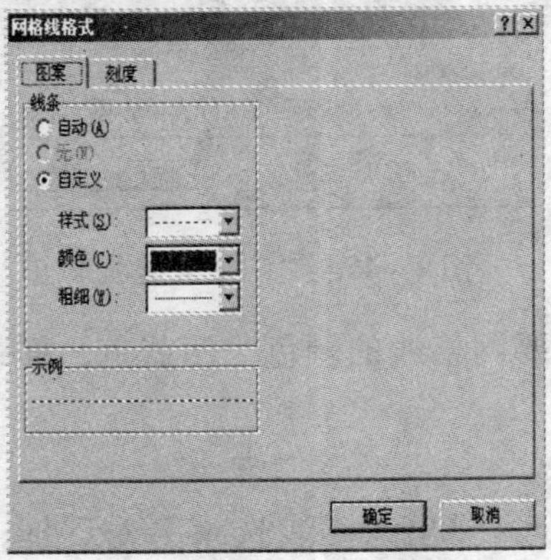

图4－49　“图案”选项卡

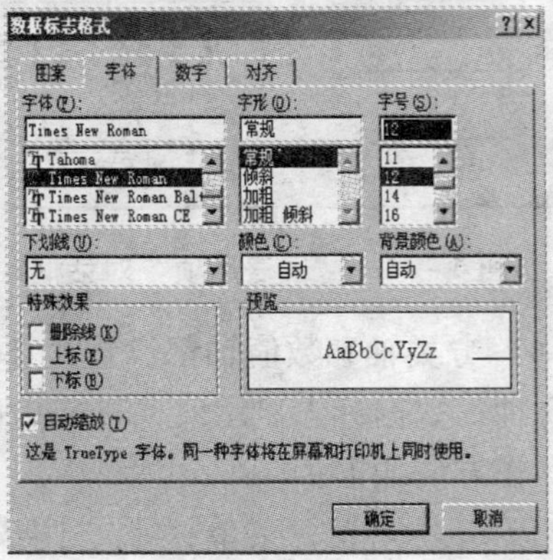

图4－50　“字体”选项卡

（5）设置数值轴刻度：最小值0，最大值100，主要刻度单位20，分类轴交叉于0。

操作方法如下：

单击“图表”工具栏中的“图表对象”列表框，选择“数值轴”，单击右侧的“坐标轴标题格式”按钮，弹出“坐标轴标题格式”对话框，选择“刻度”选项卡，“最小值”输入“0”，“最大值”输入“100”，“主要刻度单位”输入“20”，“分类轴交叉于”输入“0”，如图4－51所示，单击“确定”按钮。

(6) 设置分类轴显示为宋体、字号12、蓝色、文字对齐方向为45度；设置数值轴显示为Times New Roman、字号16、红色。

操作方法如下：

①单击“图表”工具栏中的“图表对象”列表框，选择“分类轴”，单击右侧的“坐标轴格式”按钮，弹出“坐标轴格式”对话框，选择“字体”选项卡，“字体”选择“宋体”，“字号”选择“12”，颜色选择“蓝色”，如图4－52所示；选择“对齐”选项卡，在“方向”列表框下面的文本框中输入“45”度，如图4－53所示，单击“确定”按钮。

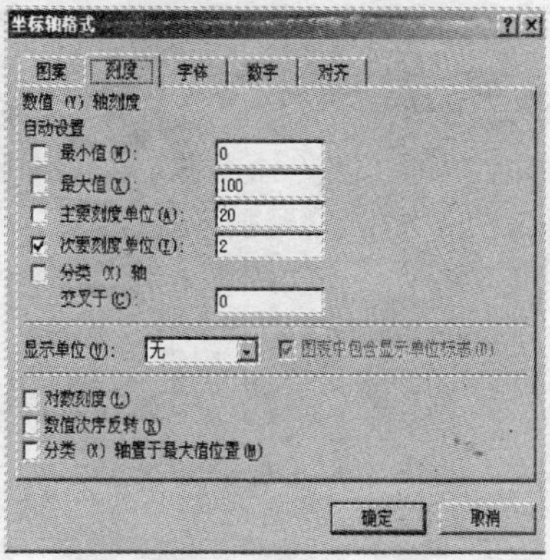

图4－51 “刻度”选项卡

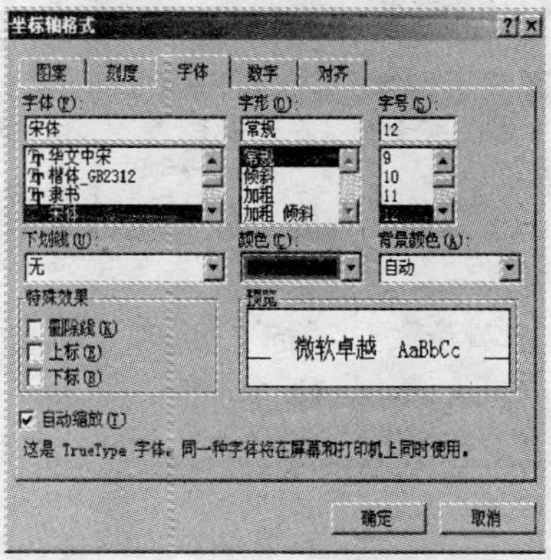

图4－52 “字体”选项卡

②单击“图表”工具栏中的“图表对象”列表框，选择“数值轴”，单击右侧的“坐标轴格式”按钮，弹出“坐标轴格式”对话框，选择“字体”选项卡，“字体”选择“Times New Roman”，“字号”选择“16”，颜色“红色”如图4－54所示，单击“确定”按钮。

(7) 依数据点分色。

操作方法如下：

单击“图表”工具栏中的“图表对象”列表框，选择“系列" 总分"”，单击右侧的“数据系列格式”按钮，弹出“数据系列格式”对话框，选择“选项”选项卡，选中“依数据点分色”复选框，如图4－55所示，单击“确定”按钮。

(8) 绘图区背景冰蓝色。

操作方法如下：

单击“图表”工具栏中的“图表对象”列表框，选择“绘图区”，单击右侧的“绘图区格式”按钮，弹出“绘图区格式”对话框，选择“图案”选项卡，“颜色”区域选择

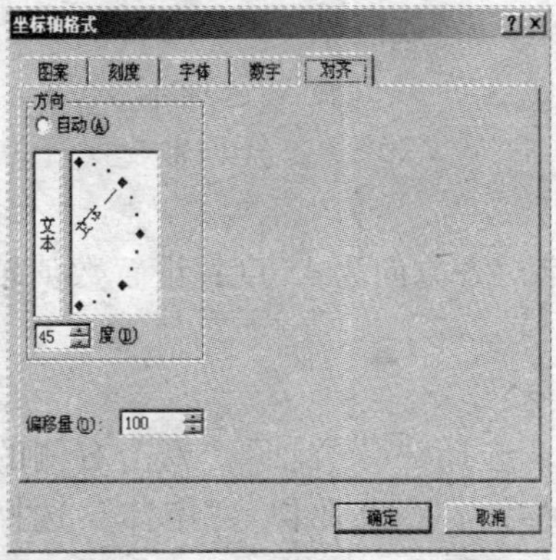

图 4－53　“对齐”选项卡

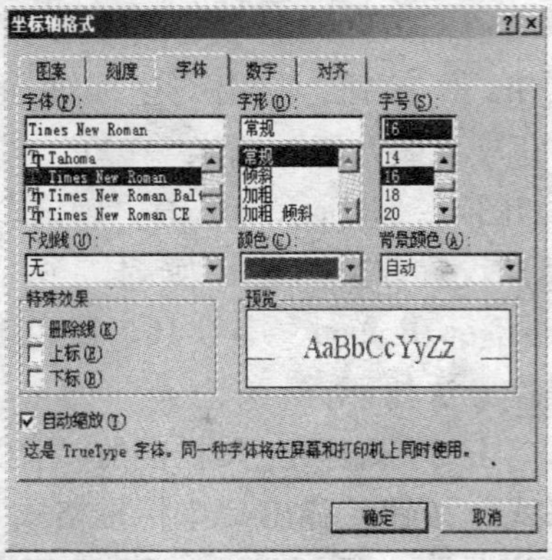

图 4－54　“字体”选项卡

“冰蓝”，如图 4－56 所示，单击“确定”按钮。

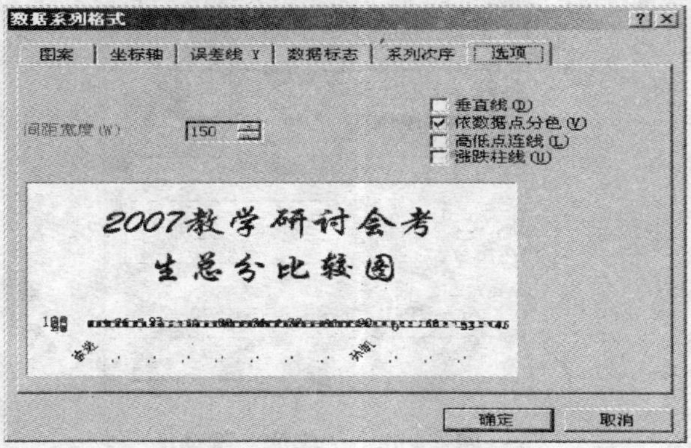

图 4－55　数据系列格式－“选项”选项卡

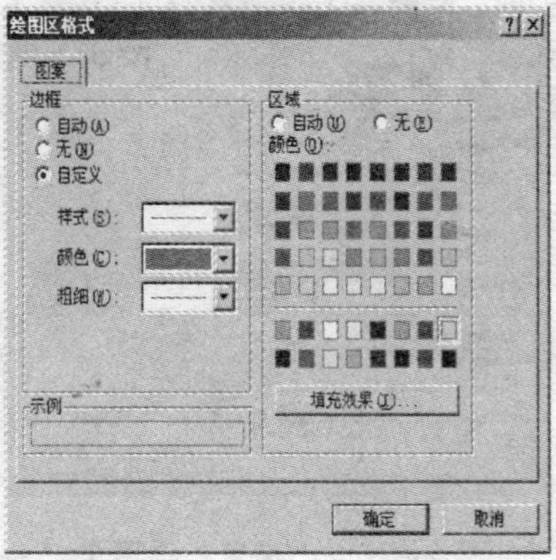

图 4－56　绘图区－“图案”选项卡

（9）保存编辑好的“总分比较图”工作表。

操作方法如下：

单击“文件”菜单栏下“保存”菜单命令，保存编辑好的“总分比较图”工作表。

3. 创建三维饼图

（1）根据 CRE 工作表中“齐少甫同学成绩数据”创建图表工作表，命名为“齐少甫同学成绩统计表”。

（2）选择图表类型为“三维饼图”；图例位置为“底部”，Times New Roman，字号 18。

操作方法如下：

①打开保存过的“图表工作表 . xls”文档，单击“学生成绩单”标签。

②鼠标选中数据区域外的一个空白单元格。单击“插入”菜单栏中的“图表”菜单命令，弹出“图表向导_ 4 步骤之 1_ 图表类型”对话框。选择“标准类型”选项卡，在“图

表类型”列表框中选择“饼图”，在“子图表类型”中选择第二种“三维饼图”，如图 4－57 所示，然后单击“下一步”按钮，弹出“图表向导_ 4 步骤之 2_ 图表数据源”对话框。

③根据图 4－21 显示，在“图表向导_ 4 步骤之 2_ 图表数据源”对话框中选择“系列”选项卡，单击“系列”列表框下的“添加”按钮添加一个系列，单击“值”文本框后面的折叠对话框，拖动鼠标选中 D4：J4 单元格后返回；单击“分类（X）轴标志”文本框后面的折叠对话框，拖动鼠标选中 D2：J2 单元格后返回，如图 4－58 所示，然后单击“下一步”按钮，弹出“图表向导_ 4 步骤之 3_ 图表选项”对话框。

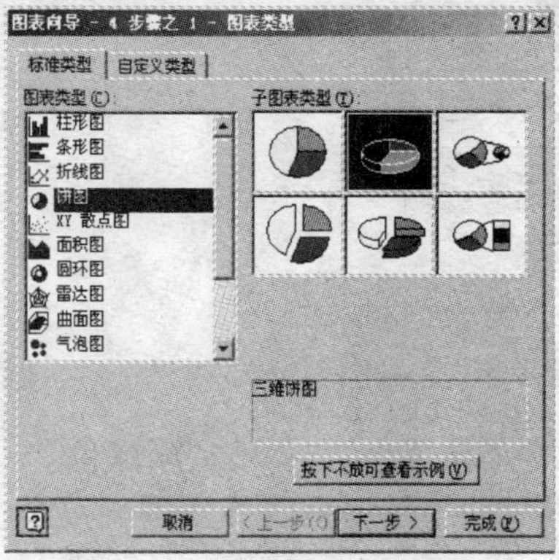

图 4－57　“向导_ 4 步骤之 1_ 图表类型”对话框

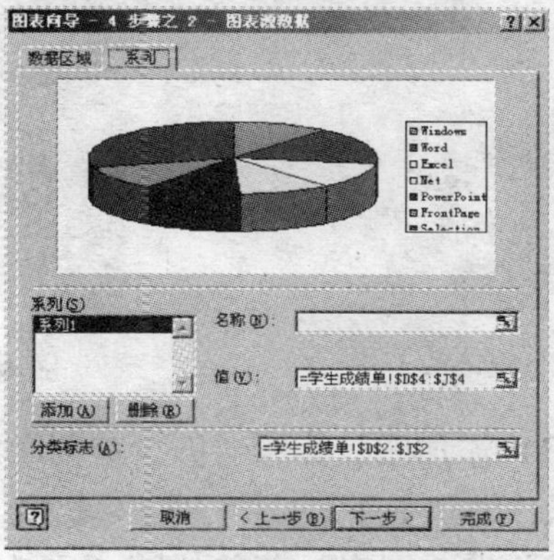

图 4－58　“系列”选项卡

④在“图表向导_ 4 步骤之 3_ 图表选项”对话框中选择“图例”选项卡，在“位置”列表框中选中“底部”单选按钮，如图 4－59 所示，然后单击“下一步”按钮，弹出“图表向导_ 4 步骤之 4_ 图表位置”对话框。

⑤在“图表向导_ 4 步骤之 4_ 图表位置”对话框选中“作为新工作表插入”单选按钮，在右侧文本框中输入“齐少甫同学成绩统计表”，如图 4－60 所示，单击“完成”按钮。

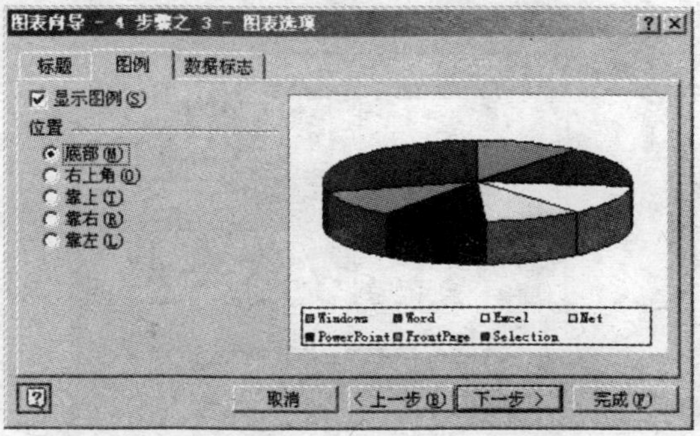

图 4－59　“图例”选项卡

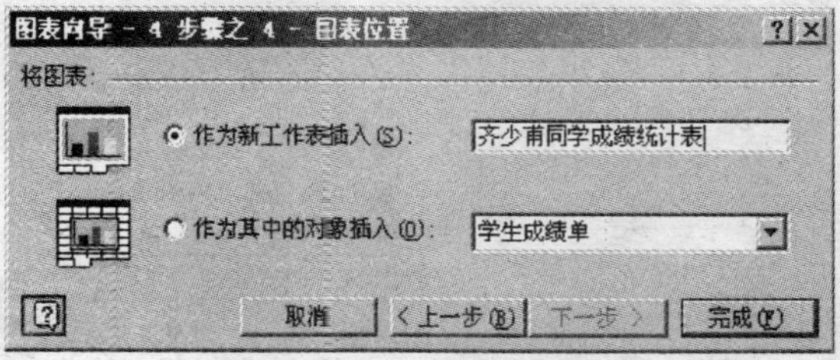

图 4－60　“向导_ 4 步骤之 4_ 图表位置”对话框

⑥单击“图表”工具栏（如图4－27所示）中的“图表对象”列表框，选择“图例”对象，单击列表框右侧的“图例格式”按钮，弹出“图例格式”对话框，选择“字体”选项卡，“字体”选择“Times New Roman”“字号”选择“18”，如图4－61所示，单击“确定”按钮。

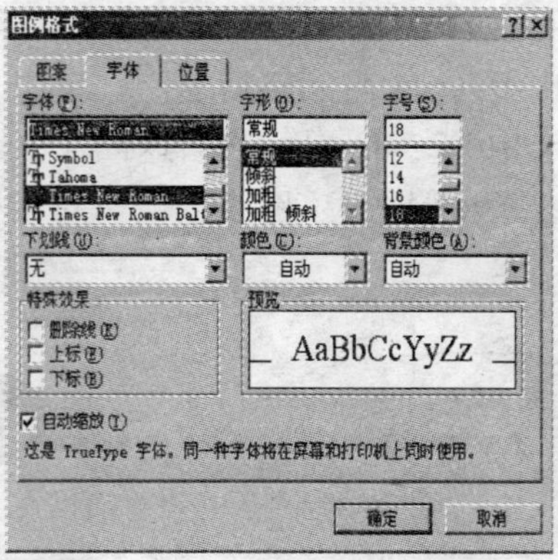

图4－61 “字体”选项卡

（3）添加图表标题“齐少甫同学成绩比较图”、华文新魏、字号36、深绿色。

操作方法如下：

①单击“图表”菜单栏下“图表选项”菜单命令，弹出“图表选项”对话框，选择“标题”选项卡，在“图表标题”中输入“齐少甫同学成绩比较图”，如图4－62所示，单击“确定”按钮。

②单击“图表”工具栏中的“图表对象”列表框，选择“图表标题”，单击右侧的“图表标题格式”按钮，弹出“图表标题格式”对话框，选择“字体”选项卡，“字体”选择“华文新魏”，“字号”选择“36”，颜色选择“深绿色”，如图4－63所示，单击“确定”按钮。

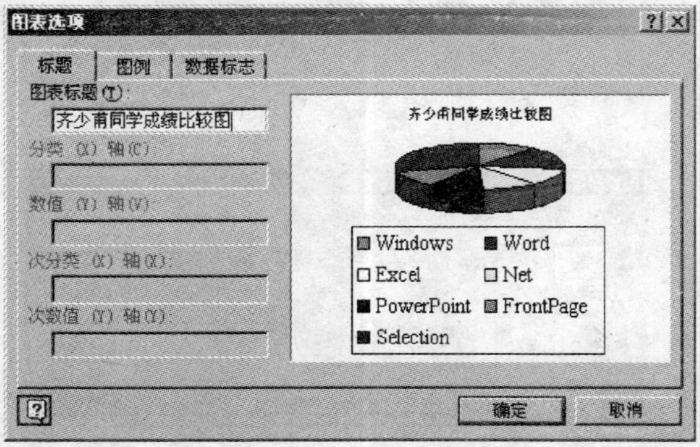

图4－62 “图表选项”对话框

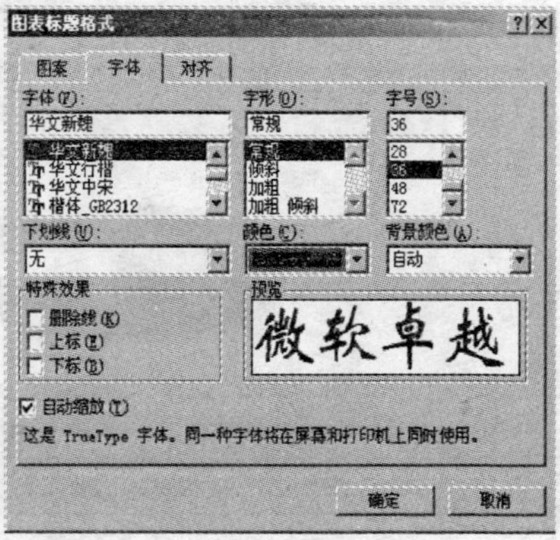

图4－63 “图表标题格式”对话框

（4）数据标志显示值并且数据标志旁附图例项标识，Times New Roman，字号16，红色。

操作方法如下：

①单击“图表”菜单栏下“图表选项”菜单命令，弹出“图表选项”对话框，选择“数据标志”选项卡，在“数据标志”列表框中选中“显示值”单选框，同时选中“标志旁附图例项标识”复选框，如图4-64所示，单击“确定”按钮。

②单击“图表”工具栏中的“图表对象”列表框，选择“系列1数据标志”，单击右侧的“数据标志格式”按钮，弹出“数据标志格式”对话框，选择“字体”选项卡，“字体”选择“Times New Roman”，“字号”选择“16”，颜色选择“红色”，如图4-65所示，单击“确定”按钮。

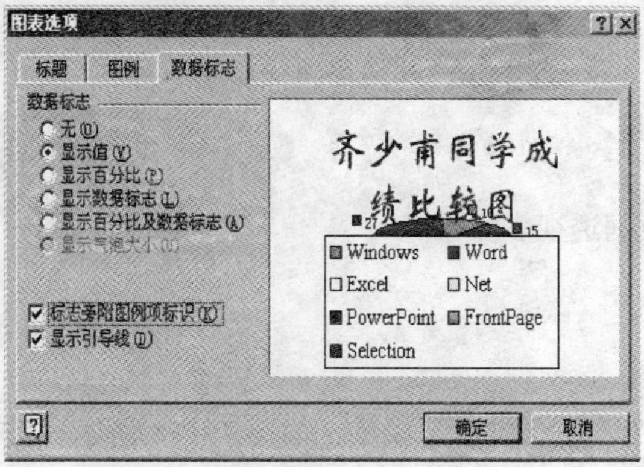

图4-64　“图表选项”对话框

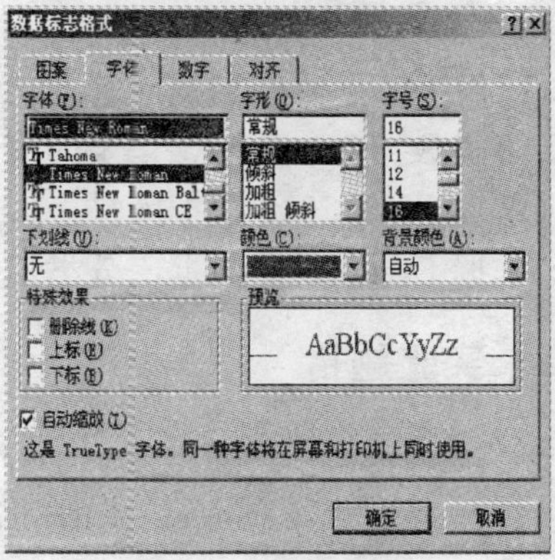

图4-65　“字体”选项卡

（5）保存编辑好的“齐少甫同学成绩统计表”工作表。

操作方法如下：

单击“文件”菜单栏下“保存”菜单命令，或者单击工具栏中的“保存”按钮，保存编辑好的“齐少甫同学成绩统计表”工作表。

提示：对于补充和提高部分的题目的操作请自己参考本章相关操作知识或教材自行完成。

实验九　Excel 2000 数据库操作

一、课前准备

1. 进入ftp：\\ server，在本班目录下查看上节课实验成绩，对自己错误部分进行分析修改。

2. 下载 ftp 中自己的学号文件夹到 E 盘，并下载 ftp 根目录下“实验所需文件”文件夹到 E 盘。

3. 注意，所需视频文件在 ftp 根目录下“视频演示”中的相关文件夹中，需要时查看。

二、大纲要求

1. 数据排序操作。包括：简单排序和复杂排序。
2. 数据筛选操作。包括：自动筛选和高级筛选。
3. 数据分类汇总和建立数据透视表操作。

三、实验目的

1. 了解 Excel 2000 数据库管理功能。
2. 了解数据库、字段、记录的概念及其区别。
3. 掌握 Excel 2000 数据库排序、筛选操作。
4. 掌握 Excel 2000 数据库分类汇总及建立数据透视表操作。

四、实验题目

（一）基本题目要求

1. 打开“\ 学号 \ excel \ CRE. xls”，单击“学生成绩单”标签，如图 4 – 18 所示，按如下要求进行操作：

（1）按“Excel 成绩”升序排序，“Excel 成绩”分数相同再按“Word 成绩”升序排序，“Word 成绩”分数相同再按“Net 成绩”升序排序。

（2）自动筛选出各科成绩均大于等于 8 分的成绩记录，然后取消自动筛选操作进行下面练习。

（3）高级筛选出“等级”为“通过”或者“优秀”，“Word”成绩和“Excel”成绩均在 10 分以上（包括 10 分）的记录。

条件区域：该区起始单元格定位在 P2。

复制到：该区起始单元格定位在 A18。

（4）高级筛选出“Word”、“Excel”、“Net”、“Selection”成绩最高的记录。

条件区域：该区起始单元格定位在 P8。

复制到：该区起始单元格定位在 A28。

将工作簿以“排序筛选 . xls”文件名另存到“\ 学号 \ excel”文件夹中。

2. 重新打开“\ 学号 \ excel \ CRE. xls”，单击“学生成绩单”标签，进行分类汇总，汇总结果显示在数据下方。

分类字段：系别。

汇总方式：平均值。

选定汇总项：总分。

将工作簿以“分类汇总 . xls”文件名另存到“\ 学号 \ excel”文件夹中。

3. 重新打开“\ 学号 \ excel \ CRE. xls”，单击“学生成绩单”标签，建立数据透视表。

条件：不同系别各个等级中“Word”、“Excel”成绩的平均值。

版式：行字段为系别，列字段为等级，数据项为“Word”、“Excel”平均值。

显示：新建工作表。

将工作簿以“数据透视表 . xls”文件名另存到“\ 学号 \ excel”文件夹中。

（二）补充题目要求

1. 打开“\ 学号 \ excel \ CREBC. xls”，单击“学生信息表”标签，按如下要求操作：

高级筛选出“年龄”为“19”或“20”岁，“等级”为“未过”或者“优秀”的记录。

条件区域：该区起始单元格定位在 P2。

复制到：该区起始单元格定位在 A18。

将工作簿以“排序筛选 BC. xls”文件名另存到“\ 学号 \ excel”文件夹中。

2. 重新打开“\ 学号 \ excel \ CREBC. xls”，单击“学生信息表”标签，建立数据透视表。

条件：不同系别各个等级的人数及姓名。

版式：行字段为系别，列字段为等级和姓名，数据项为等级的计数项。

显示：新建工作表。

将工作簿以“数据透视表 BC. xls”文件名另存到“\ 学号 \ excel”文件夹中。

（三）提高题目要求

1. 打开“\ 学号 \ excel \ 排序筛选 . xls”，将“学生成绩单”工作表标签改名为“排序筛选”；打开 excel \ 分类汇总 . xls，将“学生成绩单”工作表标签改名为“分类汇总”；打开“\ 学号 \ excel \ 数据透视表 . xls”，将“Sheet1”工作表标签改名为“数据透视表”。

2. 在“\ 学号 \ excel”文件夹中新建一个工作簿，命名为“实验三基本实验题目 . xls”，打开工作簿“实验三基本实验题目 . xls”。

3. 将“数据透视表 . xls”中的“数据透视表”工作表移到“实验三基本实验题目 . xls”“Sheet1”工作表前面，将“分类汇总 . xls”中的“分类汇总”工作表移到“实验三基本实验题目 . xls”“数据透视表”工作表前面，将“排序筛选 . xls”中的“排序筛选”工作表移到“实验三基本实验题目 . xls”“分类汇总”工作表前面，保存移动后的工作簿文件。

提示：完成以上题目要求后，将学号文件夹上传至 ftp。

五、基本题目操作方法

首先启动 Excel 2000 应用程序，在 Excel 的工具栏中单击“打开”按钮或者选择 Excel “文件”菜单下的“打开”菜单命令，弹出“打开”对话框，在“文件类型”下来列表框中选择“Excel 文档”，在查找范围列表框中找到 excel 文件夹中的 CRE. xls 文件，最后单击“打开”按钮或者双击该文件，打开 CRE. xls，单击“学生成绩单”标签，如图 4 – 18 所示。或者通过“学号 \ excel \ CRE. xls”，双击打开 CRE. xls，单击“学生成绩单”标签。

1. 打开“ \ 学号 \ excel \ CREBC. xls”，单击“学生成绩单”标签，如图 4 – 18 所示，按如下要求进行操作：

（1）按“Excel 成绩”升序排序，“Excel 成绩”分数相同再按“Word 成绩”升序排序，“Word 成绩”分数相同再按“Net 成绩”升序排序。

操作方法如下：

①打开 excel \ CRE. xls，单击“学生成绩单”标签。

②选中表格数据区任意单元格，选择“数据”菜单栏下的“排序”菜单命令，弹出“排序”对话框，如图 4 – 66 所示。

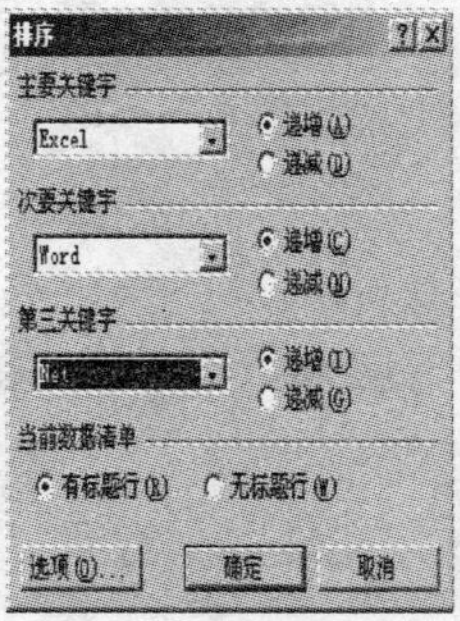

图 4 – 66　“排序”对话框

③单击“主要关键字”的列表箭头，从中选择“Excel”作为主要关键字，排序方式选中“递增”单选框；单击“次要关键字”的列表箭头，从中选择“Word”作为次要关键字，排序方式选中“递增”单选框；单击“第三关键字”的列表箭头，从中选择“Net”作为第三关键字，排序方式选中“递增”单选框，单击“确定”按钮。

（2）自动筛选出各科成绩均大于等于 8 分的成绩记录，然后取消自动筛选操作进行下面练习。

操作方法如下：

①选中表格数据区任意单元格，选择“数据”菜单栏下的“筛选”菜单命令，在弹出的级联菜单中选择“自动筛选”菜单命令，字段名单元格会出现筛选箭头，如图 4 – 67

所示。

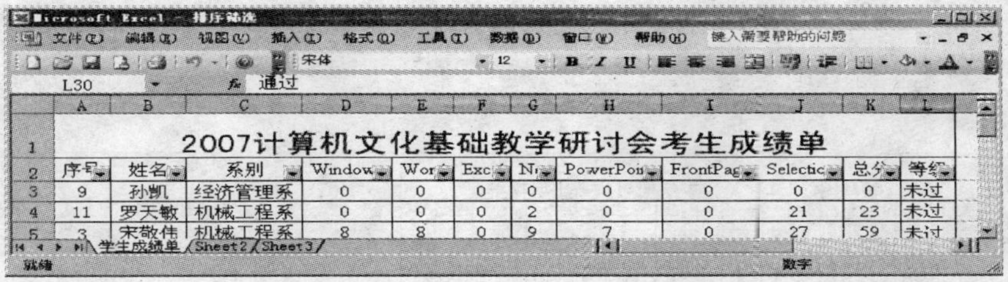

图 4－67　自动筛选画面

②单击“Windows”单元格的筛选箭头，从中选择第三项“（自定义……）”，如图 4－68所示，弹出“自定义自动筛选方式”对话框，在下拉列表框中选择或者输入“大于或等于”、“8”，如图 4－69 所示；同样方法，单击“Word”“Excel”“Net”“PowerPoint”“FrontPage”“Selection”单元格的筛选箭头，从中选择第三项“（自定义……）”，弹出“自定义自动筛选方式”对话框，在下拉列表框中选择或者输入“大于或等于”、“8”。

图 4－68　筛选箭头显示

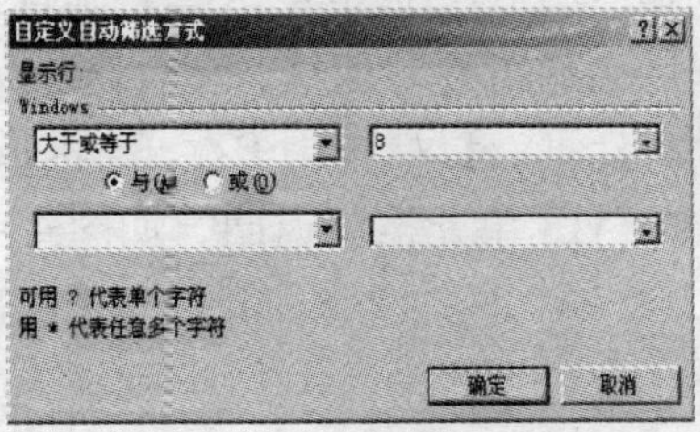

图 4－69　“自定义自动筛选方式”对话框

③单击“数据”菜单栏下的“筛选”菜单命令，取消级联菜单中的“自动筛选”命令前面的“√”号，完成取消自动筛选操作。

（3）高级筛选出“等级”为“通过”或者“优秀”，“Word”成绩和“Excel”成绩均在 10 分以上（包括 10 分）的记录。

条件区域：该区起始单元格定位在 P2。

复制到：该区起始单元格定位在 A18。

操作方法如下：

①将 L2 单元格复制到 P2 单元格，将 E2：F2 区域复制到 Q2：R2 区域；在 P3、P4 单元格输入“通过”和“优秀”，在 Q3：R4 输入“＞＝10”，如图 4－70 所示（高级筛选中筛

选字段必须从表中的字段名复制，筛选条件除中文外，符号和数字等必须在英文状态下输入）。

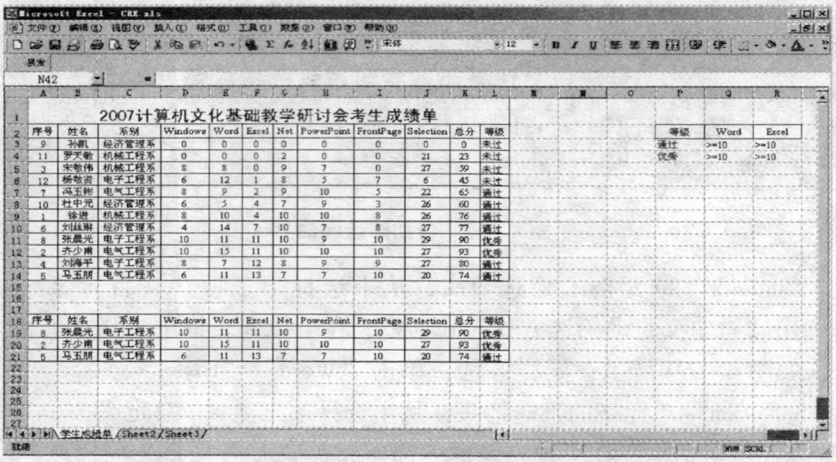

图 4-70　高级筛选条件设置和筛选结果 1

②选中表格数据区任意单元格，选择“数据”菜单栏下的“筛选”菜单命令，在弹出的级联菜单中选择“高级筛选”菜单命令，弹出“高级筛选”对话框。

③在“方式”框下单击“将筛选结果复制到其他位置”单选按钮；单击“数据区域”文本框后面的折叠对话框，鼠标选中 A2：L14 区域后返回；单击“条件区域”文本框后面的折叠对话框，鼠标选中 P2：R4 区域后返回；单击“复制到”文本框后面的折叠对话框，鼠标选中 A18 单元格后返回，如图 4-71 所示，单击“确定”按钮。

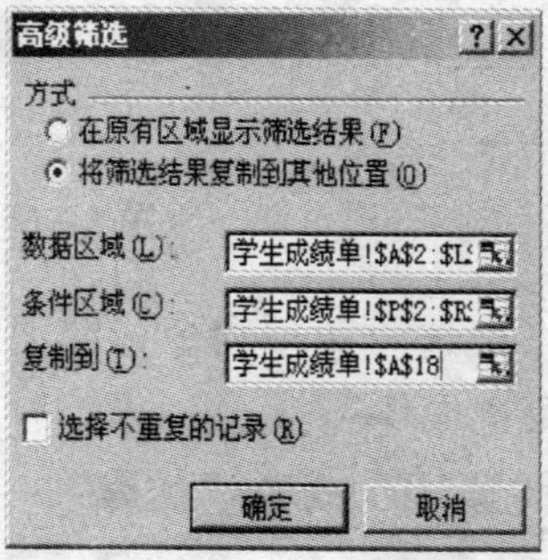

图 4-71　“高级筛选”对话框

（4）高级筛选出“Word”、“Excel”、“Net”、“Selection”成绩最高的记录。

条件区域：该区起始单元格定位在 P8。

复制到：该区起始单元格定位在 A28。

将工作簿以“排序筛选 . xls”文件名另存到“\ 学号 \ excel”文件夹中。

操作方法如下：

①将 E2：G2 区域复制到 P8：R8 区域，将 J2 单元格复制到 S2 单元格，如图4－72所示。选中 P9 单元格，单击“插入”菜单栏“函数”菜单命令，弹出“粘贴函数”对话框，“函数分类”列表框选择“常用函数”，“函数名”列表框选择“MAX”，如图4－73所示，单击“确定”按钮。在弹出的 MAX 函数窗口中，单击“number1”文本框后面的折叠对话框，鼠标选中 E3：E14 单元格后返回，如图 4－74 所示，单击“确定”按钮，此时 P9 单元格显示“Word”成绩的最高值 15。同样方法完成 Q10、R11、S12 单元格筛选条件的输入操作。注意：条件之间为或的关系。

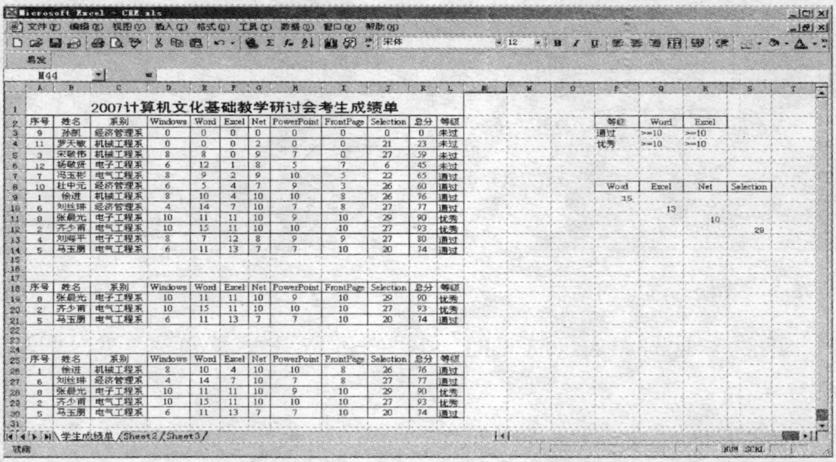

图 4－72　高级筛选条件设置和筛选结果 2

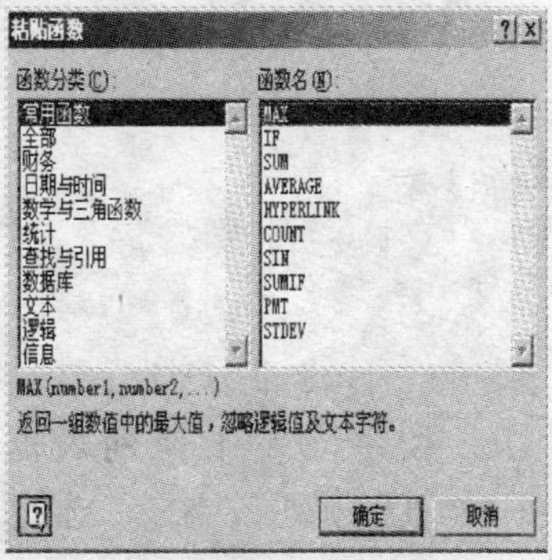

图 4－73　“粘贴函数”对话框

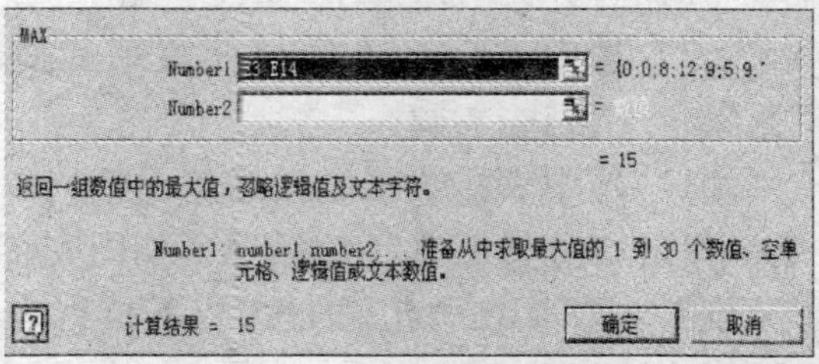

图 4－74　MAX 函数窗口

②选中表格数据区任意单元格，选择“数据”菜单栏下的“筛选”菜单命令，在弹出的级联菜单中选择“高级筛选”菜单命令，弹出“高级筛选”对话框，如图 4－75 所示。

③在“方式”框下单击“将筛选结果复制到其他位置”单选按钮；单击“数据区域”

文本框后面的折叠对话框，鼠标选中 A2：L14 区域后返回；单击“条件区域”文本框后面的折叠对话框，鼠标选中 P8：S12 区域后返回；单击“复制到”文本框后面的折叠对话框，鼠标选中 A25 单元格后返回，单击“确定”按钮。

④单击“文件”菜单栏下“另存为”菜单命令，弹出“另存为”对话框，在“文件名”一栏输入“排序筛选.xls”，如图 4－76 所示，单击“保存”按钮。

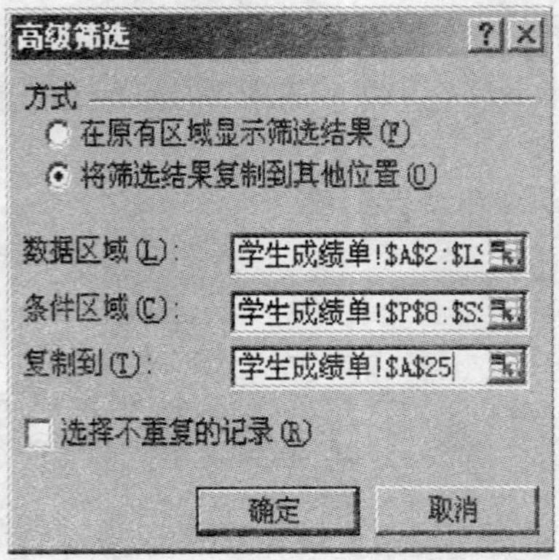

图 4－75 “高级筛选”对话框

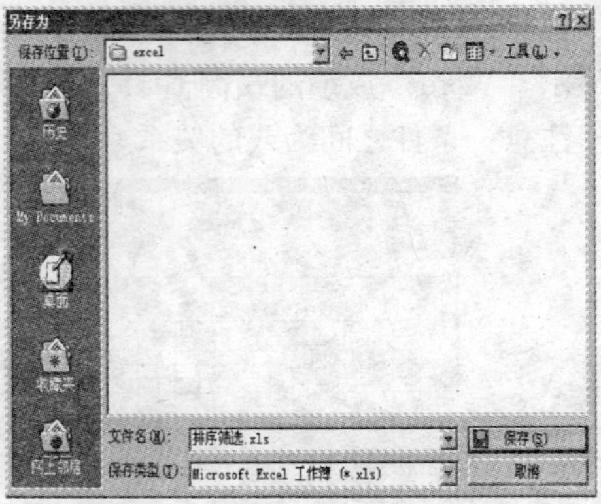

图 4－76 “另存为”对话框

2. 重新打开“\ 学号 \ excel \ CRE. xls”，进行分类汇总，汇总结果显示在数据下方。

分类字段：系别。

汇总方式：平均值。

选定汇总项：总分。

将工作簿以“分类汇总.xls”文件名另存到“\ 学号 \ excel”文件夹中。

操作方法如下：

（1）打开 excel \ CRE. xls，单击“学生成绩单”标签。

（2）选中 C3：C14 区域任意单元格，单击“常用”工具栏的“升序”按钮，对“系别”字段进行排序。

（3）选中表格数据区任意单元格，单击“数据”菜单栏下的“分类汇总”菜单命令，弹出“分类汇总”对话框，如图 4－77 所示。在“分类字段”下拉列表框中选择“系别”选项，在“汇总方式”下拉列表框中选择“平均值”选项，在“选定汇总项（可多个）”下拉列表框中选择“总分”选项。

（4）选中“汇总结果显示在数据下方”复选框，单击“确定”按钮，分类汇总后的结果如图 4－78 所示。

（5）单击“文件”菜单栏下“另存为”菜单命令，弹出“另存为”对话框，在“文件名”一栏输入“分类汇总.xls”，单击“保存”按钮。

注意：分类汇总前必须先将分类字段排序！

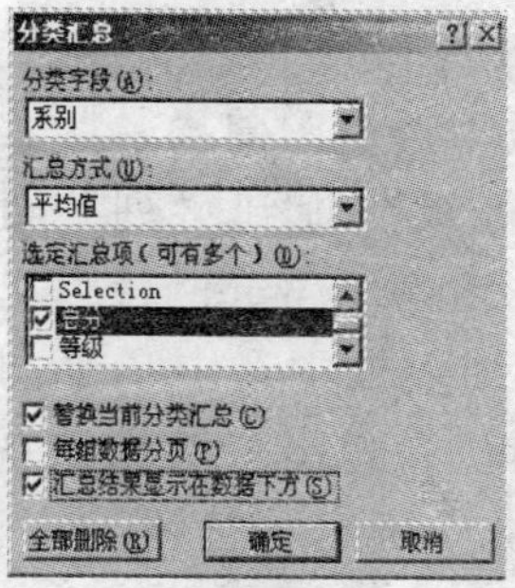

图4－77 “分类汇总”对话框

图4－78 分类汇总后结果

3. 重新打开“\学号\excel\CRE. xls”，单击“学生成绩单”标签，建立数据透视表。

条件：不同系别各个等级中“Word”、“Excel”成绩的平均值。

版式：行字段为系别，列字段为等级，数据项为“Word”、“Excel”平均值。

显示：新建工作表。

将工作簿以“数据透视表 . xls”文件名另存到“\学号\excel”文件夹中。

操作方法如下：

（1）打开 excel\CRE. xls，单击“学生成绩单”标签。

（2）选中工作表数据区任意单元格，单击“数据”菜单栏下的“数据透视表和图表报告”菜单命令，弹出“数据透视表和数据透视图向导－3步骤之1”对话框，如图4－79所示，单击“下一步”按钮。

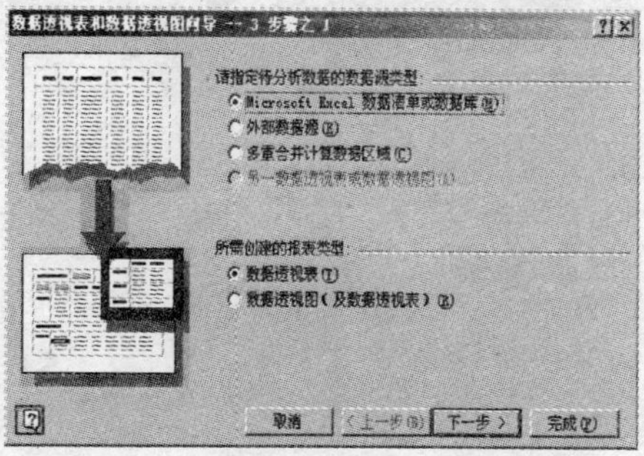

图4－79 “数据透视表向导－步骤1”对话框

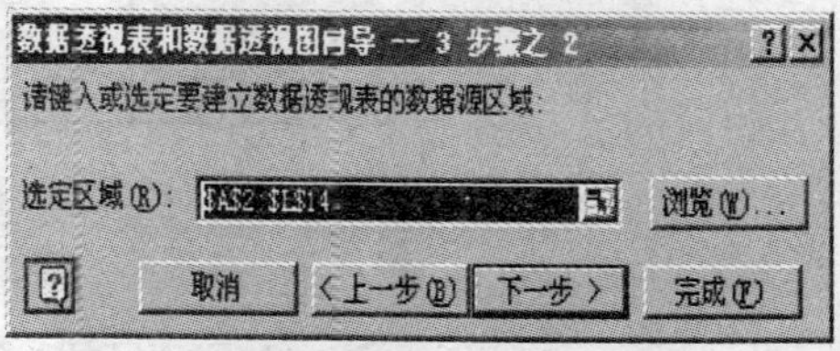

图4－80 “数据透视表向导－步骤2”对话框

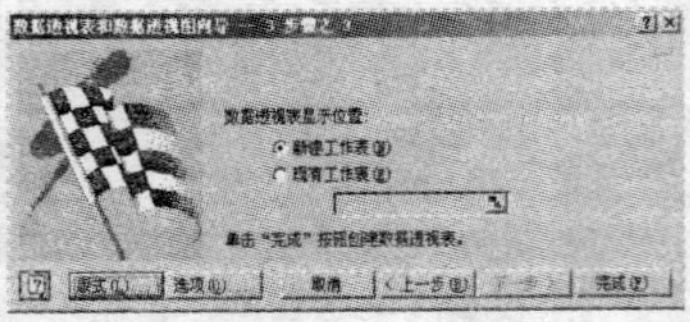

图 4－81　“向导－步骤 3”对话框

（3）弹出“数据透视表和数据透视图向导－3 步骤之 2”对话框，选中区域 A2：L14，如图 4－80 所示，单击“下一步”按钮。

（4）弹出“数据透视表和数据透视图向导－3 步骤之 3”对话框，如图 4－81 所示。单击“版式”按钮，弹出“数据透视表和数据透视图向导－版式”对话框，如图 4－82 所示。将“系别”拖到“行”处；将“等级”拖到“列”处；将“Word”“Excel”拖到“数据”处，双击“数据”处的“求和项：Word”，弹出“数据透视表字段”对话框，如图 4－83 所示，在“汇总方式”列表框中选中“平均值”，单击“确定”按钮，同样双击“数据”处的“求和项：Excel”，弹出“数据透视表字段”对话框，在“汇总方式”列表框中选中“平均值”，单击“确定”按钮。

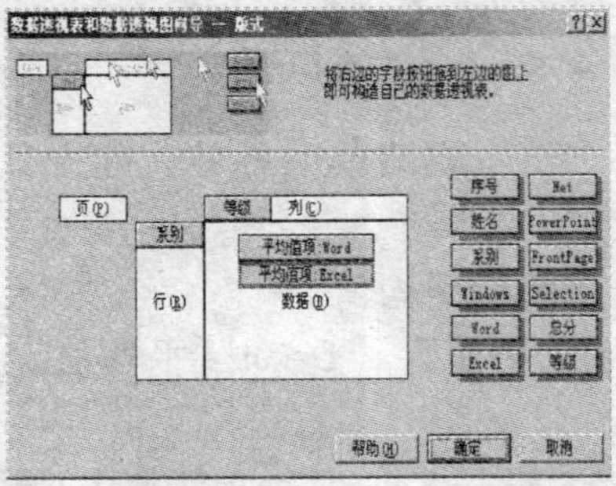

图 4－82　“版式”对话框

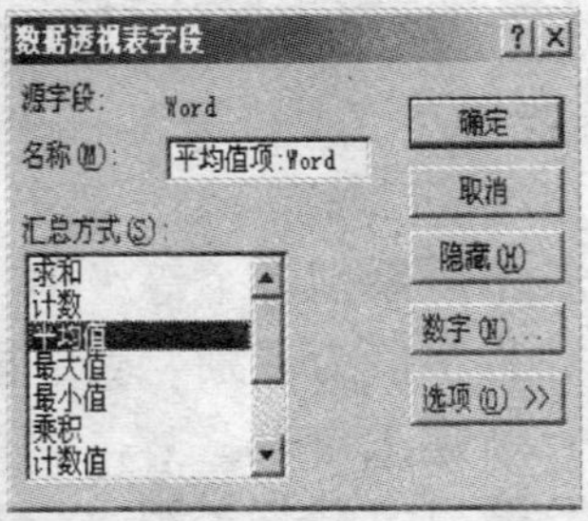

图 4－83　“数据透视表字段”对话框

（5）返回到“数据透视表和数据透视图向导－版式”对话框，单击“确定”按钮，再次返回到“数据透视表和数据透视图向导－3 步骤之 3”对话框，单击“完成”按钮得到新建工作表，如图 4－84 所示。

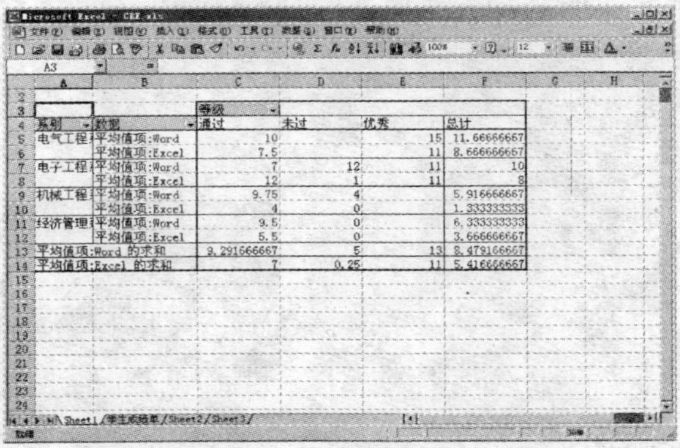

图 4－84　数据透视表

（6）单击“文件”菜单栏下“另存为”菜单命令，弹出“另存为”对话框，在“文件名”一栏输入“数据透视表.xls”，单击“保存”按钮。

提示： 对于补充和提高部分的题目的操作请自己参考本章相关操作知识或教材自行完成。

Excel 2000 相关操作知识

一、Excel 2000 的启动与退出

1. Excel 2000 的启动方法

方法 1：单击“开始”菜单，选择“程序”级联菜单中的“Microsoft Excel”命令。

方法 2：单击“开始”菜单，选择“新建 Office 文档”命令，在“常用”选项卡中选择“空工作簿”选项，单击“确认”按钮。

方法 3：若在桌面上建立了 Excel 2000 快捷方式，双击即可启动 Excel 2000。

方法 4：双击一个由 Excel 生成的文档。

2. Excel 2000 的退出方法

方法 1：单击 Excel 2000 应用程序“文件”菜单栏中“退出”菜单命令。

方法 2：单击 Excel 2000 应用程序窗口标题栏右边的“关闭”按钮。

方法 3：单击 Excel 2000 应用程序窗口标题栏左边的控制菜单图标，在下拉菜单中单击“关闭”命令。

方法 4：双击 Excel 2000 应用程序窗口标题栏左边的控制菜单图标。

二、Excel 2000 的编辑环境

Excel 2000 编辑环境指的是 Excel 2000 的工作区环境。Excel 2000 屏幕可以根据用户的需要做不同的设置。Excel 2000 启动后的窗口如图 4－85 所示。

Excel 2000 窗口包括程序窗口、工作簿窗口和编辑栏三部分。

1. Excel 2000 程序窗口

（1）标题栏

标题栏左边是 Excel 2000 控制菜单，右边是最小化、还原或者最大化、关闭控制按钮。

（2）菜单栏

菜单栏位于标题栏下方，包含 Excel 2000 工作所需的全部命令。单击某个菜单项会弹出相应的下拉菜单。若在某个菜单项后有黑三角，表示这个菜单项后面还有子菜单，这个子菜单称“级联菜单”。

（3）工具栏

工具栏在菜单栏下方。通常在安装第一次启动时显示工具栏包括“常用”工具栏和“格式”工具栏。用户可以通过“视图”菜单栏下的“工具栏”菜单命令，增加、删除或重排工具栏。

（4）状态栏

状态栏位于 Excel 2000 窗口的底部，显示当前工作区的状态。

2. Excel 2000 工作簿窗口

（1）工作簿名栏

工作簿名栏位于工作簿窗口的最上方。其左边是文档窗口的控制菜单图标。在控制菜单右边是工作簿的名称。工作簿名栏的右边是最小化、还原或最大化、关闭控制按钮。单机最大化按钮，工作簿窗口最大化，此时工作簿名栏消失，工作簿名称显示在标题栏 Microsoft Excel 的右边，而原来的最小化、还原或最大化、关闭控制按钮出现在菜单栏的右边，图 4－85 显示的就是此状态。

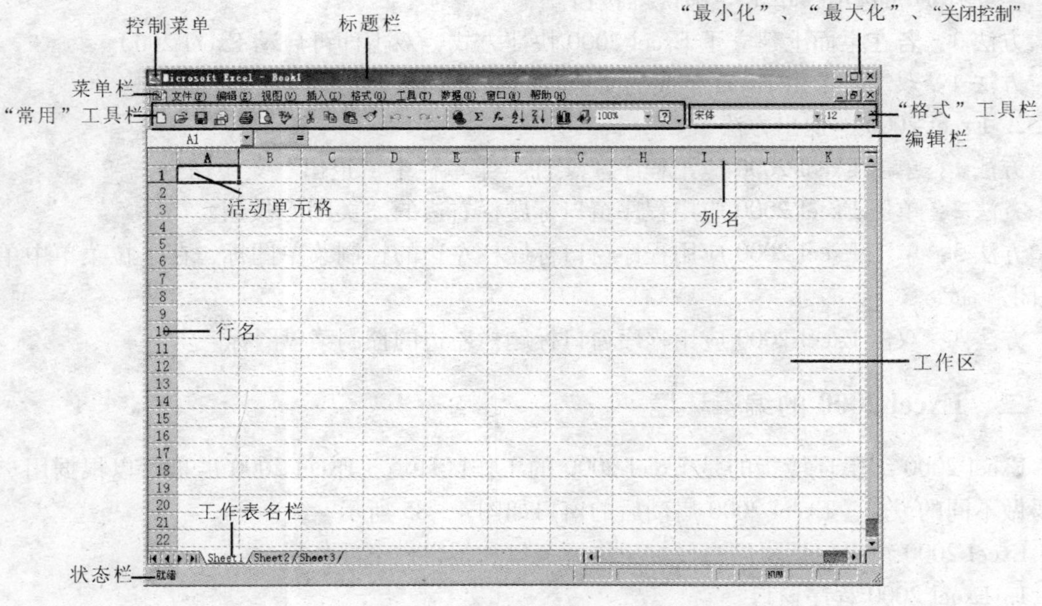

图 4－85　Excel 2000 窗口

（2）工作表名栏

一个工作簿有多个工作表，工作表名显示在工作簿窗口的下方，用标签来区分。工作表名栏左边提供 4 个按钮，其作用：到第一个表、到前一个表、到下一个表、到最后一个表。

（3）工作表工作区

指位于工作簿名栏和工作表名栏之间的区域，表格数据的编辑主要在该区域中完成。

3. 编辑栏

在工作簿窗口的上面，有一个自左至右由名字框、工具钮和编辑框组成的编辑栏。在公式计算、输入数据的单元格不在屏幕显示范围内等情况下适用。

三、工作簿、工作表与单元格

1. 工作簿

Excel 工作簿是存储在磁盘上的同一个文件中的多个表的集合。一般来说，在一个工作簿的表中所包含的各种信息彼此有关联。工作簿是一个文件，其扩展名为 . xls。

2. 工作表

Excel 2000 中工作表有两种：一种是基本工作表；另一种是图表工作表。Excel 基本工作表是用来存储和处理数据的最主要的区域，它是工作簿的一部分。在默认情况下，一个 Excel 2000 工作簿文件有 3 张工作表。

3. 单元格

工作表中行与列交叉的部分是工作表的单元格，是工作表中基本的工作区域。每张工作表最多可达 65 536行，256 列，共 65 536 ×256 个单元格。当前正在组织数据的单元格成为活动单元格。

四、工作表的编辑

1. 改变活动单元格位置

方法 1：在编辑懒得单元格名字框中输入单元格的名字，然后按“Enter”键，该单元格便成为活动单元格。

方法 2：将鼠标光标移至某一单元格内，单击即可。

方法 3：用光标移动键（如“↑”、“↓”、“Tab”、“PgUp”等），也可使某一单元格成为活动单元格。

2. 选择操作区域

选中不同区域有不同的操作方法：

（1）选择一行（列）：单击行（列）标选中整行（列）。

（2）选择整个工作表：单击全选按钮（表格左上角的第一个格）可以选中整个工作表。

（3）选择连续的多个单元格：选择区域开始的单元格，按下鼠标左键，拖动鼠标到最终的单元格。

（4）选择不连续的多个单元格：按住“Ctrl”键，一一单击要选择的单元格。

（5）选择连续的多行（列）：选择连续区域开始一行（列）的行（列）标，按下鼠标左键，拖动鼠标到最后一行（列）的行（列）标。

（6）选择不连续多行（列）：按住“Ctrl”键，一一单击要选择的行（列）的行

(列)标。

(7)释放选择区域:单击工作表的任意单元格。

3. 引用单元格

(1)单元格名字的使用方法:单元格的名字是行标加上列标来表示。如:A2、H11。

(2)引用单元格的方式:单元格的引用方式分为相对引用和绝对引用。

随公式的位置变化,引用单元格的位置也在发生变化叫做相对引用,否则叫做绝对引用。若在单元格名字的行标和列表前面均加上“ $ ”,在拖动时引用单元格的位置不变。

①被引用单元格与引用单元格在同一工作表中:直接使用单元格名字。

②被引用单元格与引用单元格不在同一工作表中:需在别引用单元格前面加上被引用单元格所在工作表名和一个“!”号,如“Sheet1!A3”。

③被引用单元格与引用单元格不在同一工作簿文件中:a. 若被引用文件已打开,引用方式为“[book1. xls] Sheet1! $ A $ 3”; b. 若被引用文件未打开,引用方式为“‘C:\My Document\ [book1. xls] Sheet1! $ A $ 3’”。

4. 插入和删除单元格、行和列

(1)插入单元格:在要插入单元格的地方右击,在弹出的快捷菜单中选择插入项,弹出“插入”对话框,选中其中的一个单元按钮,单击“确定”按钮单。

(2)插入行(列):光标放在要插入行(列)的下一行(列),再使用“插入”菜单栏中的“行(列)”命令,在当前选中的行(列)前面插入一行(列)。也可在要插入行(列)的行(列)标上右击,在弹出的快捷菜单中选择“插入”命令。

(3)插入多行(列):光标放在要插入行(列)的下一行(列),再使用“插入”菜单栏中的“行(列)”命令,在当前选中的行(列)前面插入一行(列),重复操作,直到插入满足要求的行(列)数即可。也可在要插入行(列)的行(列)标上右击,在弹出的快捷菜单中选择“插入”命令,可以插入一行(列),重复操作,直到插入满足要求的行(列)数即可。

(4)删除单元格:选中待删除的单元格,单击右键,弹出的快捷菜单中选择“删除”命令,在弹出的“删除”对话框中,根据要求选择其中的“右侧单元格左移”、“下方单元格上移”、“整行”、“整列”单选按钮即可。

(5)删除行(列):选中待删除的行(列),单击右键,弹出的快捷菜单中选择“删除”命令,可删除选中的行(列)。

5. 输入不同类型数据

选择输入数据的单元格,若单元格在当前屏幕中,在鼠标单击单元格,输入数据,按“Enter”键即可。若单元格不在当前屏幕中,将鼠标移到编辑栏单元格名懒得任意位置,单击鼠标左键,输入单元格名字,按“Enter”键,输入数据即可。

（1）输入文字

文字型常量包含汉字、A ~ Z 及 a ~ z 的字母、0 ~ 9 的数字和一些特殊符号。文字型常量在单元格中默认的显示方式是左对齐。对于具体的学号、编号、邮政编码，一般用文字型常量来输入，对于由数字组成的文本数据，在输入时应在数字前面加一西文单引号“'”。

（2）输入数值

数值型数据仅由 0 ~ 9 的数字组成，并允许加带数学符号（“+”“-”“%”等）。数值型数据在单元格中默认显示方式为右对齐。

数值型数据输入时注意：

①若输入数据长度超过单元格宽度，将自动改用科学计数法表示。

②若预先设置的数字格式为带两位小数，则当输入 7.783 时，末位的 3 将会被舍去，显示数字为 7.78。

③输入负数时，在前面冠以减号或将数据置于括号中。

④输入分数，在分数前冠以 0，并在 0 的后面至少一个空格。

⑤当给定宽度不足以显示输入的数据时，则在单元格中显示“####”，其个数由单元格宽带决定。此时只需将光标移到该单元格列名与下一列列名交界处，当光标形状变成由左至右且中间有两条竖线形状时，按住鼠标左键向右移动到能够显示数句即可；也可以双击鼠标，将单元格调整成最适合列宽。

（3）输入时间和日期

工作表中时间和日期的显示方式取决于单元格中的数字格式。输入时间日期后可以在“单元格格式”对话框“数字”选项卡，“分类”中选择“日期”或“时间”，在“类型”列表框中选择指定的类型即可。

时间日期数据输入时注意：

①在同一单元格键入日期和时间，在其间要用空格分开。

②若按 12 小时制键入时间，在时间后留一空格，并肩如 AM 或 PM。

③时间和日期可以进行运算，在公式中使用时，要用带引号的文本形式。

④输入当天日期，按“Ctrl + ;（分号）”组合键。

⑤输入当天时间，按“Ctrl + Shift + :（冒号）”组合键。

（4）输入批注

①添加批注

单击需添加批注的单元格，选择“插入”菜单中的“批注”菜单命令，在弹出的批注框中键入批注文本，完成文本输入后，单击批注框外面的工作表区域。单元格添加批注后，该单元格右上角会有一个红色的三角。当鼠标移至该单元格时，会显示所输入的批注。

②修改批注

单击需修改批注的单元格，选择“插入”菜单中的“批注”菜单命令，在弹出的批注框中键入修改的批注文本，完成文本输入后，单击批注框外面的工作表区域。

③删除批注

选定需清除批注的单元格、行或列，选择“编辑”菜单中的“清除”菜单命令，再单击“批注”按钮。注意，选定单元格后按 Del 或 Backspace 键，只清除了单元格的内容，而保留了其中的批注和单元格格式。

6. 快速填充数据

(1) 在连续区域内输入相同数据

①文本复制

先选定包含需要复制数据的单元格，鼠标拖动单元格选定框右下角的填充柄，经过需要填充数据的单元格，后释放鼠标。

②数字和日期等数值的复制

先选定包含需要复制数据的单元格，按住“Ctrl”键，鼠标拖动单元格选定框右下角的填充柄，经过需要填充数据的单元格，后释放“Ctrl”键和鼠标。

(2) 在不连续区域内输入相同数据

先选中要输入相同数据的单元格，输入数据，按“Ctrl” + “Enter”键

(3) 输入数据系列

①利用填充柄输入数据系列

先选定待输入数据区的起始单元格，然后输入序列的初始值；在选定下一个单元格，在其中输入序列的第二个数值；先按住鼠标右键，再拖动填充柄，到达填充区域末尾时，释放鼠标；然后单击快捷菜单中的相应命令即可。

②利用 Excel 提供的填充序列输入数据系列

先给待输入数据区的起始单元格输入一个数据，单击“编辑”菜单中的“填充”菜单命令，再单击“序列”命令，可以自动填充多种类型的序列。

7. 复制、移动和删除数据

(1) 复制数据

选中要复制内容的单元格区域，单击鼠标右键，在弹出的快捷菜单中选择“复制”命令，然后选择目标单元格区域的左上角的单元格，单击单击鼠标右键，在弹出的快捷菜单中选择“粘贴”命令。

(2) 移动数据

选中要移动内容的单元格区域，单击鼠标右键，在弹出的快捷菜单中选择“剪切”命令，然后选择目标单元格区域的左上角的单元格，单击单击鼠标右键，在弹出的快捷菜单中选择“粘贴”命令。

(3) 删除数据

选中要移动内容的单元格区域，选择“编辑”菜单中的“清除”命令，再单击“全

部”、“内容”或“批注”。

8. 应用公式与函数

（1）输入和编辑公式

输入公式时必须以“＝”开头。公式中可包含：运算符（算术运算符、比较运算符、文本运算符和引用运算符）、数据（单元格名字）、函数。

（2）编辑公式

对已输入的公式进行修改有两种方法：

方法 1：在单元格中编辑公式。双击包含待编辑公式的单元格；将光标至要修改的共识中的某个部分，进行修改；修改结束按“Enter”键。

方法 2：在编辑栏编辑公式。单击包含待编辑公式的单元格；单击编辑栏中的编辑框，对公式进行修改；修改结束，按编辑栏的“√”号或按“Enter”键。

（3）复制公式

方法 1：选定包含需复制公式的单元格；单击工具栏中的“复制”按钮或“编辑”菜单中的“复制”命令或按快捷键“Ctrl + C”；选定要复制到的单元格，单击工具栏中的“粘贴”按钮或“编辑”菜单中的“粘贴”命令或按快捷键“Ctrl + V”。

方法 2：选定包含需复制公式的单元格；鼠标移至选定框的边框处，当光标的形状变为箭头方向为左上的空心箭头时，按住“Ctrl”键的同时，按住鼠标左键拖动之目标单元格，松开按键。

方法 3：若要复制的单元格或单元格区域是与原单元格相邻的区域，则可通过填充柄复制公式。

（4）粘贴函数

Excel 函数只能出现在公式中。

粘贴函数的操作方法为：

①选中要输入公式的单元格。

②选择“插入”菜单栏的“函数”菜单命令或单击工具栏中的“粘贴函数”按钮或编辑栏中的“编辑函数”按钮，弹出“粘贴函数”对话框。

③在左边的“函数分类”中选择函数的类型，在右边的“函数名”中选择具体的函数，单击“确认”按钮。

④弹出某个具体函数的对话框，根据函数定义输入参数条件或参数值，单击“确认”按钮，完成“粘贴函数的”操作。

（5）常见函数介绍

①求和函数“SUM”。

求和函数是求所选数据区域所有数值的和，其参数选择是输入一个或多个区域的数据。

②求平均值函数“AVERAGE”，求最大值函数“MAX”，求最小值函数“MIN”。

求平均值函数是求所选数据区域所有数值的平均值，其参数选择是输入一个或多个区域的数据。求最大值函数是求所选数据区域所有数值的最大值，其参数选择是输入一个或多个区域的数据。求最小值函数是求所选数据区域所有数值的最小值，其参数选择是输入一个或多个区域的数据。

③“DATE”、“YEAR”、“MONTH”、“DAY”函数

“DATE”函数功能是返回指定日期的序列数，“YEAR”是取日期中的年，“MONTH”是取日起中的月，“DAY”是取日期中的日。例如，单元格A2的内容为“1998年10月25日”，那么YEAR（A2）等于1998，MONTH（A2）等于10，DAY（A2）等于25。

④“TODAY”、“NOW”函数

“TODAY”函数返回计算机系统内部时钟的当前日期，这个函数不需要参数。“NOW”函数除了返回当前的日期外，还返回系统的时间，不需要参数。使用方法：=TODAY（）和=NOW（）。

⑤“IF”、“SUMIF”函数

“IF”函数执行真假值判断，根据逻辑测试的真假值返回不同的结果。Excel 2000中IF函数的原型为IF（logical_ test，value_ if_ true，value_ if_ false），其中logical_ test表示一个计算结果为TRUE或FALSE的值或表达式，value_ if_ true表示logical_ test为TRUE时返回的值，value_ if_ false表示logical_ test为FALSE时返回的值。IF函数可以嵌套七层。例如：k列表示总分，l表示等级，等级由总分确定。总分和等级的对应关系是总分小于60“未过”，总分大于等于60为“通过”。K2代表“总分”的单元格，l2单元格输入公式：IF（k3<60，“未过”，“通过”）。

“SUMIF”函数功能是根据指定条件对若干单元格求和，使用方法：SUMIF（范围，条件，求和区域），范围是指将来判断条件的单元格，求和区域指计算在范围中满足条件的单元格区域的和。

⑥“AND”、“OR”、“NOT”、“FALSE”、“TRUE”函数

这是一组逻辑函数。AND（与）和OR（或）是双目运算，NOT（非）是单目运算。

五、工作表的排版

1. 设置数字格式

数字格式是Excel显示数据的一种方式，并不影响计算中使用的单元格的实际数值。

设置数字格式常用的方法是：选定要设置数字格式的单元格或单元格区域；选择“格式”菜单中的“单元格”菜单命令，弹出“单元格格式”对话框；单击“数字”选项卡，在“分类”列表框中选择一种类型，在“类型”选项卡中选择一种子类型，单击“确认”按钮。

2. 设置字符外观

字符外观包括字符的大小、字体和颜色等。

设置字符外观常用的方法是：在“单元格格式”对话框；单击“字体”选项卡，分别设置相应的“字体”、“字型”、“字号”、“颜色”、“下划线”等。

3. 设置数字在单元格中的排列方式

数字在单元格中的排列方式在水平对齐中有：左对齐、右对齐、居中、合并及居中和两端对齐；在垂直对齐方式中有：靠上、居中、靠下和两端对齐。

设置数字在单元格中的排列方式常用的方法是：在“单元格格式”对话框；单击“对齐”选项卡，在“水平对齐”和“垂直对齐”下拉列表框中选择相应的对齐方式。也可在“方向”上输入度数改变对齐方式。

4. 设置表格边框和底纹

设置表格边框常用的方法是：在“单元格格式”对话框；单击“边框”选项卡，在“边框”和“样式”中选择合适的边框即可。

设置表格底纹常用的方法是：在“单元格格式”对话框；单击“底纹”选项卡，在“颜色”和“图案”中选择合适的颜色和图案即可。

5. 调整行高和列宽

（1）自动调整

鼠标对准某行（列）标的右（下）边的分隔线，当光标变成调成宽度的图标时，双击该分割线，就可把该行（列）的行高（列宽）自动调整为该行（列）所有单元格中实际数据所占高度（长度）最大的那个单元格的高度（宽度）。

（2）拖动调整

鼠标对准某行（列）标的下（右）边的分隔线，当光标变成调成宽度的图标时，上下（左右）拖动鼠标至所需的高度（宽度），放开鼠标即可。

（3）利用菜单命令调整

选定需要调整的行（列），选择“格式”菜单中“行（列）”选项，出现级联菜单，在级联菜单中若选择“行高（列宽）”，弹出“行高（列宽）”对话框，输入指定的行高（列宽）值；若选择“最适合行高（列宽）”，就可把该行（列）的行高（列宽）自动调整为该行（列）所有单元格中实际数据所占高度（长度）最大的那个单元格的高度（宽度）；若选择“标准行高”，则把行高（列宽）调整到默认高度（宽变）。

6. 复制和删除格式

（1）复制格式

单击要复制的单元格或单元格区域，单击“常用”工具栏中的“格式刷”按钮，在需要相同格式的单元格或单元格区域中单击一下或者拖动即可。

（2）清除格式

单击要清除格式的单元格或单元格区域，选择“编辑”菜单中的“清除”命令，在级联菜单中选择“格式”命令即可。

六、工作表窗口操作

工作表窗口操作分为拆分，冻结和重排窗口等。

1. 拆分工作表窗口

拆分工作表窗口：工作表拆分是指把当前工作表的活动窗口拆分成窗格；使用户可在一个窗口中察看工作表不通部分的内容。工作表拆分一般分为水平、垂直和水平垂直拆分三种。操作方法：方法1：要拆分的位置选择单元格，单击“窗口”菜单下的“拆分”命令。方法2：用鼠标拖动拆分条。

撤销拆分工作表，单击“窗口”菜单中的“取消拆分”命令，可以撤销拆分。

2. 冻结窗格

冻结窗格命令可以将工作表中所选定单元格上边的行或左边的列冻结在屏幕上，使得在滚动工作表时在屏幕上一直显示它们。工作表窗口冻结分为水平、垂直和水平垂直三种冻结。冻结窗口的方法：首先选定一个基准单元格，单击“窗口”菜单中的“冻结窗格”命令。撤销窗格冻结的方法：单击“窗口”菜单中的“撤销窗格冻结”命令。

3. 窗口重排

同时打开多个工作簿，先打开需要同时显示的多个工作簿然后用“重排窗口”命令。

七、图表的插入

1. 几种常见的图表

图表工作表分嵌入式图表和独立图表两种。嵌入式图表是指所建立的图表与创建图表所使用的数据放在同一张工作表中。独立图表是指所建立的图表插在数据工作表之前，也称为图表工作表。

几种常见的图表有柱形图、条形图、饼图、折线图和散点图等。柱形图和条形图表示数据的变化和数量的比较，饼图表示一个整体中每一部分所占的比例，折线图表示一段时间内某种数据的变化，散点图主要用在科学计算中。

2. 创建图表

（1）单击“常用”工具栏中的“图表向导”命令按钮，或选择“插入”菜单中的“图表”菜单命令；

（2）选择图表类型和子图表类型；

（3）选择数据区域或设定满足题目要求的系列；

（4）分别输入或选择满足题目要求的“标题”、“坐标轴”、“网格线”、“图例”、“数据标志”、“数据表”各个选项卡的设置；

（5）选择图表的位置，输入图表名称，单击“确认”按钮。

3. 选定和激活图表

选定图表：选定图表所在的工作表，单击该图表，此时图表四周出现八个小黑块，表明图表被选定了。

激活图表：选定图表所在的工作表，双击该图表，此时会出现不同的对话框，可对图表进行修饰。

4. 编辑图表

（1）改变图表类型

方法 1：选定需要改变类型的图表，单击“图表”菜单栏中的“图表类型”命令，弹出“图表类型”对话框，选择一新的图表类型和它的子类型，单击“确认”按钮。

方法 2：右击要改变类型的图表，弹出一快捷菜单，单击“图表类型”命令，弹出“图表类型”对话框，选择一新的图表类型和它的子类型，单击“确认”按钮。

（2）增删图表数据

方法 1：选定要增加的数据，将鼠标移至选定框处，当光标形状变成一个指向左上角的空心箭头时，按住鼠标向已建好的图表上移动，当光标形状变成一个黑十字时，松开按键。

方法 2：选定要增加数据的图表，单击“图表”菜单中的“添加数据”菜单命令，弹出“添加菜单”对话框，在“选定区域”中填入要增加的数据的区域或直接用鼠标选中要增添的数据区域，单击“确认”按钮。

（3）增删图表项

方法 1：选定图表，单击“图表”菜单栏中的“图表选项”命令，弹出“图表选项”对话框，分别单击各个选项卡，在需要保留的选项复选框内选择，使之出现“√”，在不需要保留的选项复选框内选择，使之前面的“√”消失。

方法 2：选定图表，右击鼠标，弹出一快捷菜单，单击“图表选项”命令，弹出“图表选项”对话框，分别单击各个选项卡，在需要保留的选项复选框内选择，使之出现“√”，在不需要保留的选项复选框内选择，使之前面的“√”消失。

5. 格式化图表

（1）格式化标题

①右击图表标题，弹出一快捷菜单，单击“图表标题格式”选项，弹出“图表标题格式”对话框。

②在“图案”选项卡中，设置边框及标题区域的背景。

③在“字体”选项卡中，设置不同的字体、字型和其他效果。

④在“对齐”选项卡中，设置标题内容的对齐方式。

⑤设置完成，单击“确认”按钮。

（2）格式化坐标轴

①右击图表坐标轴，弹出一快捷菜单，单击“坐标轴格式”选项，弹出“坐标轴格式”对话框。

②在“图案”选项卡中，选择有无坐标轴和设置坐标轴的样式。

③在“刻度”选项卡中，设置坐标轴刻度的最大最小值及刻度间距。

④在“字体”选项卡中，设置坐标轴上文字的字体、字型和其他效果。

⑤在“数字”选项卡中，设置数据的显示方式。

⑥在“对齐”选项卡中，设置数据的对齐方式。

⑦设置完成，单击“确认”按钮。

（3）格式化网格线

①右击图表网格线，弹出一快捷菜单，单击“网格线格式”选项，弹出“网格线格式”对话框。

②在“图案”选项卡中，设置网格线线型格式及颜色。

③在“刻度”选项卡中，设置网格的最大最小值及刻度间距。

④设置完成，单击“确认”按钮。

（4）格式化图例

①右击图表图例，弹出快捷菜单，单击“图例格式”选项，弹出“图例格式”对话框。

②在“图案”选项卡中，选择图例的背景色和是否有阴影。

③在“字体”选项卡中，设置图例中文字的字体、字型和其他效果。

④在“位置”选项卡中，设置图例在整个图表中的位置。

⑤设置完成，单击“确认”按钮。

（5）格式化数据标志

①右击图表数据系列，弹出一快捷菜单，单击“数据系列格式”选项，弹出“数据系列格式”对话框。

②分别在该对话框的各个选项卡中选择相应的选项，进行设置。

③设置完成，单击“确认”按钮。

（6）格式化数据表

①右击整个图表，弹出一快捷菜单，单击“图表区格式”选项，弹出“图表区格式”对话框。

②在“图案”选项卡中，设置整个图表的背景色和是否有阴影。

③在“字体”选项卡中，设置整个图表的文字的字体、字型和其他效果。

④在“属性”选项卡中，设置图表的位置、打印和保护等。

⑤设置完成，单击“确认”按钮。

八、数据的管理

1. 数据的排序

（1）利用排序命令

①选择数据工作表的单元格或单元格区域（前者对整个数据工作表排序，后者对选定区域排序）。

②选择“数据”菜单中的“排序”菜单命令，弹出“排序”对话框。

③单击“主要关键字”的列表箭头，从中选择作为主要关键字的字段名，再选择“递增”或“递减”选项决定排序方式。

④为确定主关键字相同的情况下的排序原则，可在“次要关键字”列表框中选择辅助排序关键字，选择“递增”或“递减”排序方式。同理，可设置“第三关键字”。

⑤如果排序数据中含有标题且不参加运算，应选择“当前数据清单”栏中的“有标题行”选项。

⑥若还需要进一步设置排序规则，可单击“排序”对话框中的“选项”按钮，弹出“排序选项”对话框，其中，可设置“区分大小写”、“按列排序”、“按行排序”、“字母排序”和“笔画排序”等。

⑦设置完成，单击“确认”按钮。

（2）利用工具栏中的排序按钮进行排序

常用工具栏中有“升序”、“降序”两个按钮，可按某个字段排序，先选取该字段的任一单元格，再按“升序”或“降序”按钮。

2. 数据的筛选

（1）自动筛选

自动筛选只能将筛选结果在原数据区域中显示出来，将不符合条件的数据隐藏起来。

自动筛选的方法为：

①单击数据工作表的任一单元格。

②选择“数据”菜单中的“筛选”菜单命令，在弹出级联菜单中选择“自动筛选”命令。

③单击需筛选的多个字段的筛选箭头，根据题目要求选择筛选条件。自动筛选筛选条件有：“全部”、“前 10 个”、“自定义”和一些固定值数据。其中若选择“自定义”，可弹出“自定义筛选方式”对话框，根据要求输入自定义条件。若选择“全部”择将该字段所有的数据都显示出来，但筛选箭头仍旧存在。

④筛选结束后，满足条件的记录在原有的数据区域中显示出来，而其他数据隐藏起来。

（2）高级筛选

①高级筛选条件的输入

筛选条件由字段名和条件表达式组成。

a. 在输入高级筛选条件时，筛选字段必须从表中的字段名复制，避免因手写输入造成条件区字段名和数据区字段名不同。

b. 条件表达式可以用数值、数值表达式、公式和函数来表示。

利用高级筛选建立多个条件筛选时，在同一行表示几个条件同时满足（“与”的关系），不同行表示只要满足其中一个条件皆可（“或”的关系）。

②高级筛选的操作方法

a. 在工作表数据区旁至少空一行或一列的位置处输入筛选条件。

b. 选择“数据”菜单中的“筛选”菜单命令，在弹出级联菜单中选择“高级筛选”命令，弹出“高级筛选”对话框。

c. 若在原有区域中显示筛选结果，在“方式”中选择“在原有区域显示筛选结果”；若要看到显示结果的同时看到原有数据，则选择“将筛选结果复制到其他位置”。

d. 在“数据区域”填入要筛选的数据区域（可用文本框后面的折叠对话框拾取）。

e. 在“条件区域”填入要筛选的条件区域（可用文本框后面的折叠对话框拾取）。

f. 若在“方式”中选择“在原有区域显示筛选结果”，则“复制到”及旁边的文本框是不可编辑的；选择“将筛选结果复制到其他位置”，则在“复制到”旁边的文本框填入要复制到的区域。

g. 若原有数据有重复记录，可根据需要在“选择不重复的记录”前选择复选“√”。

h. 单击“确认”按钮。

3. 数据的分类汇总

分类汇总可分解为两步：一是分类过程，按照分类字段排序的过程；二是汇总过程。分类汇总方法为：

（1）按照分类汇总的分类字段对数据进行排序，升序降序均可，从而使字段值相同的记录集中在一起。

（2）选择“数据”菜单中的“分类汇总”菜单命令，弹出“分类汇总”对话框。

（3）在“分类字段”列表框中给出了要分类汇总的数据清单的所有字段名，从中选择一个字段作为分类汇总字段。

（4）在“汇总方式”列表框中列出了许多统计用的函数，从中选择一种。

（5）选择“选定汇总项”列表框中的字段名。

（6）单击“确认”按钮。

分类汇总结果的左侧，可以看见“1”、“2、”“3”三个按钮，在这三个按钮的下面还有“+”“-”按钮。单击“1”按钮，表示仅显示总的汇总结果。单击“2”按钮，表示仅显示分类汇总结果和总的汇总结果。单击“3”按钮，表示显示全部的数据。单击“+”按钮，可以隐藏部分数据，单击“-”按钮，可以将隐藏的数据显示出来。

4. 数据透视表

数据透视表将数据的排序、筛选和分类汇总三个过程结合起来，通过转换行和列查看源数据的不同汇总结果，可以显示不同页面以筛选数据，还可根据需要显示所选区域中的明细数据。

（1）创建数据透视表

①单击“数据”菜单中的“数据透视表和图表报告”，弹出“数据透视表和数据透视图向导 - 3 方法之 1”对话框，在“请指定待分析数据的数据源类型”选择“Microsoft Excel 数据清单或数据库”，在“所需创建的报表类型”中选“数据透视表”，单击“下一步”按钮。

②弹出“数据透视表和数据透视图向导 - 3 方法之 2”对话框，选定创建数据透视表的数据源区域，单击“下一步”按钮。

③弹出“数据透视表和数据透视图向导 - 3 方法之 3”对话框。单击“版式”按钮，弹出“数据透视表和数据透视图向导 - 版式”对话框。分别将题目要求的“行字段”、“列字段”、“页字段”和“数据”移到相应的位置，并设置好“数据”的“汇总方式”，单击“确认”按钮。

④返回到“数据透视表和数据透视图向导 - 3 方法之 3”对话框，选择数据透视表的显示位置，单击“完成”按钮。

（2）修改数据透视表

修改数据透视表，即更改“行字段”、“列字段”、“页字段”、“数据”或“数据”的“汇总方式”。修改“行字段”、“列字段”、“页字段”、“数据”选项只需用鼠标将数据透视表中的字段数据拖出透视表，再将新的字段拖进数据透视表。修改“数据”的“汇总方式”只需用鼠标选中“数据项”，单击数据透视表工具栏的“字段设置”按钮，会弹出“数据透视表字段”对话框，更改“汇总方式”即可。

九、工作表和图表的打印

工作表和图表的打印，一般分三个步骤：（1）页面设置；（2）打印预览；（3）打印。

1. 页面设置

选择“文件”菜单中的“页面设置”命令，弹出“页面设置”对话框，该框包括页面、页边距、页眉/页脚和工作表四个选项卡。按照题目要求分别设置即可。

2. 打印图表的设置

若要单独打印图表，对图表进行页面设置。选中要打印的图表，单击“文件”菜单中的“页面设置”命令，弹出“页面设置”对话框，选择“图表”选项卡，科举题目要求进行设置。

3. 打印区域的设置

在 Excel 2000 中可设置打印区域。方法 1：在工作表中选取需要打印的单元格区；方法 2：单击“文件”菜单，选择“打印区域”命令，在弹出的级联菜单中选择“设置打印区域”子命令，Excel 2000 会把选取的区域设置为打印区域。若取消打印区域，单击“文件”菜单，选择“打印区域”命令，在弹出的级联菜单中选择“取消打印区域”子命令即可。

4. 分页预览

单击“试图”菜单中的“分页预览”命令，进入分页预览视图，自动显示含有表格数据的页面，其中白色部分为需要打印的部分。在现实的页面的边缘移动鼠标指针，当指针形状变为双方向箭头时，按住鼠标左键并拖动到希望打印的区域，直至满意为止。

取消分页预览视图，可单击“视图”菜单下的“普通”命令即可将当前的页面显示状态转为“普通”视图。

5. 打印预览

页面设置完成后，一般先选择“文件”菜单下的“打印预览”命令，通过屏幕查看设置效果，并进行必要的调整。

6. 打印

打印预览达到满意效果后，开始打印。打印的方法有：

方法 1：选择常用工具栏上的“打印”按钮。

方法 2：选择“文件”菜单中的“打印”命令。

方法 3：在“页面设置”对话框中单击“打印”按钮。

方法 4：在“打印预览框”中单击“打印”按钮。

第 5 章　PowerPoint 2000

实验十　PowerPoint 基本操作

一、课前准备

1. 进入 ftp：\\ server，在本班目录下查看上节课实验成绩，对自己错误部分进行分析修改。

2. 下载 ftp 中自己的学号文件夹到 E 盘，并下载 ftp 根目录下“实验所需文件”文件夹中“pptt”文件夹到 E 盘。

二、大纲要求

1. PowerPoint 应用程序的基本操作

（1）PowerPoint 应用程序的启动与退出。

（2）创建新演示文稿操作。包括：选择模板、版式、添加幻灯片，以及文本的编辑，图片、图表的插入，视图的使用。

（3）打开、浏览、保存和关闭演示文稿操作。

（4）幻灯片的插入、移动、复制和删除操作。

（5）多媒体对象的插入、幻灯片格式的设置、演示文稿的打包和打印。

2. 加入动画效果

（1）为幻灯片中的对象预设或自定义动画效果。

（2）对幻灯片的切换设置动画效果。

（3）插入超级链接。包括：设置“动作按钮”和“超链点”。

三、实验目的

1. 掌握 PowerPoint 的启动、退出

2. 掌握工作界面的组成

3. 掌握幻灯片版式、模版的选用（背景的设置）

4. 掌握文字的录入（位置、格式）
5. 掌握图形、表格、声音等对象的添加
6. 掌握幻灯片上对象的动画效果设置、幻灯片切换时动画效果的设置
7. 掌握超链接的使用方法

四、实验题目

（一）基本题目要求

1. 启动 PowerPoint 方法：1）从开始菜单程序组快捷方式启动；2）通过打开现有 PowerPoint 文件启动

2. 打开 pptt 文件夹中的“Powpit 练习 . ppt”进行如下编辑操作：

（1）幻灯片编辑

将最后一张幻灯片，调整为第四张幻灯片，并将 pptt 文件夹下的“netc. jpg”插入到此幻灯片中。

（2）幻灯片链接

将第二张幻灯片中的文本框“计算机网络课程的特点”链接到第三张幻灯片，鼠标单击动作。

（3）幻灯片动画

①动作按钮：在第六张幻灯片的右下角插入一个“动作按钮”。

选择样式：自定义，高 2 厘米、宽 3 厘米，添加文字“返回”、隶书、字号 36。

动作设置：链接到“第二张”幻灯片，鼠标单击时动作。

②设置动画：在第二张幻灯片中操作。

标题 1：动画顺序为 1，在前一事件 2 秒后启动；从底部飞入，动画播放后不变暗。

文本 2：动画顺序为 2，单击鼠标时启动；从右侧飞入，动画播放后不变暗。

最后将此演示文稿以原文件名存盘。

（二）补充题目要求

打开 pptt 文件夹下的“研讨会 . ppt”文件，进行如下操作：

1. 在第一张幻灯片的前面插入一张新的幻灯片，版式为“标题幻灯片”，在标题框中输入文字“2007 计算机文化基础实践教学研讨会”，设置为楷体，66 磅字；在副标题位置输入文字“研讨符合里仁学生的计算机文化基础的教学大纲与实验教学方法”设置为宋体，32 磅字。适当调整文本，使效果达到最佳。

2. 将 pptfj 文件夹下的“insert. ppt”中的 4 张幻灯片全部插入到倒数第二张幻灯片的前边；将 pptfj 文件夹下的图片“文件夹 . jpg”插入到倒数第三张幻灯片中，图片大小：高度 13. 24 厘米，宽度 19. 27 厘米，图片位置：水平距左上角 2. 54 厘米，垂直距左上角 2. 96 厘米。

3. 设置全部幻灯片的切换效果为“盒状展开”、“中速”，声音为“风铃”。

将最后一张幻灯片的背景设置为预设中的“雨后初晴”，底纹样式“横向”，变形中的第一种。

4. 将最后一张幻灯片的动画效果设置为：标题 1 设置为水平百叶窗，单击鼠标时动作；文本 2 自左侧飞入，单击鼠标时动作。

最后将此演示文稿以原文件名存盘。

（三）提高题目要求

1. 设计一版式为“文本与图表”的幻灯片，然后将此幻灯片版式改成左右互换的形式。

2. 打开 pptt 文件夹下的“研讨会 . ppt”文件，添加编号；给最后一张幻灯片加“返回首页”按钮。

3. 为幻灯片插入背景音乐。

4. 把“研讨会 . ppt”文件另存到 D 盘根目录下；打包到 D 盘，放映。

五、基本题目操作方法

1. 启动 PowerPoint

（1）从开始菜单程序组快捷方式启动

单击“开始”按钮，打开“开始”菜单→“程序”→选择 Microsoft PowerPoint，此时开始启动 PowerPoint 2000 并显示新建及打开演示文稿对话框，如图 5－1 所示。

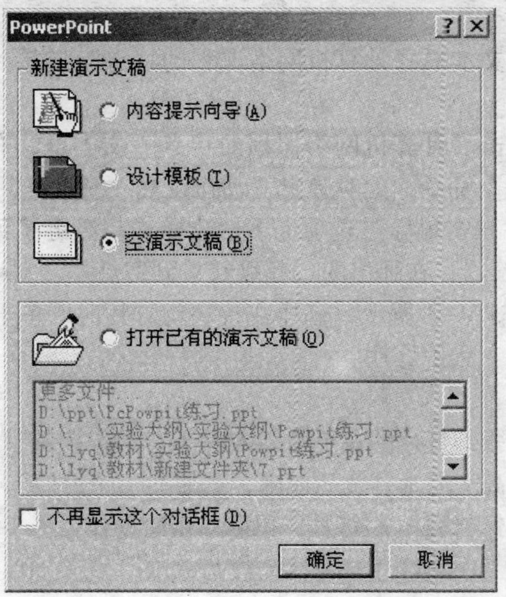

图 5－1　新建及打开演示文稿对话框

（2）通过打开现有 PowerPoint 文件启动

在“我的电脑”或“资源管理器”窗口中双击任意一个 . ppt 文件。

2. 对“Powpit 练习 . ppt”进行编辑操作

启动 PowerPoint。在 PowerPoint 2000 窗口的“文件”菜单中选择“打开”命令；也可以直接单击“打开”按钮；弹出打开对话框，在其中选择“Powpit 练习 . ppt”演示文稿，或者在“我的电脑”或“资源管理器”窗口中双击“Powpit 练习 . ppt”，则可显示该演示文稿并进行编辑、修改等操作。

（1）幻灯片编辑

将最后一张幻灯片，调整为第四张幻灯片，并将 pptt 文件夹下的“netc. jpg”插入到此幻灯片。

通常用下面两种方法来调整幻灯片位置：在左视图窗口中，右击最后一张幻灯片，在弹出的菜单中选择“剪切”，选中第三张幻灯片，右击菜单中选择“粘贴”。另一种用鼠标拖动的方法，直接左键拖动最后一张幻灯片，到第三张后释放鼠标，完成位置的调整。

选定当前第四张幻灯片，在“插入”菜单中选取“图片”命令。根据图片的来源，可在图片子菜单中选取一个命令，如“来自文件”或“剪贴画”，这里选择“来自文件”，此时弹出“插入图片”对话框。在“查找范围”的下拉框中找到 pptt 文件夹，双击“netc. jpg”完成图片的插入。根据幻灯片的布局，缩放图片的大小并将其移动到适当位置（中部）。

（2）幻灯片链接

将第二张幻灯片中的文本框“计算机网络课程的特点”链接到第三张幻灯片，鼠标单击动作。

在第二张幻灯片中单击“计算机网络课程的特点”文本框，右击其边框，在弹出的快捷菜单中选择“动作设置”命令，此时弹出“动作设置”对话框，如图 5 – 2 所示。

在“动作设置”的“单击鼠标”选项卡下，选择“超级链接到”单选框，之后在下拉列表框中选择“幻灯片……”，在弹出的“超级链接到幻灯片”对话框中选择第三张幻灯片标题，单击“确定”，如图 5 – 3 所示。这样在放映幻灯片时，单击“计算机网络课程的特点”文本，就会链接到第三张幻灯片。

（3）幻灯片动画

①动作按钮：在第六张幻灯片的右下角插入一个“动作按钮”。

选择样式：自定义，高 2 厘米、宽 3 厘米，添加文字“返回”、隶书、字号 36。

动作设置：链接到“第二张”幻灯片，鼠标单击时动作。

选中第六张幻灯片为当前幻灯片，在“幻灯片放映”菜单下单击“动作按钮”菜单项，级联菜单里选择“动作按钮 自定义”项，如图 5 – 4。在幻灯片的右下角单击鼠标，完成插入。

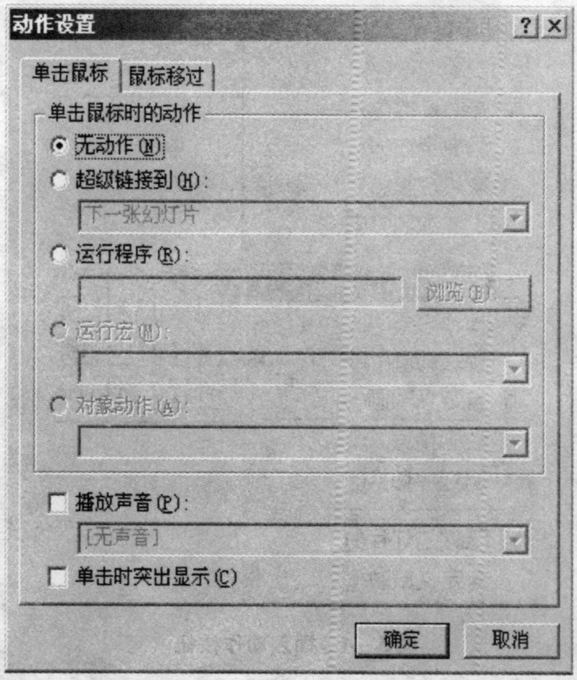

图 5-2　“动作设置”对话框

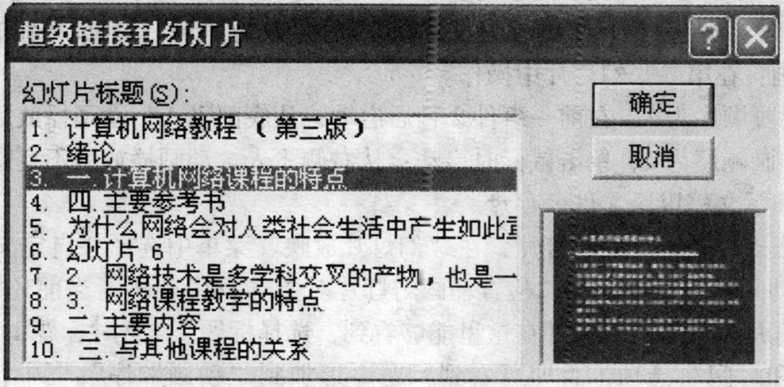

图 5-3　“超级链接到幻灯片”对话框

在弹出的“动作设置”对话框的“单击鼠标”选项卡下，选择“超级链接到”单选框，之后在下拉列表框中选择“幻灯片……”，在弹出的“超级链接到幻灯片”对话框中选择第二张幻灯片标题，单击“确定”。

双击该动作按钮，或者右击选择“设置自选图形格式”菜单命令，弹出“设置自选图形格式”对话框，点击“尺寸”选项卡，设置高 2 厘米、宽 3 厘米，单击“确定”。

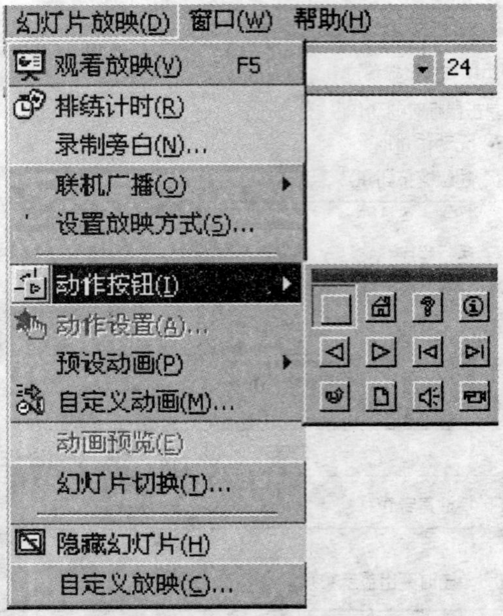

图 5－4　插入动作按钮

再次右击该动作按钮，在弹出的菜单中选择“添加文本”菜单命令，输入文字“返回”，选中这两个字，处于高亮状态，工具栏处（或“格式”菜单下“字体”菜单命令或右击选择“字体”菜单命令）字体改为“隶书”，字号改为“36”，完成按钮的样式设置。

②设置动画：在第二张幻灯片中操作。

标题 1：动画顺序为 1，在前一事件 2 秒后启动；从底部飞入，动画播放后不变暗。

文本 2：动画顺序为 2，单击鼠标时启动；从右侧飞入，动画播放后不变暗。

最后将此演示文稿以原文件名存盘。

选中第二张幻灯片为当前幻灯片，在“幻灯片放映”菜单中选择“自定义动画”命令，打开“自定义动画”对话框，在“检查动画幻灯片对象”框中列出了当前还没有设置动画的对象，该幻灯片中所有的对象都在这里能够看到，选择标题 1，这时标题 1 高亮显示，然后单击“顺序和时间”选项卡，即可看到标题 1 追加到“动画顺序”框中，顺序号为 1，“启动动画”处设置“在前一事件后”，时间改为 2 秒，如图 5－5 所示。

单击“效果”选项卡，在“动画和声音”下拉列表框中列出了各种动画效果，从中选择一种，如图 5－6 所示，即将标题 1 设置成从底部飞入，动画播放后不变暗。

在“检查动画幻灯片对象”框中单击文本 2，在“顺序和时间”选项卡下，即可看到文本 2 动画序号为 2，启动动画时间默认为“单击鼠标时”，再单击“效果”选项卡，设置动画效果为从右侧飞入，动画播放后不变暗。

这样依次对所有对象设置动画效果后，单击“确定”按钮，即完成了动画设置。最后保存文件。

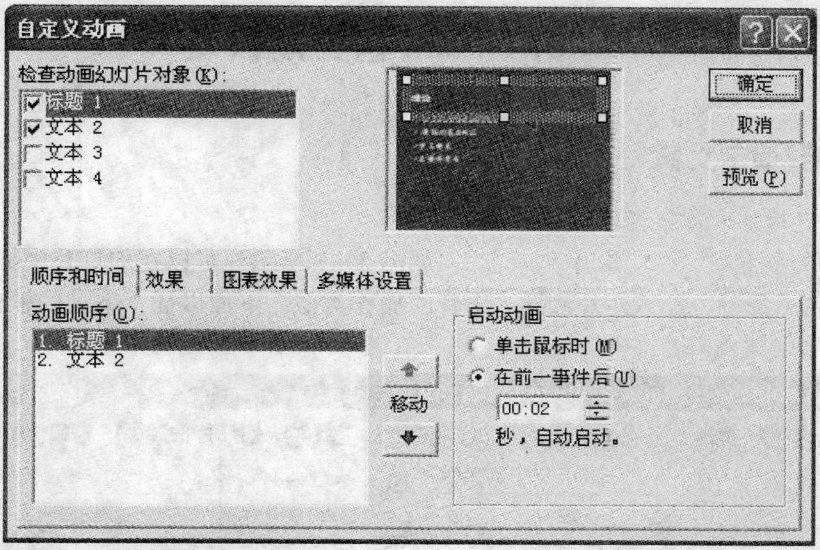

图 5－5　“自定义动画”对话框

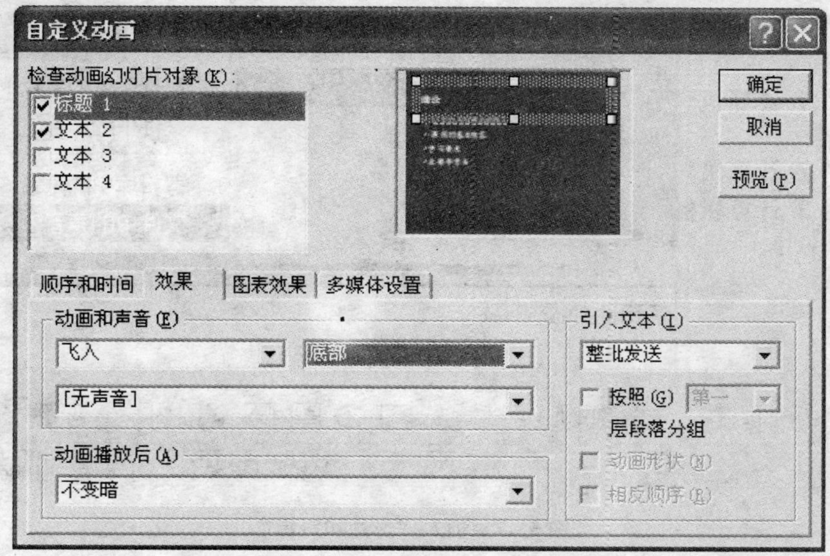

图 5－6　动画效果的设置

提示：对于补充和提高部分的题目的操作请参考本章相关操作知识或教材自行完成。

PowerPoint 相关知识

一、调整演示文稿

1. 给幻灯片加入背景音乐

选择菜单“插入”→“影片和声音”，如图 5－7 所示。可以在幻灯片中插入剪辑库或文件中的声音或影片，插入影片和插入声音的操作类似。下面以插入下载的歌曲文件为例，练习在幻灯片中插入声音文件。

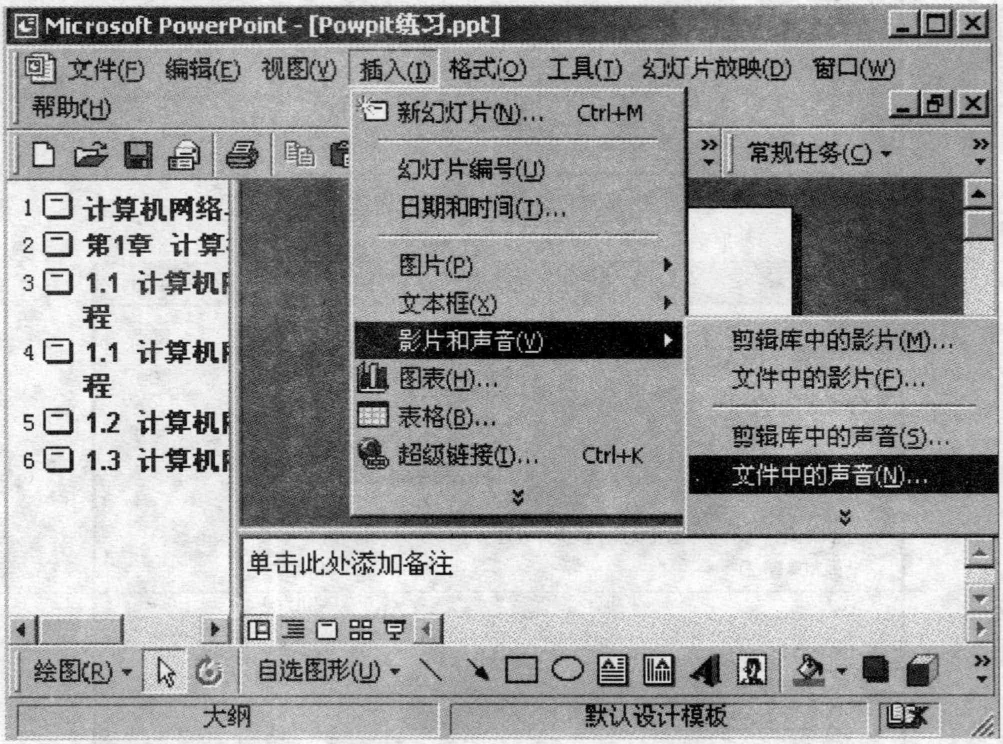

图 5－7　插入“影片和声音”

下载一首歌曲保存到磁盘上，选择菜单“插入”→“影片和声音”→“文件中的声音”，在弹出的“插入声音”对话框中找到声音文件，单击“确定”，屏幕弹出如图 5－8 所示的对话框，根据设计需要进行选择。

插入声音文件后，幻灯片上会显示一个小喇叭图标，双击它可以预听声音效果。

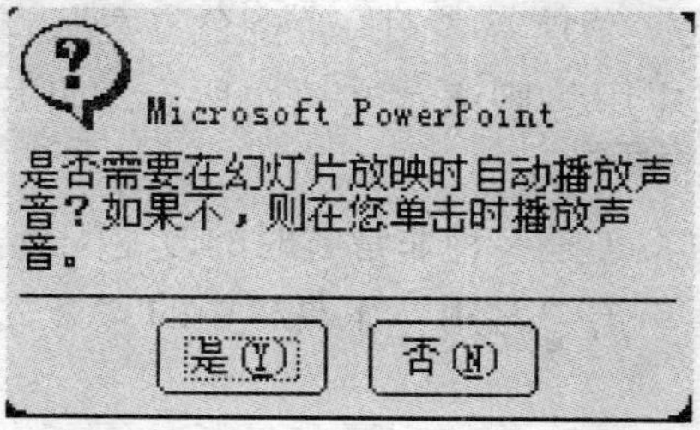

图 5－8　“是否自动播放声音”对话框

2. 套用设计模板

模板分为设计模板和内容模板两类。设计模板包含预定义的格式和颜色方案，而内容模板除此之外还有针对特定主题提供的建议性内容。

选择“文件”菜单下的“新建”，弹出“新建演示文稿”对话框，如图 5－9 所示。

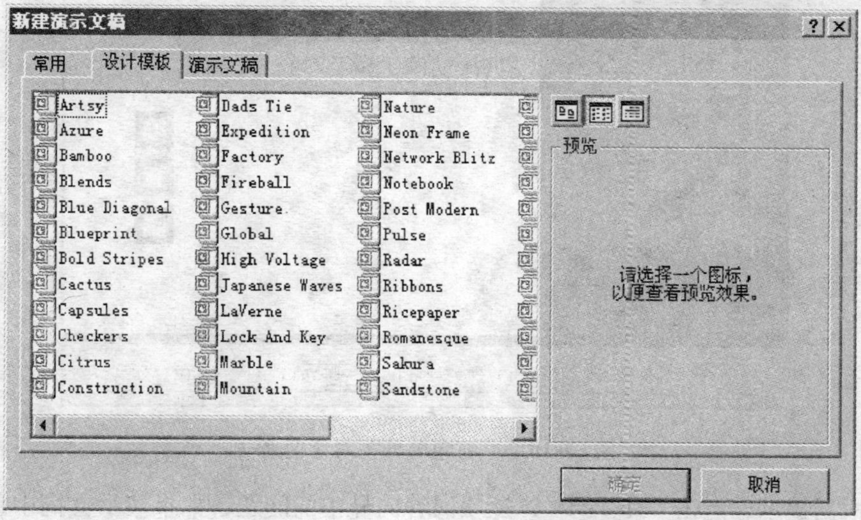

图 5－9　“新建演示文稿”对话框

在该对话框中“设计模板”选项卡是用来选择设计模板，而“演示文稿”选项卡是用来选择内容模板的。

在幻灯片文件中添加设计模板或修改设计模板样式，选择“格式”菜单下的“应用设计模板”，弹出“应用设计模板”对话框，选择相应的文件后点击“应用”。

应用设计模板会将模板中的所有格式和配色方案应用到当前演示文稿中，但不会清除原有母版上的图形。

3. 幻灯片使用配色方案

改变幻灯片的配色方案步骤如下：选定演示文稿的至少一张幻灯片或想要赋予不同配色

方案的幻灯片组。选择“格式”菜单→“幻灯片配色方案”，单击一种配色方案。单击“全部应用”或“应用”，“全部应用”则演示文稿中所有幻灯片同时改变配色方案，若单击“应用”，则只改变选定的幻灯片。

在幻灯片之间复制配色方案，是一种非常省时的改变配色方案的技巧，步骤如下：选定需要复制配色方案的幻灯片，单击“常用”工具栏中的“格式刷”，单击需要接受配色方案的幻灯片。

4. 幻灯片打包放映

制作完成的演示文稿，将其“打包”，可以脱离 PowerPoint 环境直接在其他计算机上进行演示。“打包”的方法如下：

（1）选择“文件”菜单→“打包”命令，打开打包向导第一个对话框，如图 5－10。

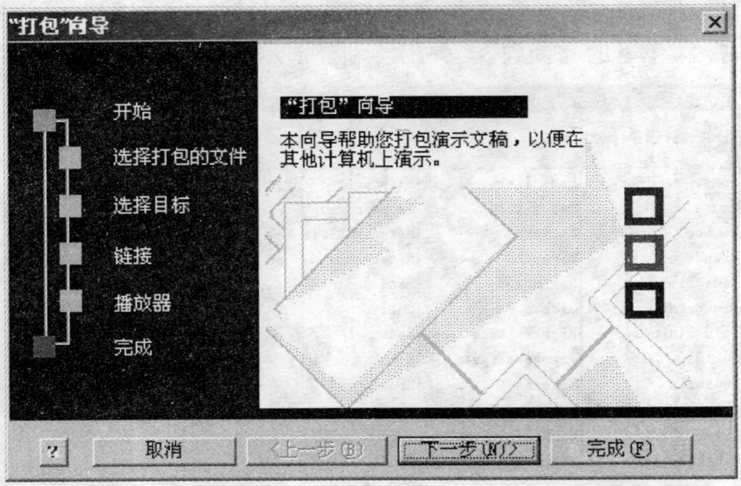

图 5－10　“打包向导”对话框之一

（2）根据提示，点击“下一步”，逐项回答向导中的问题，如果演示文稿中包含有链接的文件及设置了字体，应在“链接”对话框中设置“包含链接文件”和“嵌入 TrueType 字体”项。

（3）最后按“完成”按钮，完成操作。

如果使用打包的播放器文件，首先要释放播放器。使用资源管理器，在打包向导中指定的文件目录中，执行 Pngsetup. exe，它将释放播放器文件 Ppview32. exe。

运行播放器 Ppview32. exe，在打开的对话框中，选择或输入打包的演示文稿名，就可放映演示文稿。

5. 加入组织结构图

（1）在幻灯片版式中选择“组织结构图”版式，如图 5－11 所示，单击“应用”。

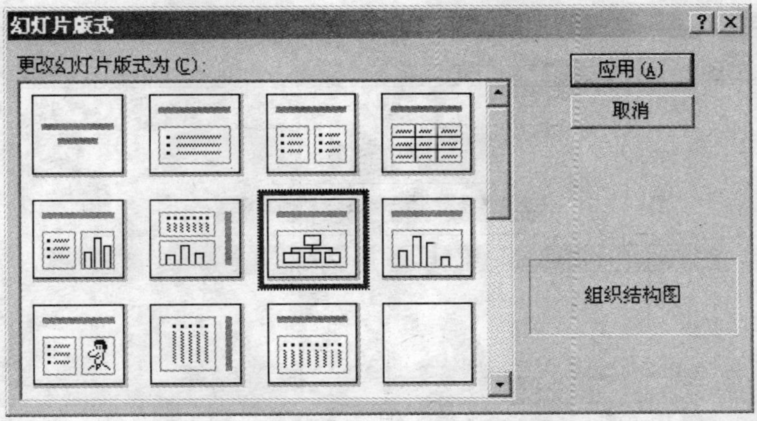

图 5－11　“幻灯片版式”对话框

（2）依次替换图中的预设数据，通过“部下”按钮，在“里仁学院”下增加各系：“机械”、“电气”、“电子”、“文法”、“经济管理”、“建筑与环境”，各图框内均为三号字体，得到如图 5－12 所示的组织结构图。

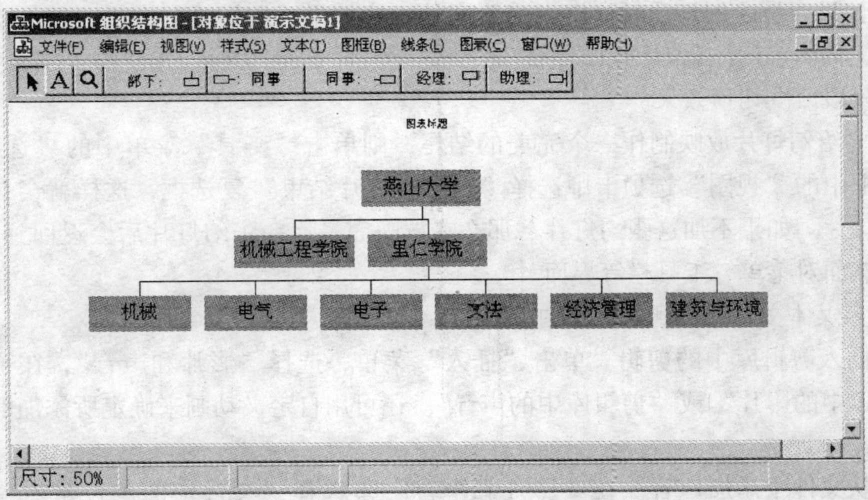

图 5－12　组织结构图一

（3）通过“右同事”按钮，在“里仁学院”右侧插入“材料学院”，完成如图 5－13 所示的组织结构图。

（4）对组织结构图添加标题，对标题及个图框的字体、样式、颜色、阴影等进行设置。

（5）选择“文件”菜单下的“退出并返回演示文稿”。

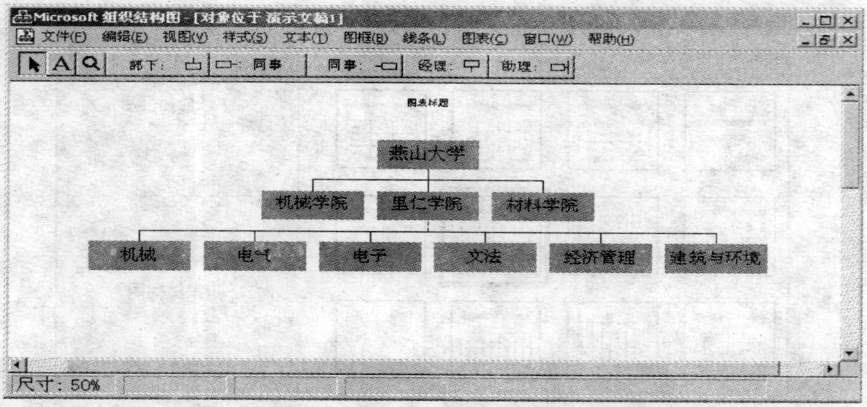

图 5－13　组织结构图二

二、进行生动的幻灯片放映

1. 基本的幻灯片切换效果

（1）如果在放映幻灯片时使用太多不同的切换效果，或切换的太慢，就可能会转移观众对演示文稿内容的注意力。因此，最好是选择尽可能快的切换，并使用一种效果，而仅在放映不同阶段改变切换效果。

（2）要给幻灯片放映制作一个完美的结尾，则单击“工具”菜单中的“选项”，在弹出的对话框中的“视图”选项卡中选择“以黑幻灯片结束”复选框，这样就会在结尾添加一张黑幻灯片。如果不加这张幻灯片，那么在放映完最后一张幻灯片后会返回到 PowerPoint 界面，突然面对菜单、工具栏等界面。

2. 把多媒体文件添加到幻灯片中

（1）插入剪辑库中的剪辑。单击“插入”菜单，选择“影片和声音”，在子菜单中选择“剪辑库中的影片”或“剪辑库中的声音”。还可用自定义动画来确定所添加的剪辑的放映次序。

（2）从文件中添加声音。在“影片和声音”里选择“文件中的声音”命令。在双击“插入声音”对话框中的声音文件之前，用右键单击声音文件，并在快捷菜单中选择“播放”即可试听该声音。

（3）添加 CD 乐曲。在“影片和声音”里选择“播放 CD 乐曲”命令。

（4）从文件中添加视频和影片。

3. 使幻灯片具有动画效果

（1）使用“动画效果”工具栏。

（2）使图表具有动画效果。选择“自定义动画”对话框的幻灯片对象列表中的图表，并单击“图表效果”选项卡。

4. 交互式放映幻灯片

“动作”按钮和“动作”设置可用于向幻灯片中添加按钮，通过单击这些按钮可切换到任一张幻灯片、放映视频、播放声音、跳转到一个互联网主页或启动另一个应用程序。

5. 添加注释

在普通视图和备注页视图的幻灯片中添加文本注释和备注页。放映时可以看到文本注释而看不到备注页，备注页只出现在普通视图中。

6. 醒目的标题幻灯片

标题幻灯片提示为新建的演示文稿添加一个标题和一个副标题。如图 5－14 所示的标题幻灯片。标题字体要更大、更醒目。

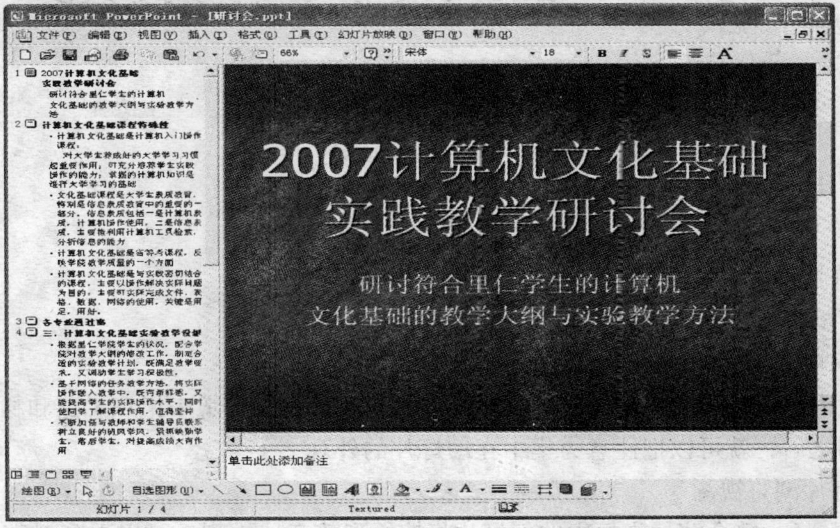

图 5－14　插入醒目的标题幻灯片

三、PowerPoint 视图

PowerPoint 提供了针对一篇演示文稿的多种视图：普通视图、幻灯片视图、大纲视图、幻灯片浏览视图、备注页视图和幻灯片放映视图。每一种视图都可以从演示文稿的不同角度来对其进行操作，而且在一个视图内做出的修改都会在其他视图中反映出来。

1. 普通视图

如图 5－15，可以看到三个分开的窗格。

左边的窗格以大纲的形式显示演示文稿中的文本内容，右边的窗格显示当前的幻灯片中所有的内容和设计元素。右边窗格下面的第三个窗格显示当前幻灯片的备注。

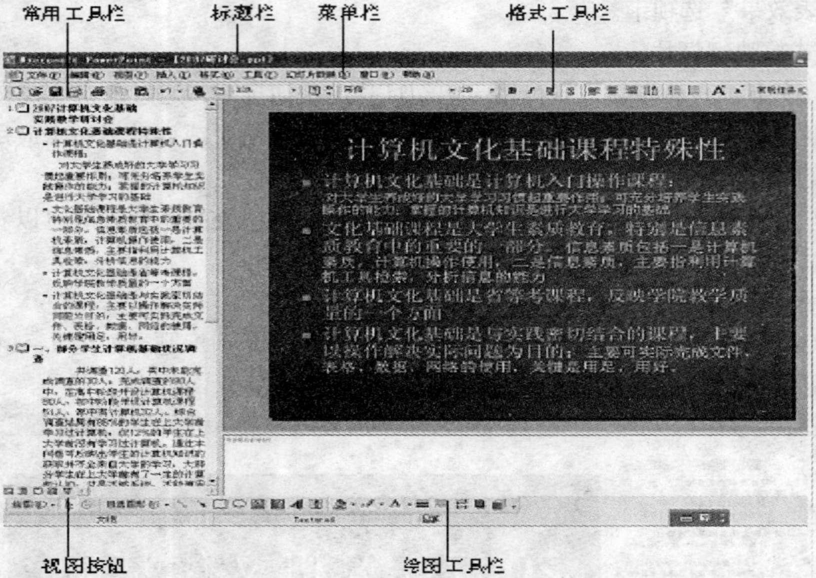

图 5－15　普通视图

2. 幻灯片视图

显示了幻灯片视图内的一张幻灯片。

3. 大纲视图

将注意力主要集中在演示文稿的文字上。提供了极好的环境来组织思路和材料，当切换到其他视图之后，就可以把注意力集中在幻灯片的外观上了。

4. 幻灯片浏览视图

如图 5－16，整个演示文稿中的幻灯片将按行列整齐地排列。可以看到对整个演示文稿的外观进行大规模改变之后的结果，可以复制、排列、删除多余的幻灯片。

5. 备注页视图

目的是编辑备注用的。幻灯片位于视图的上半部分，下面部分则为空白，在备注页视图中，可以看到简化了的幻灯片，还可以输入文字。

6. 幻灯片放映视图

不会显示单一静止的幻灯片，就如同投影仪一样，可以从头到尾地显示整个演示文稿中所有幻灯片。PowerPoint 和真正投影仪不同的是可以在幻灯片切换时添加一些特殊效果。如图 5－17，显示了幻灯片放映时，图标中的数据逐渐出现的情景（在“自定义动画”对话框下的“图表效果”选项卡下设置）。

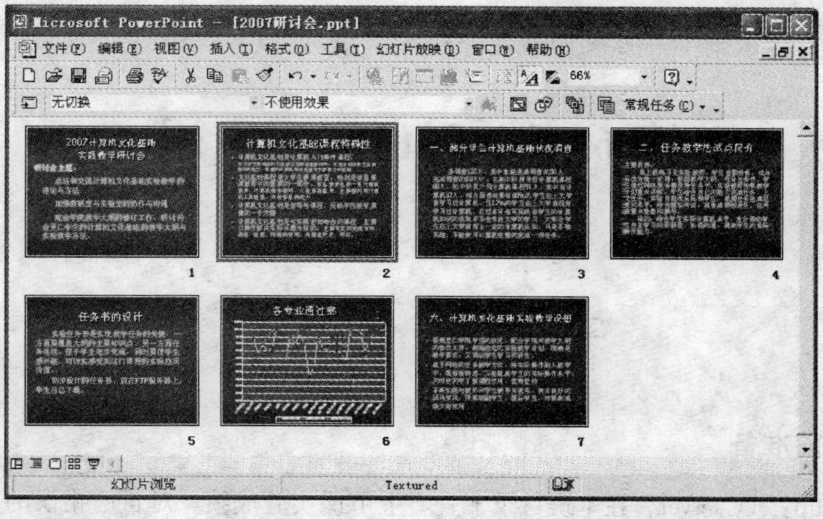

图 5－16　幻灯片浏览视图

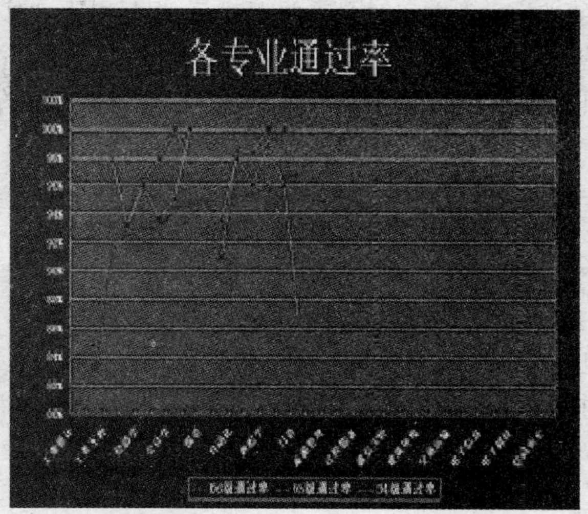

图 5－17　幻灯片放映视图显示图表中的各条数据按专业逐渐出现

第6章　Internet应用

实验十一　网页浏览

一、课前准备

1. 进入ftp：\\ server，在本班目录下查看上节课实验成绩。对自己错误的部分进行分析修改。

2. 下载ftp中自己的学号文件夹到E盘，并下载ftp根目录下“实验所需文件”文件夹中“net”文件夹到E盘。

3. 注意，所需视频文件在ftp根目录下“视频演示”中的相关文件夹中，需要时查看。

二、大纲要求

1. IE浏览器设置。包括：界面设置和Internet选项设置。
2. 页面浏览操作。包括：打开、浏览Web页。
3. 保存信息操作。包括：保存页面、部分文本、图片、链接页。
4. 收藏夹操作。包括：将Web页添加到收藏夹、整理收藏夹。
5. 搜索引擎的使用。包括：分类搜索和关键字搜索。
6. 页面的打印和脱机浏览。
7. 下载文件操作。

三、实验目的

1. 掌握IE浏览器的设置及操作方法。
2. 掌握网站浏览方法。
3. 掌握常用搜索引擎并下载所需文件。

四、实验题目

（一）基本题目要求

1. 用搜索引擎（google、baidu等）搜索燕山大学。

2. 浏览燕山大学网站：http：//ysu. edu. cn。

（二）提高题目要求

1. 把燕山大学网站添中到收藏夹。

2. 把燕山大学网站设置为起始页面。

3. 保存百度主页上的“baidu 百度”图片到你的学号下的net文件夹中，文件名为“baidu”。

4. 下载“金山毒霸”杀毒软件，并保存在你的学号下的net文件夹中。

五、操作方法

（一）基本题目操作方法

1. 用搜索引擎（google、baidu等）搜索燕山大学。

操作步骤：观察桌面图标，打开浏览器，在地址栏中输入http：//www. google. com，回车，就打开google页面，在高级搜索栏中输入“燕山大学”，单击“google搜索”按钮，如图6-1所示。搜索到关于燕山大学的超链接。用同样的方法使用baidu搜索燕山大学。

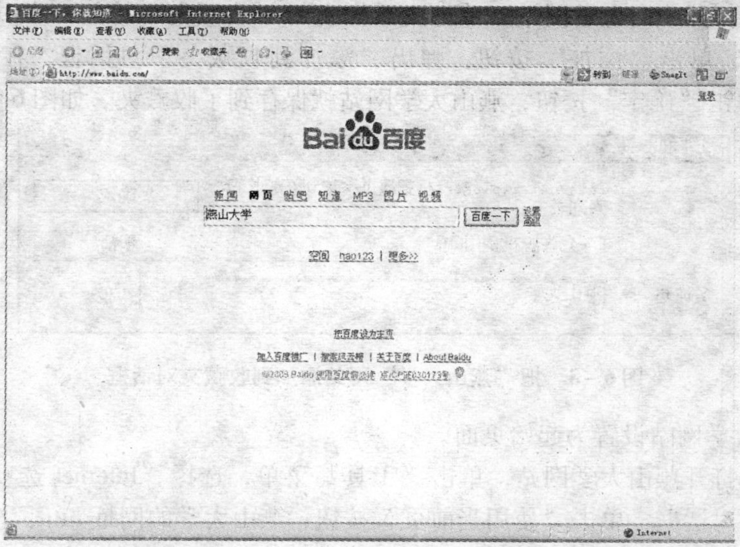

图6-1　google搜索引擎页面

2. 浏览燕山大学网站：http：//ysu. edu. cn。

操作步骤：打开浏览器，在地址栏中输入 http：//ysu. edu. cn 回车，就打开了燕山大学网站，如图 6－2 所示，从中可以链接到里仁学院。

图 6－2　燕山大学网站页面

（二）提高题目操作方法

1. 把燕山大学网站添中到收藏夹。

操作步骤：打开燕山大学网站，单击工具栏上的“收藏夹”按钮，在页面的左侧弹出“收藏夹”窗口，单击“添加”按钮，弹出“添加到收藏夹”对话框，在名称栏中输入“燕山大学”，单击“确定”按钮，燕山大学网站就保存到了收藏夹。如图 6－3 所示。

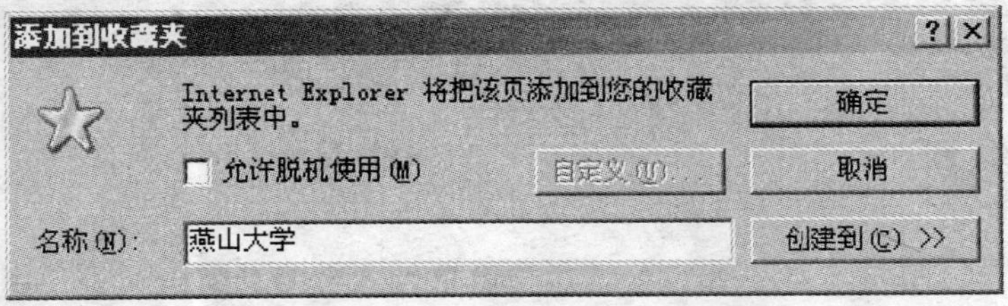

图 6－3　把“燕山大学”网站添加到收藏夹对话框

2. 把燕山大学网站设置为起始页面。

操作步骤：打开燕山大学网站，单击“工具”菜单，选择“Internet 选项”命令，弹出“Internet 选项”对话框，单击“使用当前页”按钮，燕山大学的网址 http：//ysu. edu. cn 就会添加到了地址栏。单击“确定”按钮，燕山大学就成了起始页。如图 6－4 所示。

3. 保存百度主页上的“baidu 百度”图片到你的学号文件夹下的 net 文件夹中，文件名为“baidu”。

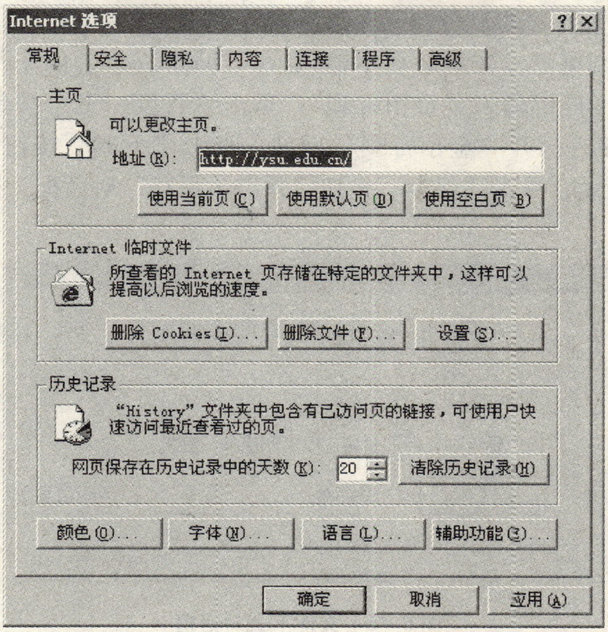

图 6－4　Internet 选项对话框

操作步骤：打开浏览器，在地址栏中输入 www. baidu. com，回车，打开百度主页，用鼠标右键单击“百度”图片，在弹出的快捷菜单中选择“图片另存为”命令，弹出“保存图片”对话框，在“保存在”框中，单击下拉按钮，找到你学号文件夹下的 net 文件夹，在“文件名”框中输入 baidu，单击“保存”按钮。如图 6－5 所示。

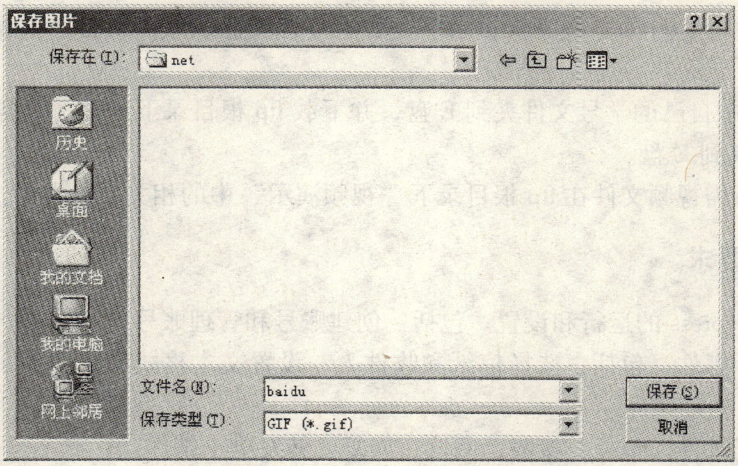

图 6－5　保存图片对话框

4. 下载“金山毒霸”杀毒软件，并保存在你的学号文件夹下的 net 文件夹中。

操作步骤：打开浏览器，在地址栏中输入 www. baidu. com，回车，打开百度主页，在“百度一下”左侧文本框中输入“金山毒霸”，单击“百度一下”按钮，在网页上会显示“金山毒霸”的超链接，打开“金山毒霸”网站，点击“下载”按钮，弹出“文件下载”对话框，如图 6 - 6 所示，单击“保存”按钮，弹出“保存”对话框，把“金山毒霸”保存到 net 文件夹中。

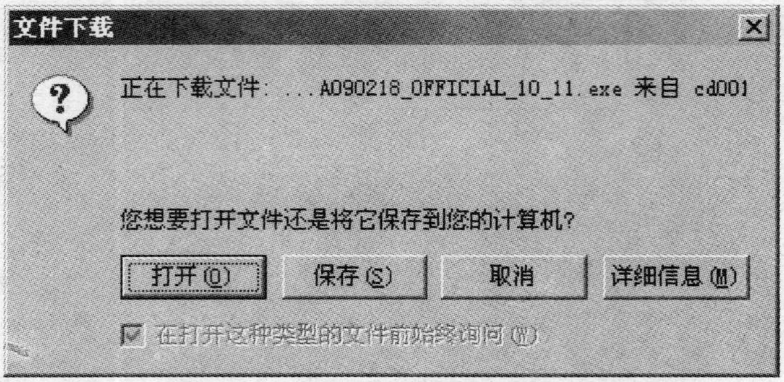

图 6 - 6　文件下载对话框

实验十二　电子邮件的使用

一、课前准备

1. 进入 ftp：\\ server，在本班目录下查看上节课实验成绩。对自己错误的部分进行分析修改。

2. 下载 ftp 中自己的学号文件夹到 E 盘，并下载 ftp 根目录下“实验所需文件”文件夹中“net”文件夹到 E 盘。

3. 注意，所需视频文件在 ftp 根目录下“视频演示”中的相关文件夹中，需要时查看。

二、大纲要求

1. Outlook Express 的运行和设置。包括：创建账号和管理账号。

2. 撰写电子邮件。包括：选择信纸和收件人、设置文本格式和优先级、插入附件、图片和超级链接等。

3. 收发电子邮件。包括：接收、阅读、回复、转发电子邮件。

4. 管理文件夹。包括：收件箱、发件箱、已发送邮件、已删除邮件和草稿文件夹。

5. 管理通讯簿。包括：添加联系人、创建联系人组，以及删除操作。

三、实验目的

1. 学会申请电子邮箱。
2. 学会使用电子邮件。

四、实验题目

(一) 基本题目要求

申请免费的电子邮箱，要求以学号@126. com 为邮箱地址。

(二) 提高题目要求

1. OE 的使用。要求：(1) 添加 Internet 账号；(2) 接收邮件；(3) 撰写新邮件并发送；(4) 邮件的回复和转发；(5) 邮件的管理。

2. 用自己的邮箱发送邮件给实验教师。

五、操作方法

(一) 基本题目操作方法

电子邮件（E-mail）是 Internet 上最基本、应用范围最广的重要服务。使用过 Internet 的用户几乎都或多或少地使用过电子邮件。电子邮件和我们通过邮局收发的信件从功能上讲没有什么不同，只是实现方式有所不同。电子邮件是在计算机上编写，通过计算机网络系统在用户之间传递电子格式的信件，不但速度快、成本低，还具有群发、附带文件等很多附加功能。与普通信件比，多媒体电子邮件不仅要以传送文本信息，而且可以传送声音视频等多种类型的文件。

与其他 Internet 应用一样，为在 Internet 上实现 E-mail 服务功能，必须在技术上具备通信协议，邮件服务器和客户端程序。

邮件服务器有两种类型：接收邮件服务器和发送邮件服务器。接收邮件服务器是将别人发送的 E-mail 暂时寄存，直到通过客户端程序从服务器上将邮件取到自己的计算机上；而发送邮件服务器负责将自己的 E-mail 发送到收信人的接收邮件服务器。通常接收邮件服务器和发送邮件服务器是在一台计算机上。

由于发送邮件服务器遵循的是简单邮件传输协议 SMTP，所以在应用中，尤其是客户端邮件的设置中称之为 SMTP 服务器。而多数接收邮件服务器遵循的是 POP3 协议，所以称之为 POP3 服务器。TCP/IP 体系的电子邮件系统规定电子邮件的地址的格式是：

<u>用户名@邮箱所在主机的域名</u>

其中，符号“@”，表示“在”的意思。用户名是收信人自己定义的字符串标识符。而且在服务器中必须是唯一的。

1. 申请免费的电子邮箱，要求以学号@126. com 为邮箱地址。

操作步骤如下：

用户要想使用电子邮件进行通信，首先申请一个自己的电子邮箱，仅以网易为例申请电子邮箱。首先运行 IE，在地址栏里输入 http：//www. 126. com，回车，打开网易网站，如图 6－7 所示。

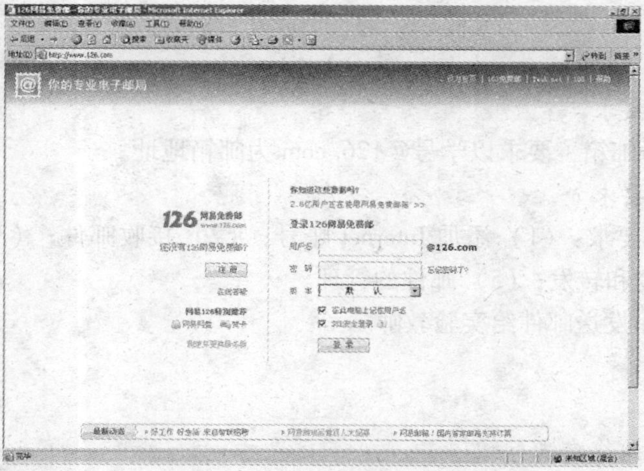

图 6－7　网易主页页面

点击页面左侧的“注册”按钮，出现如图 6－8 所示的页面。在“用户名”后的空白处，填入本人学号，由于，此网站的用户名要求开头必须是字母，所以可以在学号前加“LR”字样，单击“下一步”。如以前无人注册该电子邮箱，按页面的提示，输入信息，就可以申请到一个自己的邮箱。

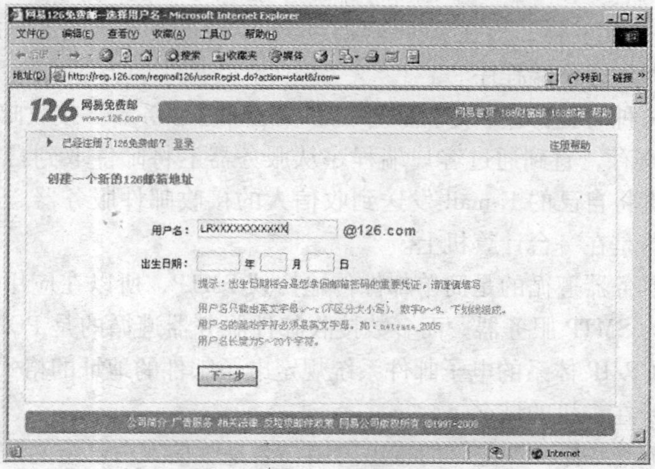

图 6－8　申请网易邮箱页面

(二) 提高题目操作方法

1. OE 的使用

操作步骤如下:

(1) 添加 Internet 账户。

①打开 OE，选择“工具”菜单中的“账户”，打开“Internet 账户”对话框。单击“添加”按钮，在右侧弹出的三个选项中选择“邮件”，启动“Internet 连接向导”对话框。如图6-9所示。

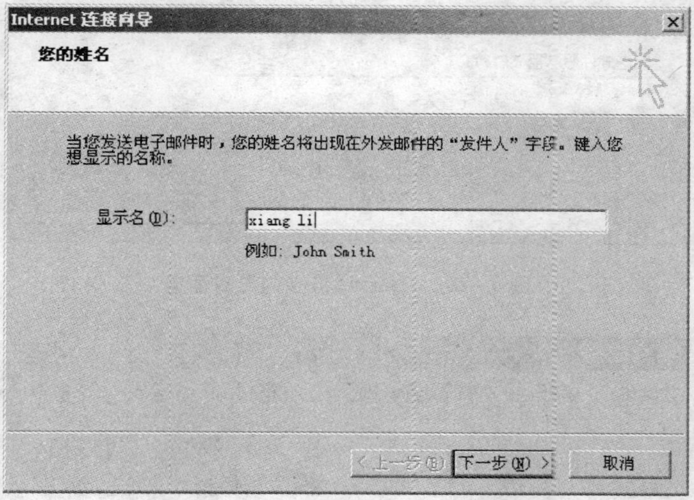

图6-9 Internet 连接向导对话框

②在“Internet 连接向导”对话框中，“显示名”框中输入，如 xiang li，在发送邮件时，这个名字将出现在“发件人”框中。

③单击“下一步”按钮，在新出现的“Internet 连接向导”对话框中，输入电子邮件地址 LRXXXXXXXXXX@126.com。单击“下一步”按钮，在新出现的“Internet 连接向导”对话框中，输入电子邮件服务器地址，如图6-10所示。

④单击“下一步”按钮，设置密码。再单击“下一步”按钮，单击“完成”按钮，就完成账户添加。在 Internet 账户管理对话框中的“邮件”选项卡内就会多出一个刚才添加的账户。

(2) 接收邮件。打开 OE 用户后，单击左侧的文件夹窗口中的“收件箱”，右侧邮件列表将显示所接收到的所有邮件，单击列表中的某一封邮件，则此邮件内容将在窗口下方显示。双击邮件，则此邮件将在新窗口中打开。

(3) 新邮件的撰写及发送。单击工具栏中“新邮件”按钮，打开新邮件的撰写窗口，如图6-11所示。在“收件人”和“抄送”框中输入每个收件人的电子邮件地址，不同的

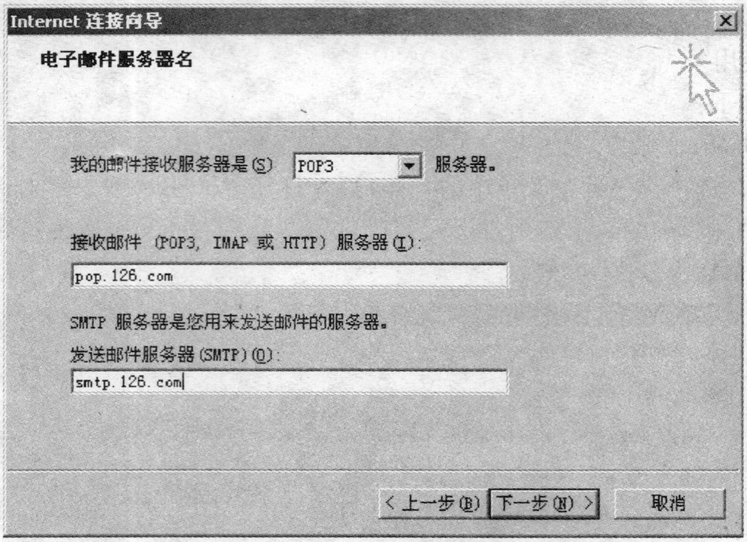

图 6－10 Internet 连接向导对话框

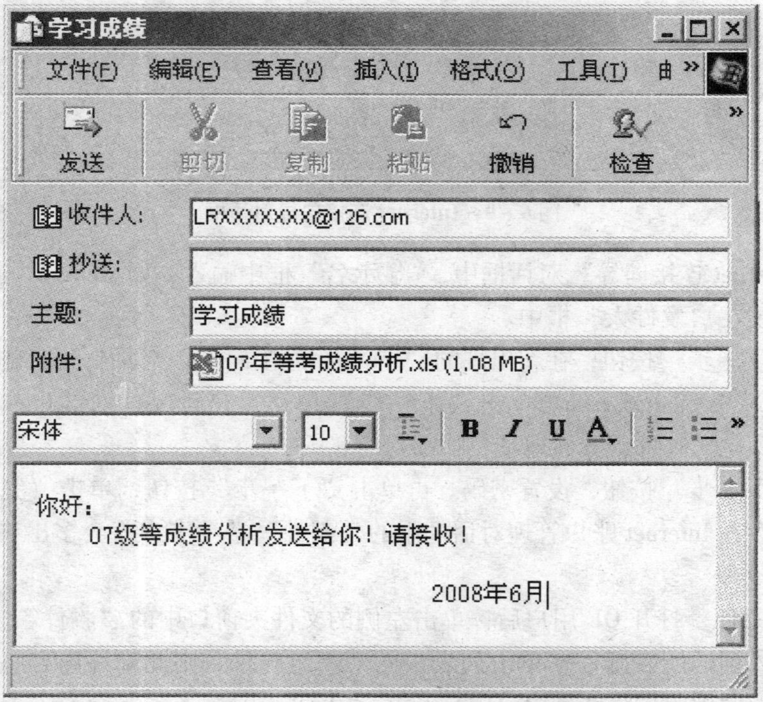

图 6－11 撰写新邮件对话框

电子邮件地址用逗号“,”隔开，“抄送”框的作用是将邮件发送给收件人框内的所有人。在“主题”框中输入邮件的标题。单击“附加”按钮，在弹出的文件选择对话框中，选择要附带的文件，如“07 级等考成绩 . xls 分析”。然后单击“附件”按钮，被选中的文件将以附件的方式随同邮件一并发送给收件人。最后单击“发送/接收”按钮后，邮件被发送出去。

（4）邮件的回复和转发。邮件在阅读后，还可以回复和转发。

①回复邮件：是在右侧窗口信件列表中选择需要回复的信件。单击工具栏的“回复作者”按钮或选择“邮件”下接菜单中的“答复发件人”命令，弹出回复邮件窗口，输入回复内容，其他的步骤和发送电子邮件方法相同。

②转发电子邮件：在右侧窗口信件列表中选择需要转发的信件。单击工具栏的“转发”按钮或选择“邮件”下接菜单中的“转发”命令，弹出转发邮件窗口，可以添加一些新的内容，也可以不加，然后按发送邮件的方法转发出去。

（5）邮件的管理。

① 删除邮件。邮箱使用一段时间后，会有很多邮件，占用空间，对于不再使用的邮件，可以将其从“收件箱”中删除。从邮件列表中选中要删除的邮件，单击工具栏中的“删除”按钮，或单击鼠标右键选择“删除”命令均可，此时被删除的邮件将放入“已删除邮件”文件夹。对“已删除邮件”文件夹的邮件再进行上述操作时，便将邮件彻底删除。

② 保存电子邮件。保存邮件是将电子邮件备份到扩展名为 . eml 的文件中。

你可以将邮件保存在其他地方。在阅读邮件时，选择“文件”菜单中的“另存为”命令，将弹出“邮件另存为”对话框，指定保存路径、文件名，文件类型要为 . eml，单击“保存”按钮，即可保存选中的邮件。

2. 用自己的邮箱发送邮件给实验教师

利用自己刚申请的电子邮箱给你的实验教师发送你的作业。

操作步骤如下：

（1）打开 IE，在地址栏中输入 http：//www. 126. com，回车，打开网易网站，如图 6－7 所示。在用户名栏输入你的用户名（即刚申请的邮箱，LRXXXXXXXXXX），在密码栏中输入密码，点击登录，就打开了你的邮箱。

（2）点击邮箱左侧的“写信”按钮，打开写信窗口，在“收件人”栏中写上老师的邮箱地址，如：lixiang@ 163. com，在“主题”栏写“学生 XXX 的作业”，在点击“附件”按钮，弹出“选择文件”对话框，找到你的作业，点击“确定”按钮，返回邮箱窗口，在写信编辑窗口写如下文字：

老师您好：

我是学生 XXX，把我的作业发给您，请您批改。谢谢！

学生 XXX

如图 6－12 所示：

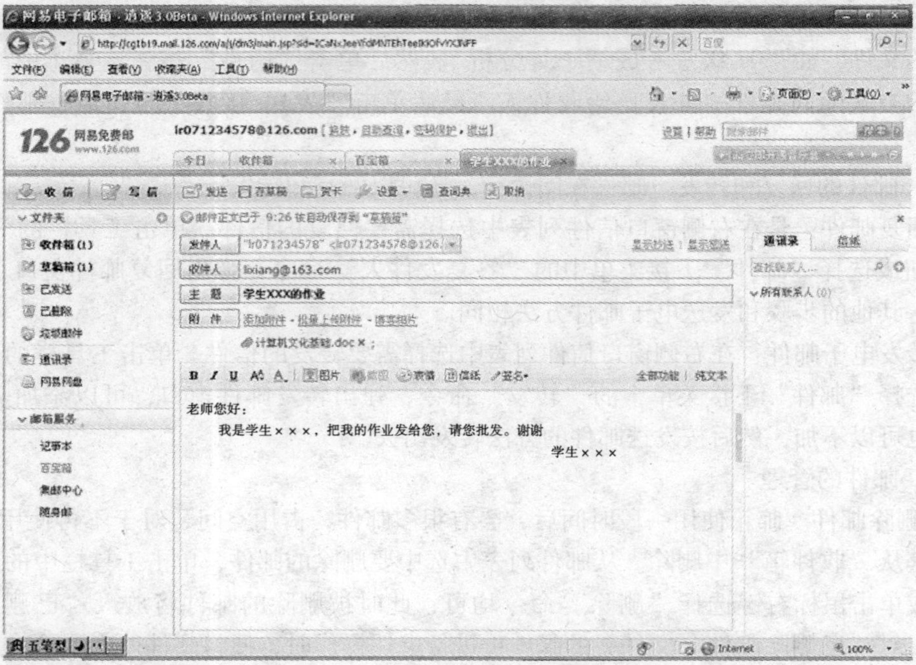

图 6－12　发送邮件窗口

（3）最后单击“发送”按钮，你的作业就发送给了老师。

Internet 应用相关知识

一、Internet 概述

1. Internet 的发展

Internet 最早可以追溯到 20 世纪 60 年代，美国空军为满足自己在分散基地之间建立及时、可靠的通信联系，委托 RAND 公司进行的研究项目，之后，美国国防部高级研究计划局 ARPA 接替研究，在计算机网络技术的发展中起到先导作用。20 世纪 80 年代初期，TCP/IP诞生，它是一种通信协议，1983 年，当 TCP/IP 成为 ARPANET 上的标准通信协议时，人们才认为真正的 Internet 出现了。1990 年 NFNET 取代了 ARPANET。1995 年后由美国商业供应商财团接管 Internet 架构。目前，根据不完全统计，有超过 200 个国家连接 Internet，范围从美国本土扩展到世界各地。

2. Internet 提供的服务

（1）www（信息查询服务），是应用最广的一种服务，用于查询社会、经济、政治、军事等时事信息，使用格式为 http：//主机名。

（2）E-mail（电子邮件），是用户在网上进行交流的通信手段。可以发送文字、图片等，其格式为：用户名@ 主机域名。

（3）Telnet（远程登录），是将一台计算机作为远程计算机的一个终端，使用远程计算机对外开放资源。访问格式为 telnet 主机名。

（4）FTP（文件传输），用于在计算机之间传输文件，从远程计算机传输文件到本地计算机叫下载，从本地机传输文件到远程计算机叫上传或上载。使用格式为 ftp：//主机名。我们的上机实验就是使用这个协议。

（5）信息检索，如果说浏览某个网页，可以直接将网址输入到地址栏中。但在很多情况下，我们并不知道所需信息的网址，这时，从网上获取信息的一个快捷方法是使用“搜索引擎”进行检索。

二、浏览器 IE 的使用

1. 浏览器窗口布局

IE 安装完成后，桌面上会自动生成快捷方式，用鼠标双击就打浏览器窗口界面，通过地址栏输入想要浏览的页面地址，如：http：//www. ysu. edu. cn（燕山大学主页地址）按下 Enter 键浏览器窗口右上角的 IE 标志就会转动起来，这表明浏览器已经开始工作了，建立连接后，服务器便向你所在的计算机发回所请求的页面文件。IE 浏览器窗口界面与一般 Windows 风格的窗口组成基本类似，如图 6－13 所示。

图 6－13　浏览器窗口

2. 保存页面信息

可以使用“文件”菜单的“另存为”命令将当前页面信息保存在本地机中。单击该命令后，在弹出的保存文件对话框中，选择准备用于保存页面文件的文件夹。在“文件名”框中输入该页面的文件名，单击“保存类型”下拉列表按钮，从中选取该文件的保存类型（“保存类型”下拉列表中有四种选择），然后单击“保存”按钮，将当前页面信息按指定类型和位置保存在本地机中。

3. 收藏夹的使用

若经常使用某些网站，每次输入网址很麻烦，可以将经常访问的网址添加到收藏夹，以后就可以在收藏夹中选择网址访问网站了。将网址添加到收藏夹有两种方法：一种是直接在打开的页面单击右键，弹出如图 6－14 的快捷菜单，选择“添加到收藏夹”，弹出添加收藏夹对话框，在名称栏里输入网页的名称，再点击“确定”按钮，把所需要的网址就添加到了收藏夹。另一种是打开需要收藏的网页，单击常用工具栏上的“收藏夹”按钮，在页面的左侧打开“收藏夹”窗口，如图 6－15 所示。再点击“添加”按钮，把所需要的网址就添加到了收藏夹。

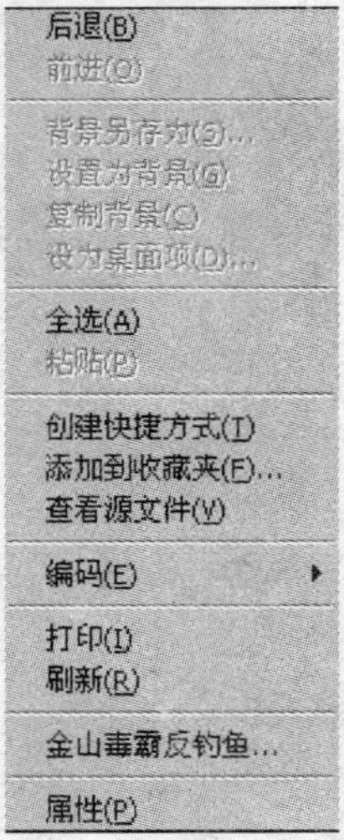

图 6－14　快捷菜单

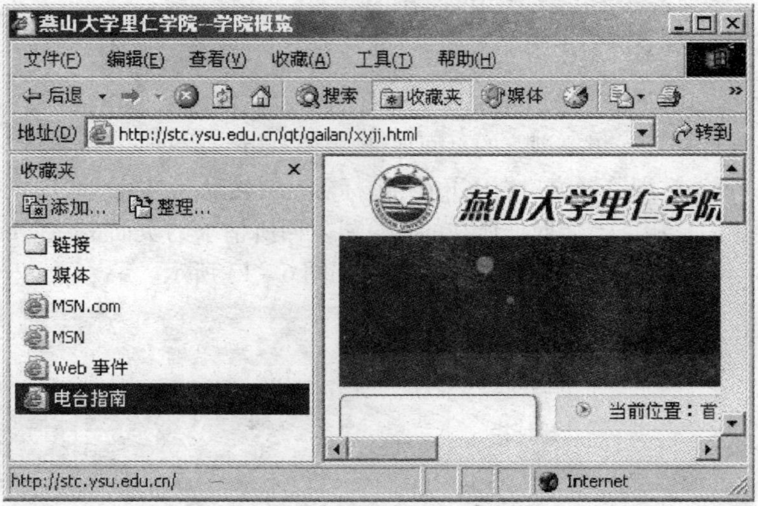

图 6－15　浏览器中收藏夹窗口

4. 文件下载

用“搜索”找到要下载的文件，此时它是超链接，用鼠标左键单击，出现如 6－16 所示的对话框，选择“保存”按钮，出现“另存为”对话框，此时需要注意的是：保存的位置、文件的名字及文件类型。

5. 搜索引擎

搜索引擎有很多，我们常用的如：百度（www. baidu. com）、google（www. google. com）

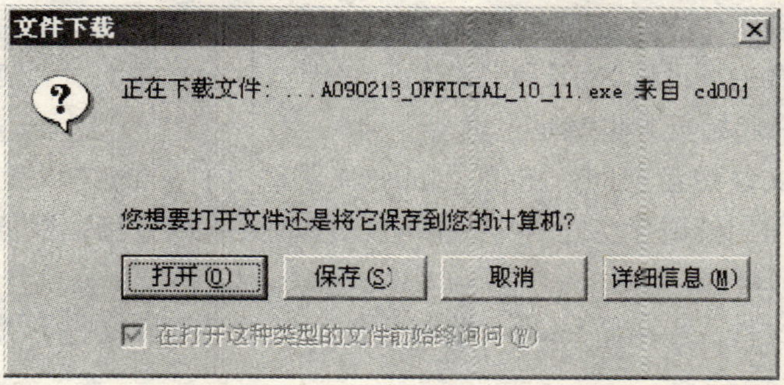

图 6-16 “文件下载”对话框

等。打开 IE 浏览器，在地址栏里输入：www. baidu. com 后回车，在搜索框里输入“里仁学院”，点击搜索或回车，在搜索结果中单击“里仁学院”的超链接，打开后保存网页。选择“文件”菜单，选择“另存为”命令，打开“保存网页”对话框，设置路径为 E：\ 学号\ net，文件名为“里仁学院”，保存类型为“WEB 页，全部”（即保存页面所有的图片、背景及其他嵌入页面的内容），单击“保存”按钮。

6. IE 浏览器的设置

（1）设置 IE 主页：浏览器主页就是打开 IE 后出现的页面。选择“工具”菜单下的“Internet 选项”命令，弹出“Internet 选项”对话框，如图 6-17 所示。

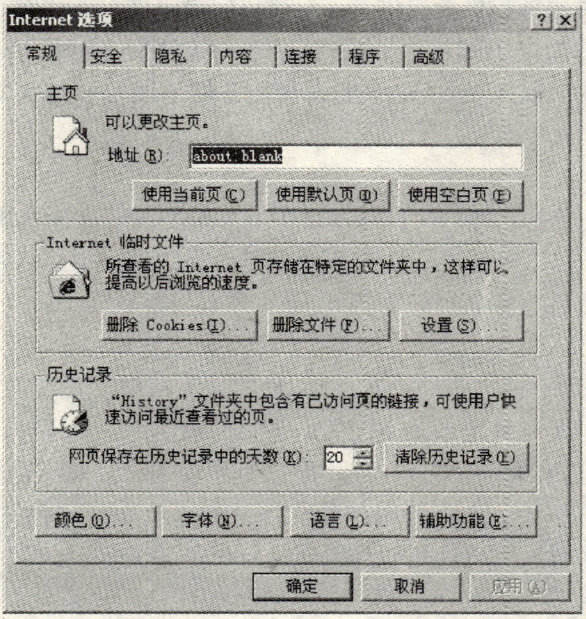

图 6-17 Internet 选项对话框

在“常规”选项卡中，单击“使用空白页”按钮，可将主页设置为空白页，单击“使用默认页”按钮可将主页设置为IE默认起始页，即微软公司主页，“使用当前页”可将目前打开的页面设置为起始页，也就是主页。

（2）设置临时文件磁盘空间：单击“Internet 临时文件”的“设置”按钮，打开“设置”对话框，在“使用的磁盘空间”中，移动“移动块”或直接在数值框中输入需要的数值，单击确定按钮即可。

（3）删除临时文件：单击“Internet 临时文件”区的“删除文件”按钮，即可删除临时文件。

（4）设置历史文件的保留天数：在“历史记录”区，“网页保存在历史记录中的天数”数值框中设置历史记录保存的天数，例如：输入“1”或使用“微调”按钮进行调整到“1”天，那么网页在历史记录中只保留一天。

三、OE 的使用

1. 添加 Internet 账户

要通过 OE 进行电子邮件接收、发送、管理，首先需要在 OE 中添加 Internet 账户，需要设置自己的电子邮件地址和邮箱对应的收发邮件服务器地址。

电子邮件地址是通过我们个人向邮件服务提供商申请获得，通常不收费或收费较低，发送和接收服务器由邮件服务提供商提供，一般可以登录邮件服务商网站查看帮助，得到邮件服务器地址。例如，你的电子邮箱地址是：LRXXXXXXXXXXX@ 126. com，经查询可以知，接收邮件服务器地址为 pop. 126. com，发送邮件服务器地址为 smtp. 126. com。具体操作方法参考实验二。

2. 接收邮件

打开 OE 用户后，单击左侧的文件夹窗口中的“收件箱”，右侧邮件列表将显示所接收到的所有邮件，如图 6 – 18 所示。单击列表中的某一封邮件，则此邮件内容将在窗口下方显示。双击邮件，则此邮件将在新窗口中打开。

3. 新邮件的撰写及发送

单击工具栏中“新邮件”按钮，打开新邮件的撰写窗口，在“收件人”和“抄送”框中输入每个收件人的电子邮件地址，不同的电子邮件地址用逗号隔开，“抄送”框的作用是将邮件发送给收件人框内的所有人。在“主题”框中输入邮件的标题。单击“附加”按钮，在弹出的文件选择对话框中，选择要附带的文件，然后单击“附件”按钮，被选中的文件将以附件的方式随同邮件一并发送给收件人。最后单击“发送/接收”按钮后，邮件被发送出去。

4. 邮件的回复和转发

邮件在阅读后，还可以回复和转发。

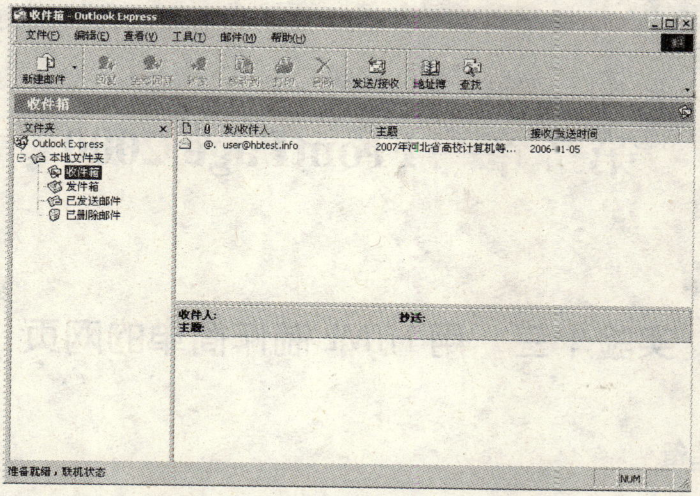

图 6－18　接收邮件示例

（1）回复邮件：是在右侧窗口信件列表中选择需要回复的信件。单击工具栏的“回复作者”按钮或选择“邮件”下接菜单中的“答复发件人”命令，弹出回复邮件窗口，输入回复内容，其他的步骤和发送电子邮件方法相同。

（2）转发电子邮件：是在右侧窗口信件列表中选择需要转发的信件。单击工具栏的“转发”按钮或选择“邮件”下接菜单中的“转发”命令，弹出转发邮件窗口，可以添加一些新的内容，也可以不加，然后按发送邮件的方法转发出去。

5. 邮件的管理

邮箱使用一段时间后，会有很多邮件，占用空间，对于不再使用的邮件，可以将其从“收件箱”中删除。

你可以将邮件保存在其他地方。在阅读邮件时，选择“文件”菜单中的“另存为”命令，将弹出“邮件另存为”对话框，指定保存路径、文件名，文件类型要为 . eml，单击“保存”按钮，即可保存选中的邮件。

6. 通讯簿管理

通讯簿是管理其他用户信息的工具，用户通过使用通讯薄可以对其他可能进行联系的用户分类，还可以方便地记录不同用户的信息。

第 7 章　FrontPage 2000

实验十三　用 HTML 制作简单的网页

一、课前准备

1. 进入 ftp：\\ server，在本班目录下查看上节课实验成绩。对自己错误的部分进行分析修改。

2. 下载 ftp 中自己的学号文件夹到 E 盘，并下载 ftp 根目录下“实验所需文件”文件夹中“fpt”文件夹到 E 盘。

3. 注意，所需视频文件在 ftp 根目录下“视频演示”中的相关文件夹中，需要时查看。

二、大纲要求

1. 网页的基本操作。

2. 网页的设计。

三、实验目的

1. 了解 HTML 的语法结构。

2. 初步掌握用 HTML 制作简单网页的方法。

四、实验题目

实验题目：用 HTML 语言制作一个如图 7－1 所示的网页。

五、操作方法

（1）打开一个文本编辑程序，如记事本（Word 编辑超文本文件不是很方便，所以最好用记事本或写字板）。

（2）在“记事本”窗口中输入如下的文字，也就是 HTML 语句。注意：“<”符号必须是在英文状态下输入的，否则 IE 不识别。

```
<html>
  <head>
    <title>我们是当代大学生</title>
  </head>
  <body>
    <h1>学习制作网页</h1>
      <p>
        我们学习如何使用 HTML 语言</p>
  </body>
  </html>
```

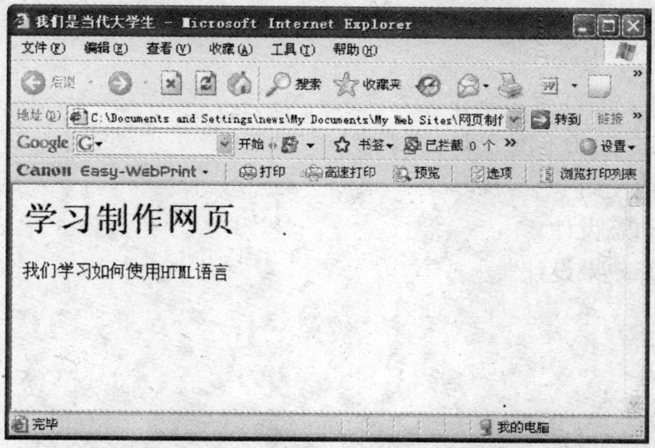

图 7－1　mypage1. htm 所显示的页面

(3) 输入完成后，在“记事本”中单击“保存”按钮，弹出“保存”对话框，在“保存”对话框中“文件名”文本框中输入“mypage1. htm”。注意：要在“保存”文件对话框的“类型”文本框中选择“所有文件”。

(4) 打开浏览器，在“文件”菜单下的“打开”命令，在弹出的对话框中找到该文件并打开它，或双击该文件，此时在浏览器中将显示如图 7－1 所示的网页。

实验十四　用 FrontPage 制作简单的网页

一、课前准备

1. 进入 ftp：\\ server，在本班目录下查看上节课实验成绩。对自己错误的部分进行分析修改。

2. 下载 ftp 中自己的学号文件夹到 E 盘，并下载 ftp 根目录下“实验所需文件”文件夹中“fpt”文件夹到 E 盘。

3. 注意，所需视频文件在 ftp 根目录下“视频演示”中的相关文件夹中，需要时查看。

二、大纲要求

1. 网页的基本操作。包括创建新的网页、打开已有的网页、网页的保存和网页的属性设置。

2. 网页的设计。包括文本的编辑、图像操作、表格操作、超级链接、表单和框架结构等。

三、实验目的

1. 了解 FrontPage 2000 网页制作。
2. 会用 FrontPage 2000 创建简单的网页。
3. 掌握超链接的使用
4. 了解网页的动态设计。
5. 掌握简单动态效果设计。

四、实验题目

（一）基本题目要求

1. 利用 FrontPage 2000，新建一个空白网页。
2. 在网页中添加下列一段文字。

2007 计算机文化基础实践教学研讨报告

2007 年河北省计算机等级考试于 4 月 14 日顺利结束，为迎接本次考试，我院计算机教研室与计算机实验室做了充分的准备，在教学方法、实验及辅导方法上作了新的尝试，采用了任务教学和抓后进促先进的管理模式，增加了实验课时并安排了辅导。

通过师生的共同努力，我院 06 级学生考试取得了较好成绩。整体通过率为 96.61%，与去年同期相比上升了 1.5 个百分点，其中电子工程系电子科学与技术专业、机械工程系化学工程与工艺专业和经济管理系电子商务专业一次通过达 100%。我院各系一次通过率分别为：电子工程系 99.14%，机械工程系 97.71%，电气工程系 96.55%，经济管理系 95.35%，文法外语系 93.57%。06 级学生参考人数为 3 332，其中优秀 935 人，优秀率 28.06%。结合以上成绩及本年度的实践教学，这里做出 2007 计算机文化基础实践教学分析及设想。

把“2007 计算机文化基础实践教学研讨报告”作为标题。字体为“宋体”，字号为

“18 磅”，加粗，对齐方式为“居中”。

3. 在网页中加载图片。在页面中文字的下方插入一张 fpt 文件夹中的名称为“燕山大学”的图片。设置图片的属性为水平居中，保持纵横比，宽度像素为 500。

4. 保存网页。网页以文件名为“mypage2. htm”保存。IE 中的效果如图 7－2 所示。

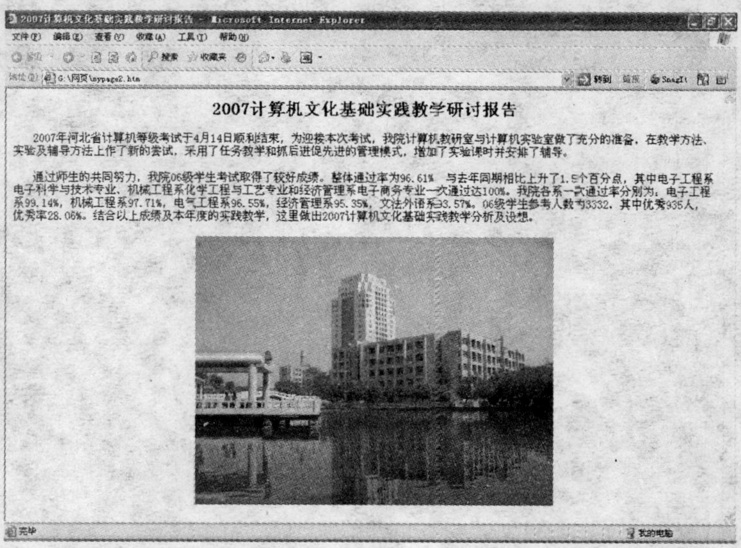

图 7－2　mypage2. htm 在 IE 中的显示

（二）提高题目要求

1. 新建一个网页。设置网页属性，网页标题为“2007 计算机文化基础实践教学研讨会”。网页背景色为绿色，文本颜色为白色。

2. 插入表格。在网页上方插入一个 1 行 4 列的表格，将表格的边框粗细设置为 0，表格指定宽度为 100%，高度指定为 50 像素。4 个单元格的内容分别为：研讨报告、成绩分析、分析总结、与我们联系，并且居中。

3. 在表格的上方插入一行，输入文字“2007 计算机文化基础实践教学研讨会”并居中作为标题，字体 36 号，加粗，颜色为紫色，效果为闪烁。

4. 在表格下方插入两条水平线，水平线的颜色为蓝色，其他为默认。

5. 在两条水平线中间插入剪贴画库中，工作人员类别的第二行第五张剪贴画，并将它居中。

6. 分别为表格 4 个单元格的文字设置超链接。其中：研讨报告链接到“mypage2. htm”，与我们联系链接到你自己的邮箱，成绩分析和分析总结，暂不做超链接。

7. 在网页下方插入字幕，内容为“欢迎您参加实践教学研讨会”，表现方式为交替，字体为 24 磅，其余为默认。

8. 保存网页，文件名为“mypage3. htm”。在浏览器中打开网页，效果如图 7－3 所示。

图 7－3 mypage3. htm 在 IE 中的显示

五、操作方法

（一）基本题目操作方法

1. 利用 FrontPage 2000，新建一个空白网页

操作步骤如下：

（1）启动 FrontPage 2000，单击桌面左下角的“开始”菜单，选择“程序”打开下一级菜单，选择“Microsoft FrontPage 2000”项，则会打开 FrontPage 2000 的程序。

（2）新建一个网页。新打开的 FrontPage 2000 的窗口默认状态就是新建网页，为 new_page1. htm，这样我们就建了一个网页。

2. 在网页中添加一段文字

操作步骤如下：

（1）输入文字。把光标放在要输入文字的位置，用 Word 中同样的方法，输入要求的文字。

（2）设置文字格式。选中第一句，单击“格式”菜单中的“字体”命令，弹出“字体”对话框，字体为“宋体”，字号为“18 磅”，加粗，对齐方式为“居中”。

或在“格式”工具栏中设置，在字体下拉菜单中选择“宋本”，在字号下拉菜单中选择“18”，单击加粗按钮“B”，再单击居中按钮。

3. 插入图片

操作步骤如下：

（1）把光标放在文字的下方，单击“插入”菜单，选择“图片”单击，选择“来自文件”命令。打开了“选择文件”对话框，如图 7－4 所示。单击“查找范围”右侧下拉按钮，找到 E 盘下你的学号文件夹下的 fpt 文件夹，在对话框中选中“燕山大学”图片，单击“确定”按钮，图片就插入到了页面下方。

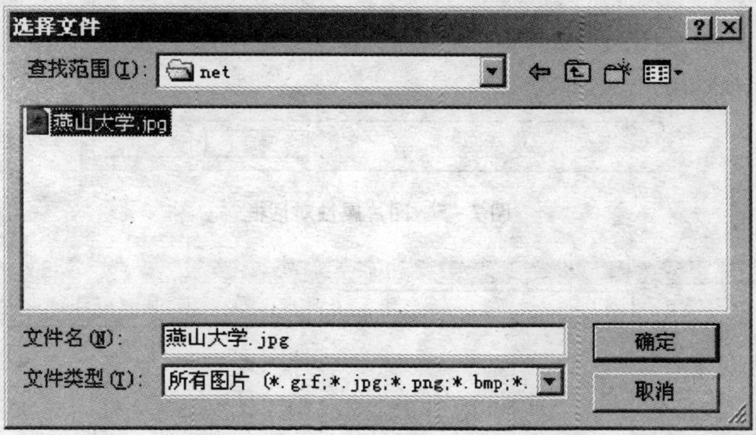

图 7－4　选择文件对话框

（2）设置图片格式。把鼠标放在图片上，单击鼠标右键，弹出快捷菜单，选择“图片属性”对话框，选择“外观”选项卡，设置图片的属性，布局区域中的“对齐方式”为“水平居中”，保持纵横比，大小为，宽度像素为 500，其余为默认设置，如图 7－5 所示。

4. 保存网页

操作步骤如下：

单击“文件”菜单，选择“保存文件”命令，打开“另存为”对话框，在保存位置框中，找到你的学号文件夹中 fpt 文件夹，在文件名文本框中输入“mypage2. htm”，单击“保存”按钮。如图 7－6 所示。

最后关闭 FrontPage 2000，在你的学号文件夹下找到刚保存的网页，双击打开在 IE 中浏览网页。

（二）提高题目操作方法

1. 新建立一个网页，并设置网页属性

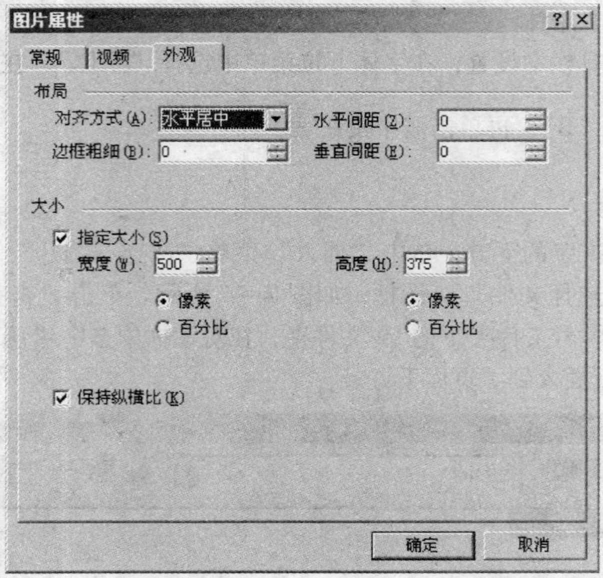

图 7-5　图片属性对话框

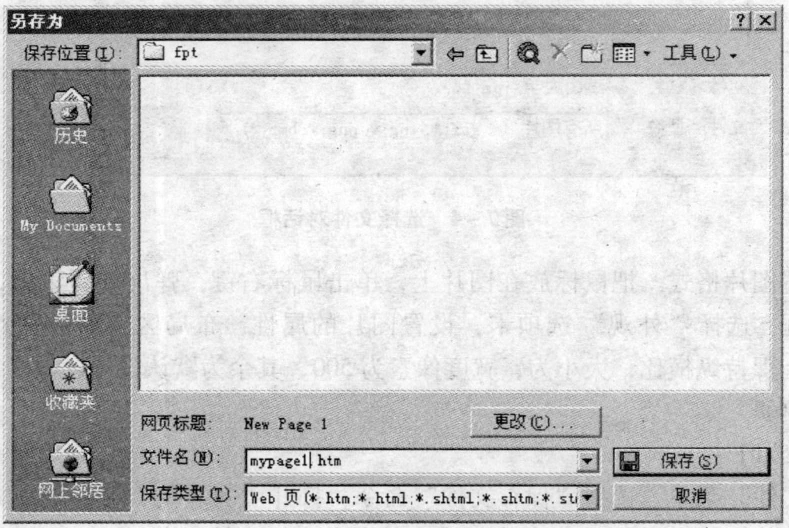

图 7-6　另存为对话框

(1) 单击桌面左下角的"开始"菜单，选择"程序"打开下一级菜单，选择"Microsoft FrontPage 2000"项，则打开 FrontPage 2000 的程序，单击"文件"菜单下的"新建"，选择"网页"命令，或单击常用工具栏上的"新建网页"按钮，弹出图如 7-7 所示的"网页模板"对话框，在对话框中选择一个图形"普通网页"，新建网页为 new_

page2. htm。

（2）单击“文件”菜单，选择“属性”命令，或是在页面上单击鼠标右键，在弹出的快捷菜单中选择“网页属性”，弹出“网页属性”对话框，在“常规”选项卡中“标题”右侧文本框中输入标题“2007 计算机文化基础实践教学研讨会”，在“背景”选项卡，设置网页背景色为绿色。如图 7－8 所示。

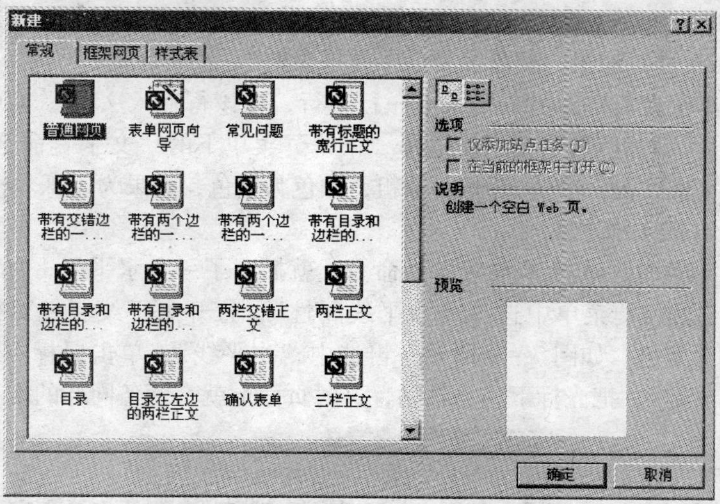

图 7－7　新建“网页模板”对话框

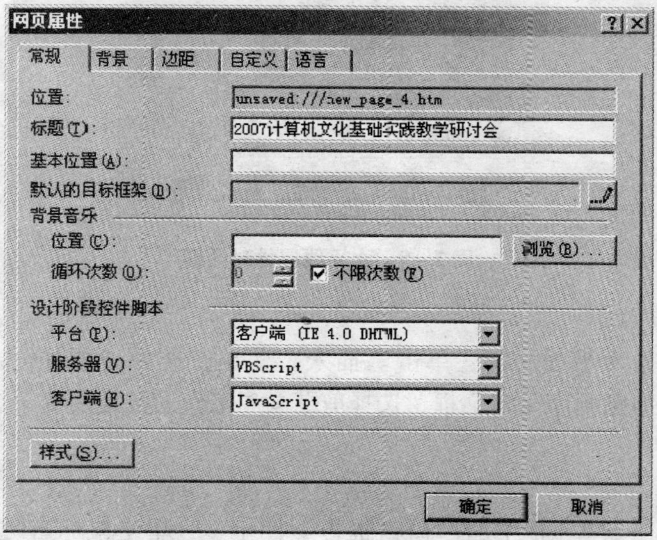

图 7－8　网页属性对话框

2. 插入表格，并设置格式

（1）单击“表格”菜单，选择“插入”菜单，选择“表格”命令，打开插入表格对话框，插入1行4列表格，拟定表格宽度为100百分比，将表格的边框粗细设置为0，高度指定为50像素，对齐方式为居中。

（2）在4个单元格内分别输入文字：研讨报告、成绩分析、分析总结、与我们联系。选中字体，单击常用工具栏上的“居中”按钮。

3. 在表格的上方插入一行，输入文字“2007计算机文化基础实践教学研讨会”并居中作为标题，字体36号，加粗，颜色为紫色，效果为闪烁

选中表格回车就在表格的上方插入了一行空行，在该行输入文字“2007计算机文化基础实践教学研讨会”，然后选中文字，选择“格式”菜单下的“文字”命令，打开“文字”对话框，设置文字格式为：字体36号，加粗，颜色为紫色，效果为闪烁。

4. 在表格下方插入水平线

单击“插入”菜单，选择“水平线”命令，就插入了一条水平线，选中水平线，单击鼠标右键，在弹出的快捷菜单中选择“水平线属性”，打开水平线属性对话框，把“水平线”的颜色设置为蓝色。如图7－9所示。再选中“水平线”，单击鼠标右键，在弹出的快捷菜单中选择“复制”，把光标下移，粘贴，这时页面上就有两条同样的水平线。

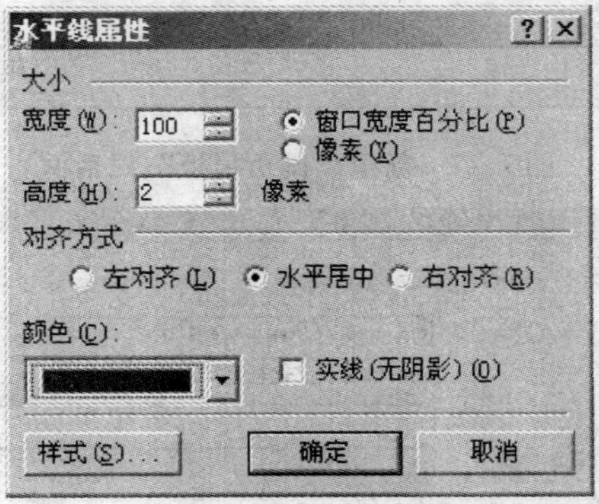

图7－9　水平线属性对话框

5. 插入剪贴画

把光标放在两条水平线中间，单击“插入”菜单，选择“图片”菜单，单击“剪贴画”命令，打开“剪贴画库”对话框，选择剪贴画库工作人员类别的第二行第五张剪贴画，插入到页面，并居中。

6. 超链接

选择表格的第一个单元格中的“研讨报告”四个字，单击鼠标右键，在弹出的快捷菜单中选择“超链接”，打开“超链接”对话框，如图7－10所示，单击“超链接”对话框右下角的“制作一个指向您计算机上文件的超链接”按钮，弹出“选择文件”对话框，

找到“mypage2. htm”，单击“确定”按钮。

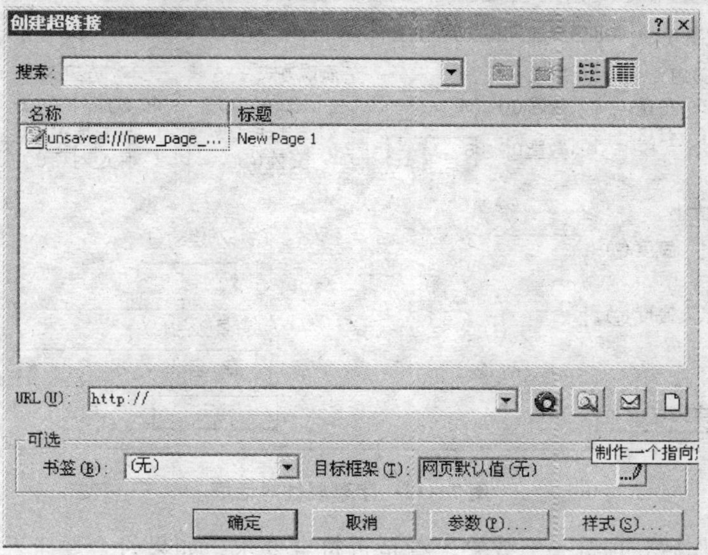

图 7－10　创建超链接对话框

再选中第四个单元格中的“与我们联系”以同样的方法打开“超链接”对话框，选择对话框右侧下方的“制作发送电子邮件的超链接”按钮，打开“电子邮件超链接”对话框，在电子邮件地址中输入邮件地址，如图 7－11 所示。

图 7－11　创建电子邮件超链接

7. 插入字目

（1）单击“插入”菜单，选择“组件”菜单，单击“字幕”命令，弹出字幕对话框，在文本框中输入“欢迎您参加实践教学研讨会”，并设置表现方式为“交替”，其余的默认。如图 7－12 所示。

（2）再双击字体“欢迎您参加实践教学研讨会”，打开‘字体”对话框，设置字体为 24 磅。

8. 保存网页

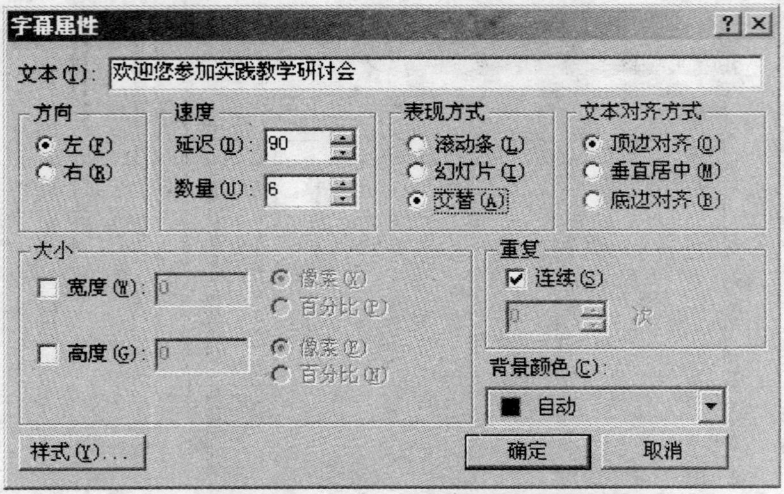

图 7－12　字幕属性对话框

完成上述操作后，预览一下效果，看是否符合要求，如果符合要求，单击“文件”菜单的“另存为”，打开“另存为”对话框，在保存位置框中，找到你的学号文件夹中 fpt 文件夹，文件名框中输入“mypage3”，单击“保存”按钮。保存后找到“mypage3”文件，双击打开它，浏览效果。效果如图 7－3 所示。

到此我们的题目就完成了，有兴趣的同学可以在此基础上，对网页再添加一些其他的动画效果，例如：网页的主题，动态效果，还可以添加声音和视频，使网页更加美观。

一个网站设计好之后，要想使上网的人能够看到，还需要发布，只有发布后才能被其他用户访问，可以到 Internet 上的其他门户网站申请个人空间，操作步骤参考“使用 FrontPage 2000 制作网页操作知识”部分。

实验十五　FrontPage 的框架制作

一、课前准备

1. 进入 ftp：\\ server，在本班目录下查看上节课实验成绩。对自己错误的部分进行分析修改。

2. 下载 ftp 中自己的学号文件夹到 E 盘，并下载 ftp 根目录下“实验所需文件”文件夹中“fpt”文件夹到 E 盘。

3. 注意，所需视频文件在 ftp 根目录下“视频演示”中的相关文件夹中，需要时查看。

二、大纲要求

网页的设计。包括文本的编辑、图像操作、表格操作、超级链接、表单和框架结构等。

三、实验目的

1. 了解 FrontPage 2000 框架制作。
2. 会用 FrontPage 2000 制作框架网页。

四、实验题目

（一）基本题目要求

1. 创建一个横幅和目录框架网页。

2. 在 banner 框架中添加文字“2007 年计算机文化基础实践教学研讨会”。

3. 设置“2007 年计算机文化基础实践教学研讨会”字体为华文彩云，24 磅，红色，加粗，并居中。

4. 在 contents 框架中，插入 3 行 1 列的表格，并在表格中依次输入，学习制作网页，实践教学报告和实践教学研讨会。

5. 在 main 框架中，设置初始网页为实验二中的基本题目制作的网页 mypage2。

（二）提高题目要求

1. 设置框架属性，banner 框架的属性为高度 150 像素，其余为默认；contents 框架的属性宽度为 180 像素，其余为默认。

2. 设置 banner 框架网页的网页属性，背景为图片“燕山大学 2”。

3. 设置 contents 框架网页主题为秋叶。

4. 设置超链接。在 contents 框架网页中，设置“学习制作网页”和“mypage1. htm”的超链接，“实践教学报告”和“mypage2. htm”的超链接，“实践教学研讨会”和“mypage3. htm”的超链接。

5. 保存网页。

五、操作方法

（一）基本题目操作方法

1. 创建一个横幅和目录框架网页。

首先打开 FrontPage 2000，单击“文件”菜单下的“新建”命令，在“新建网页”对话框中选择“框架网页”选项卡，选择横幅和目录，如图 7 – 13 所示，单击“确定”按钮，此时一个框架网页就建好了。如图 7 – 14 所示。

2. 在 banner 框架中添加文字“2007 年计算机文化基础实践教学研讨会”。

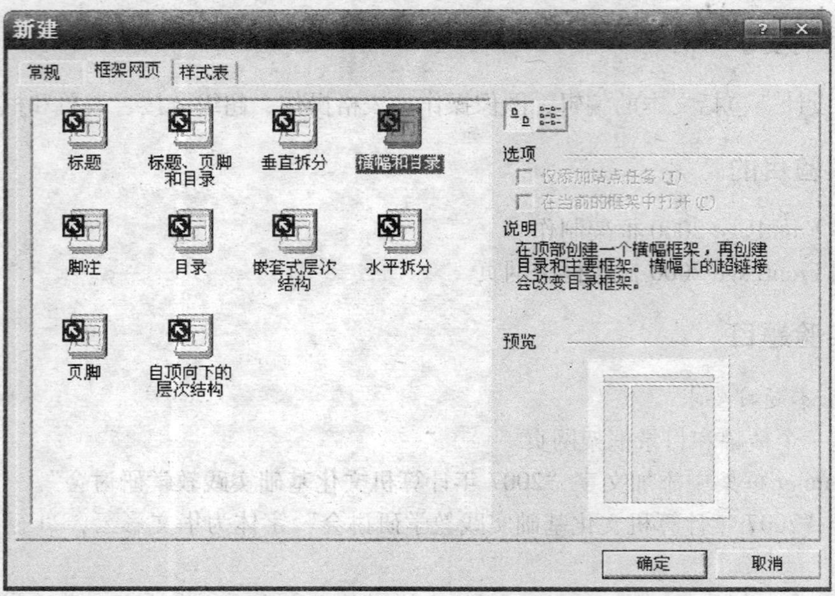

图 7－13　新建网页对话框

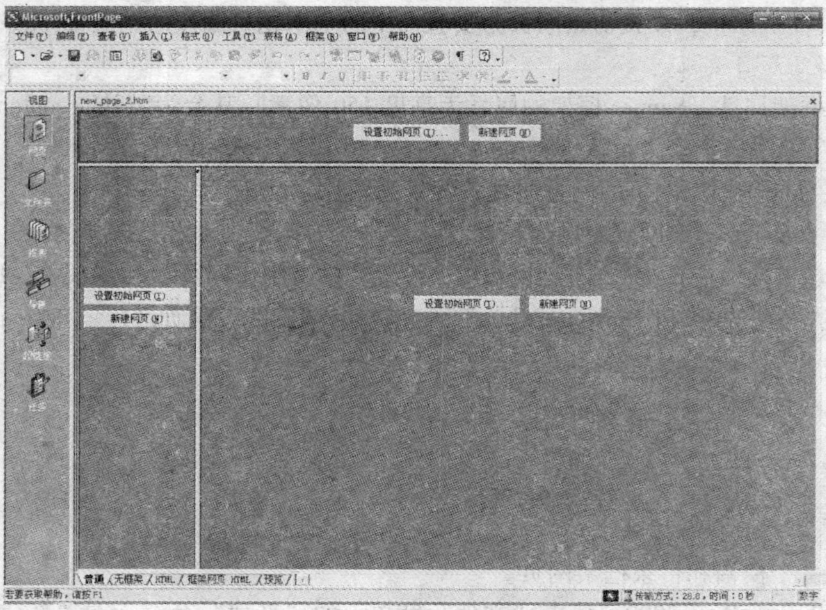

图 7－14　框架网页

单击 banner 框架中的“新建网页”按钮，这时可以设计网页了，在网页中输入文字“2007 年计算机文化基础实践教学研讨会”。

3. 设置“2007年计算机文化基础实践教学研讨会”字体为华文彩云，24磅，红色，加粗，并居中。

选中“2007年计算机文化基础实践教学研讨会”，单击“格式”菜单中的“字体”命令，弹出“字体”对话框，设置字体为华文彩云，24磅，红色，加粗，最后单击“确定”按钮，单击常工具栏的居中按钮使文字居中。

4. 在contents框架中，插入3行1列的表格，并在表格中依次输入，学习制作网页，实践教学报告和实践教学研讨会。

单击contents框架中的“新建网页”按钮，这时可以设计网页了，单击“表格”菜单的“插入”子菜单下的“表格”命令，打开了“插入表格”对话框，插入一个3行1列的表格。并在表格中输入文字，学习制作网页，实践教学报告和实践教学研讨会。如图7－15所示。

5. main框架中，设置初始网页为实验二中的基本题目制作的网页mypage2。

在main框架中，单击“设置初始网页”按钮，弹出“创建超链接”对话框，单击“从计算机上选择一个文件”按钮，打开“选择文件”对话框，找到你学号的下的fpt文件夹下的mypage2. htm文件，最后单击“确定”按钮。

到此基本题目部分就做好了，网页如图7－15所示。

（二）提高题目操作方法

1. 设置框架属性，banner框架的属性为高度150像素，其余为默认；contents框架的属性宽度为180像素，其余为默认。

把鼠标放在banner框架中单击鼠标右键，在弹出的快捷菜单中单击“框架属性”命令，弹出“框架属性”对话框，在框架大小区的高度列表框中，输入150，其余不变，最后单击“确定”按钮。如图1－16所示。以同样的方法设置contents框架属性的宽度为180像素。

2. 置banner框架网页的网页属性，背景为燕山大学2图片。

和在普通网页中设置网页属性一样，设置banner框架网页，把鼠标放在banner框架中单击右键，在弹出的快捷菜单中单击“网页属性”命令，弹出“网页属性”对话框，选择“背景”选项卡，选中格式中的“背景图片”复选框，单击“浏览”按钮，弹出“选择文件”对话框，找到所要图片（先从ftp上下载），单击“确定’按钮，返回“网页属性”对话框，如图7－17所示，最后单击“确定”按钮。

3. 设置contents框架网页主题为秋叶。

把鼠标放在contents框架中单击鼠标右键，在弹出的快捷菜单中单击“主题”命令，在弹出的“主题”对话框中，选择“秋叶”，最后按下“确定”按钮。

4. 设置超链接。

在contents框架网页中，设置“学习制作网页”和“mypage1. htm”的超链接，“实践

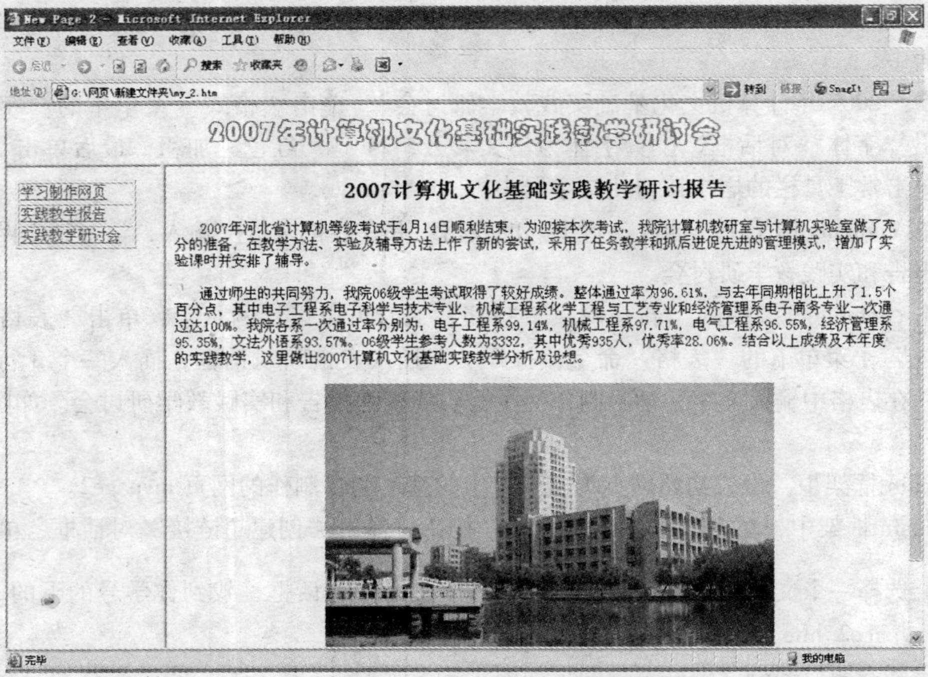

图 7-15　基本题目网页样文

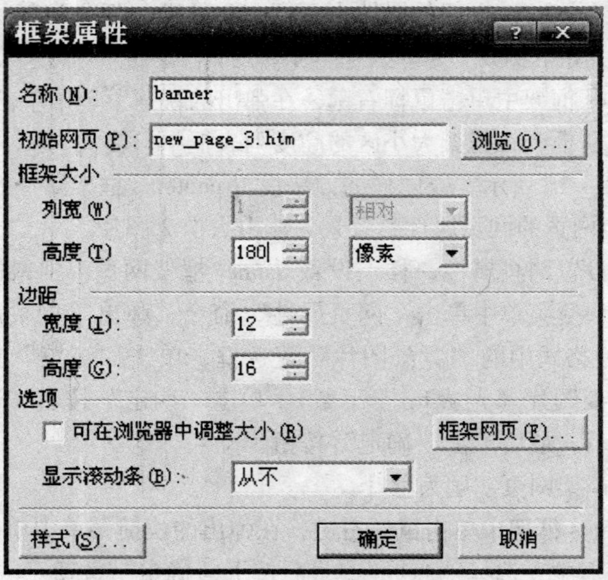

图 7-16　框架属性对话框

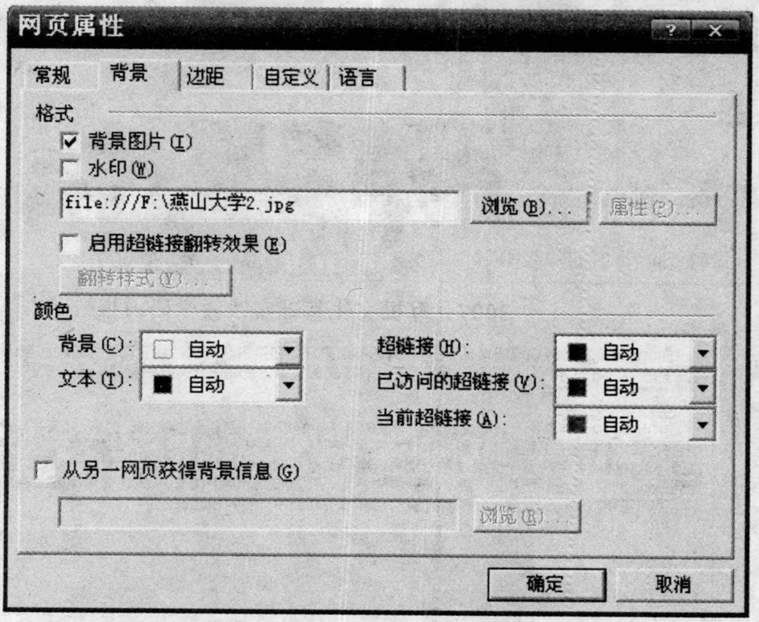

图 7－17　网页属性对话框

教学报告”和“mypage2. htm”的超链接，“实践教学研讨会”和“mypage3. htm”的超链接。

选择“学习制作网页”文字，单击鼠标右键，在弹出的快捷菜单中选择“超链接”命令，弹出“超链接”对话框，单击“超链接”对话框右下角的“制作一个指向您计算机上文件的超链接”按钮，弹出“选择文件”对话框，找到“mypage1. htm”，单击“确定”按钮。以同样方法设置其余两超链接。

注意：在框架网页中设置超链接时，应对目标框架进行设置，也就是设定新网页在哪个框架中打开，方法是在新建或编辑超链接时，在弹出的对话框中单击“目标框架”栏右边的按钮，弹出“目标框架”对话框，在“当前框架网页”区域显示框架网页的“地图”，单击选定一个框架；或在“公用的目标区”列表框中选中一个选项。

5. 保存网页。

保存网页，单击“文件”菜单的“另存为”命令，弹出“另存为”对话框，在右边的预览框里显示为蓝色的是将要保存的部分。前面几个网页分别是框架中的各网页，最后一个则是整个框架网页，其他的框架网页的名称按默认的名称，最后文件名为：mypage4. htm 保存，最后单击“保存”按钮，至此，一个框架网页就建好了。

保存完网页后，找到网页文件，双击打开浏览效果，如图 7－18 所示。

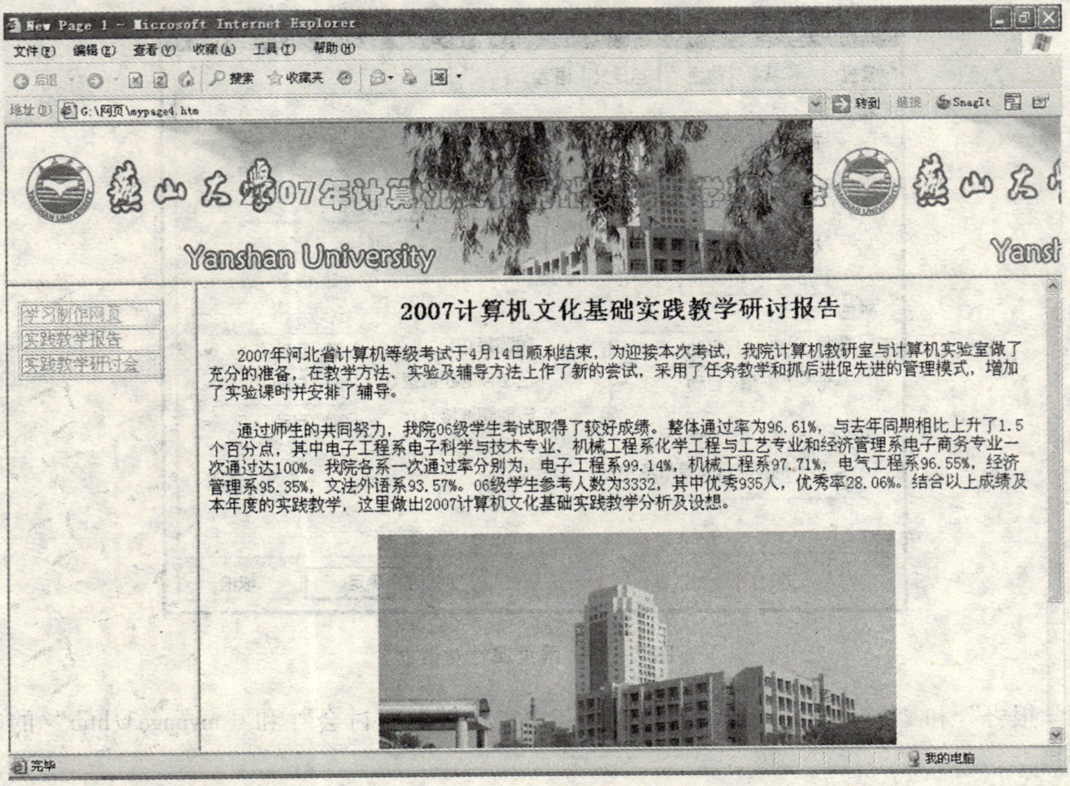

图 7-18　**mypage4 在 IE 的浏览效果**

FrontPage 2000 相关知识

一、HTML 基础知识

HTML 命令称为标注语言，所有标注总是出现在尖括号之中。<HTML>表示文档开头，尖括号里面可以大写，也可以小写。每一个 HTML 文档在<HTML>和</HTML>这两个中间。大多数 HTML 文档分两部分，即“Head”部分“Body”部分。每个部分中都有一些标记对页面做出安排。HTML 文档的结构如下：

<html>

<head>

<title>

文档标题

```
    </title>
  </head>
  <body>
    文档体：文本、图像、声音和 HTML 命令
  </body>
</html>
```

二、认识 FrontPage 2000

FrontPage 是微软公司推出的 Office 的一个组件，它具有网站的创建、发布、管理、网页的设计、编辑等功能。它也是一种所见即所得的网页制作工具。FrontPage 可以很方便地在页面中插入图片、声音、动画，可以使用和 Word 中一样的方法，很方便地设置字体的颜色和大小等。

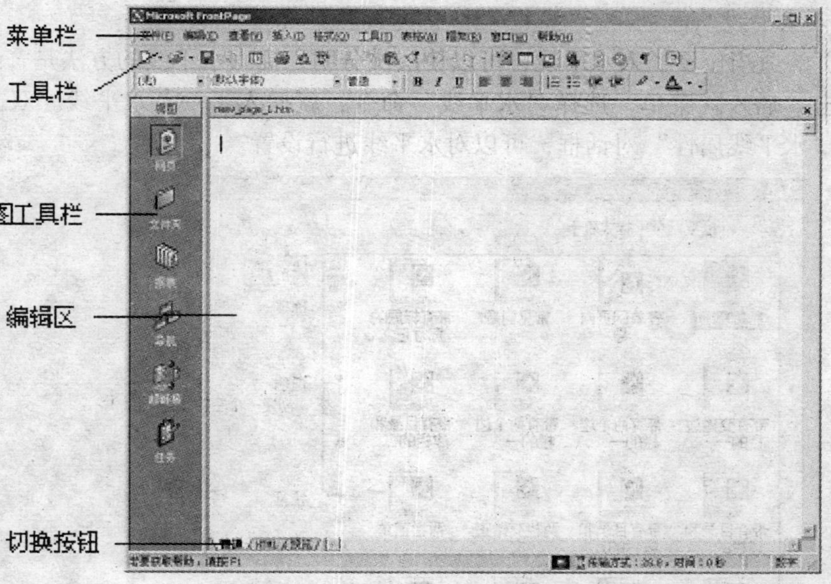

图 7－19　FrontPage 2000 的工作窗口

FrontPage 2000 的工作窗口如图 7－19 所示，分别是“标题栏”、“菜单栏”和“工具栏”。中间部分一般分为两个区域，左侧区域称为“视图工具栏”，FrontPage 2000 共有六种视图，使用不同的视图可以从不同的侧面查看设计的 Web 站点。占据绝大部分的是右侧区域，称为“编辑区”。“编辑区”左下角是切换按钮。

三、网页编辑

1. 创建网页

创建页面最简单的方法就是单击 FrontPage 2000 常用工具的“新建”按钮。或是单击“文件”菜单下的“新建”命令，选择“网页”，在“新建”对话框中选择你需要的模板，如图 7-20 所示。然后单击“确定”按钮，一个新的网页就建好了。

2. 编辑文本

FrontPage 2000 可以使用和 Word 中一样的方法很方便地修饰文字，添加项目编号，插入图片，创建超链接等操作。

3. 设置网页属性

我们在浏览网页时注意到，几乎每个网页标题的位置都会有开发者预设的标题内容，并有背景音乐，超链接有不同的颜色等。这些都在网页属性中设置。

4. 插入水平线

在网页的适当位置插入水平线，可以使层次分明，插入水平线的方法是，把光标放在插入点，单击“插入”菜单，选择“水平线”命令，就插入了一条水平线。双击插入的水平线，打开“水平线属性”对话框，可以对水平线进行设置。

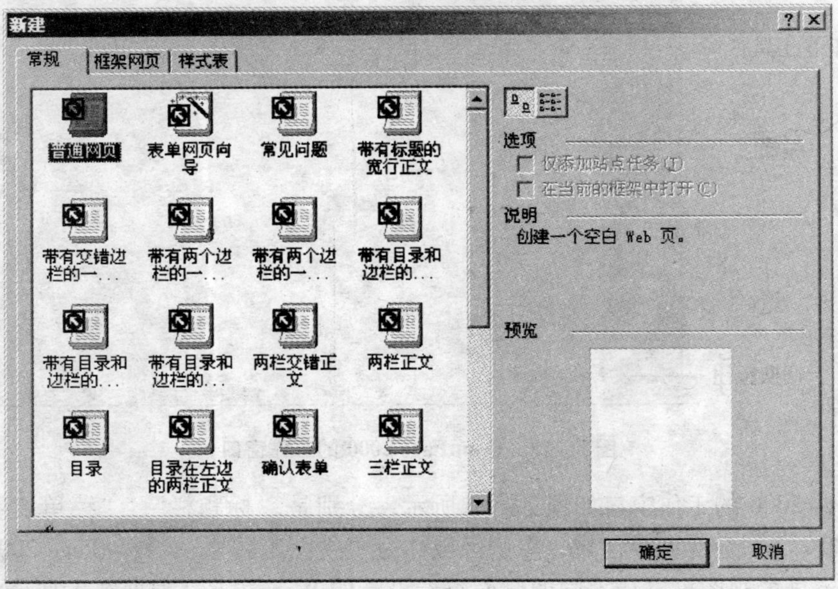

图 7-20　新建网页对话框

5. 插入时间标记

时间标记是用来告诉用户页面上一次更新的时间，设置起来也很容易，在页面的末尾更新时间，方法是单击“插入”菜单的“日期与时间”命令，在“日期时间属性”对话框中选择“该网页上次编辑日期”，如图 7－21 所示。如果要改变日期的格式，可以单击“日期格式”下拉列表，选择合适的格式。

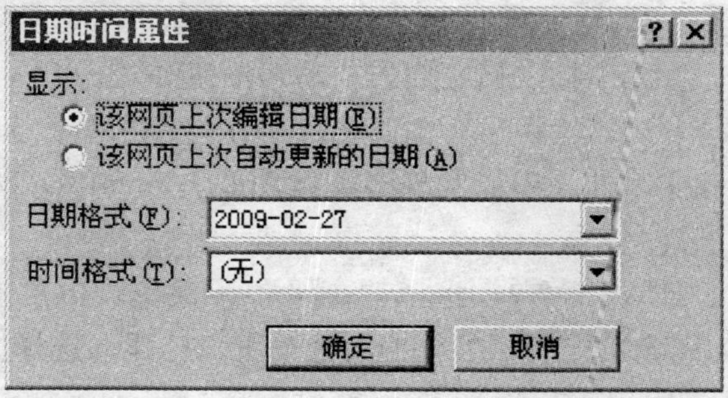

图 7－21　日期时间属性对话框

6. 插入图片

网页中最主要的元素就是文字和图片，网页中加入图片使页面更加生动、美观。在网页中加入图片的方法和 Word 是一样的。单击“插入”菜单的“图片”命令，选择“剪贴画”或是“来自文件”，就能插入图片。插入图片后可以利用“图形”工具栏对图片进行修饰。如果“图形”工具栏没有打开，单击“查看”菜单的“工具栏”命令，选择“图片”，就打开了“图形”工具栏，如图 7－22 所示。

图 7－22　图形工具栏

7. 超链接

当我们浏览一个网页时，会看到很多超链接，不仅有文字超链接，也有图片的超链接。超链接的方法是，选中要设置超链接的文字或图片（图片还可以设置热点超链接）单击鼠标右键，在弹出的快捷菜单中选择“超链接”，打开“超链接”对话框，在“超链接”对话框的右下侧有四个按钮，分别是“使用 Web 浏览器选择网页或文件”、“制作一个指向您计算机上文件的超链接”、“制作发送电子邮件的超链接”和“创建一个网页并链接到该网页”按钮。选择不同的按钮可以链接到不同的文件。

8. 书签

我们不仅可以用超链接的方法在多个网页之间进行跳转，也可以在同一个页面里跳转，既使用书签。首先要定义书签，然后直接把超链接指向书签就可以了。

9. 图像映射

创建图像映射，这是具有一个或多个热点的图片。在网页视图模式下，单击图片，在

“图片”工具栏，单击“热点”按钮。热点按钮有“长方形热点”、“圆形热点”和“多边形热点”。然后在图形上画出“热点”，当释放鼠标时，会弹出“创建超链接”对话框，接下来和设置“超链接”一样，来设置“热点”的超链接。

10. 组件的使用

使用组件，可以插入字幕，插入横幅广告，动态按钮等。

11. 使用多媒体

网页除了显示图形和文字外，还能实现多媒体功能。FrontPage 2000 能够很容易地在网页里播放音频和视频。

插入音频是，单击“插入”菜单、选择“高级”子菜单，再单击“插件”命令，打开“插件”属性对话框，如图 7－23 所示。单击浏览按钮，打开“选择文件”对话框，选择要播放的音频文件，单击“确定”按钮。

插入视频，单击“插入”菜单，选择“图片”子菜单，单击“视频”命令，打开“视频”和“选择文件”对话框，选择要播放的视频文件，单击“确定”按钮。

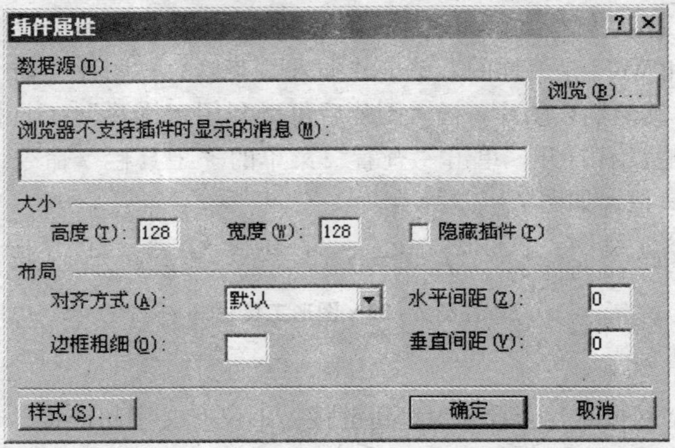

图 7－23 “插件属性”对话框

四、网页布局

1. 用表格实现网页布局

在 FrontPage 2000 中。表格是常用的一种布局网页的一种方法。利用表格显示一些有规律的数据，可以根据需要来编辑表格。在表格中插入文本或图像，拆分、合并和删除单元格，格式化表格和单元格，设置表格的背景等。

2. 用框架实现网页的布局

利用框架可以把网页分割成不同的区域，各区域之间可以通过超链接互相影响，使网页呈现的内容更加多样化和动态化。

框架网页是一种特殊形式的网页，它并不包含特定的网页内容，而是仅仅用来指定每个框架中使用的页面以及整体的呈现效果。FrontPage 2000 为用户提供了常用的框架网页的模板供用户快速创建框架网页。例如：创建一个“标题、页脚和目录”框架网页，在“新建”对话框的“框架网页”选项卡，选择“标题、页脚和目录”，单击“确定”按钮，就创建了一个新的“标题、页脚和目录”网页，如图 7－24 所示。图中每个框架部分提供了两个按钮，单击“设置初始网页”按钮可以指定已经存在的网页作为此框架被加载时的初始页面，单击“新建网页”按钮则可以将新建网页作为此框架的初始页面。

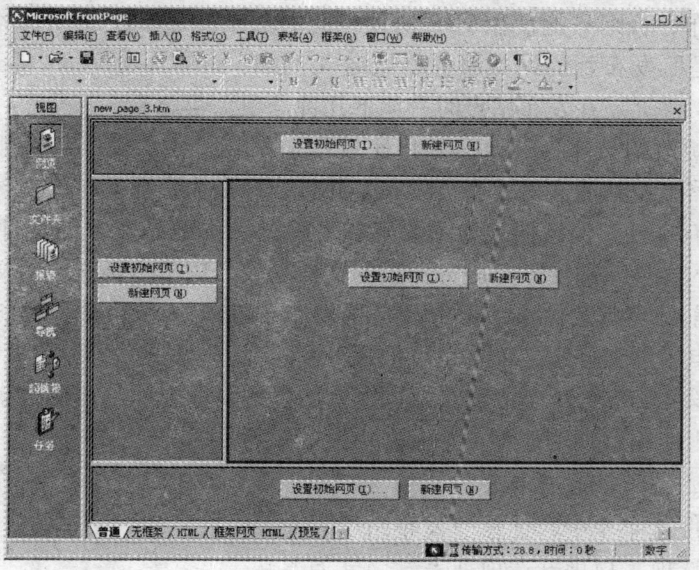

图 7－24　使用“标题、页脚和目录”模板创建网页

框架网页创建后，在设计期间，每个框架的大小是可以随意改变的，实际显示的比例可以设计时确定，也可以改变框架的属性，使用户无法调整框架的分隔线。

在普通网页中，页面的转换是在整个页面中进行的，框架页面的优点则表现在可以单独转换某一个框架的页面而不必重新加载所有的页面。在超链接中指定框架就可以完成这一功能。

3. 表单设计

网页不仅仅是为了向访问者提供各种服务，有时也需要收集访问者的反馈信息，如果你为自己的网页做一个简易的留言本，那么浏览者在浏览过你的网页之后就可以给你一些意见和建议。这种情况下就需要使用交互式网页。表单页面就实现了这一功能。

表单是一个由文本和表单域组成的集合，类似于平时使用的调查表，用于在因特网上收集指定的信息，表单通常由一系列的标签文本和相关的表单域等元素组成，站点访问者在完成表单输入后单击“提交表单”按钮即可。

五、网站发布

使用 FrontPage 2000 可以在离线状态下开发 Web 站点，这些站点必须向 Web 服务器发布之后用户才能访问它们。所谓发布网页，就是把网页文件传送到与因特网相连的 Web 服务器上。

1. 站点的发布

如果要发布到的站点服务器上已安装 FrontPage 服务器扩展，则可以使用 HTTP（超文本传输协议）来发布，否则只能使用 FTP 协议，此时必须知道 FTP 服务器名称和目录路径，FTP 服务器名称是所发布到的站点服务器域名（例如：ftp：server. com），目录路径是服务器上存放站点的文件夹。在发布站点时有如下几种选项。

（1）只发布更改的文件。FrontPage 将比较本地站点上的文件与站点服务器上的文件，只有比站点服务器上更新的文件才会被发布，并且，标记为不要发布的文件不会被发布。

（2）发布所有文件，但已标记为不要发布者除外。本地站点上的文件将覆盖所有在目的站点服务器上的文件，即使站点服务器上的文件是较新版本也会被本地文件改写。

（3）如果当前站点有子站点，可选择是否发布子站点。除了当前站点中的文件和文件夹外，所有子站点中的文件和文件夹也可被逐一发布。

（4）使用安全的（SSL）连接发布站点。例如：如果读者的站点服务器使用 HTTP 协议来识别其用户，则使用这项功能。

2. 发布站点的操作步骤

（1）在“文件”菜单中，选择“发布站点”命令。

（2）单击“选项”以展开选项列表。

（3）指定只发布已更改的网页，还是所有的网页。

（4）若要发布子站点，选中“包含子站点”复选框。

（5）若使用 HTTP 发布时需要使用安全连接，则选中“需要安全连接（SSL）”复选框。用户的目的站点服务器必须支持 SSL，这项功能才能起作用。

（6）在“指定发布站点的位置”下拉列表框中，输入站点服务器的位置或单击箭头来选择以前发布过的位置或者单击“浏览”按钮来查找发布位置。

（7）单击“发布”按钮。

结果发布到不运行 FrontPage 服务器扩展的站点服务器上，在遇到任何需要服务器扩展的功能时，系统将会发出一个通知。

附录 I　样文

第 2 章　Windows 2000 操作系统样文

实验二　Windows 2000 基本操作

基本题目样文

文件夹结构：

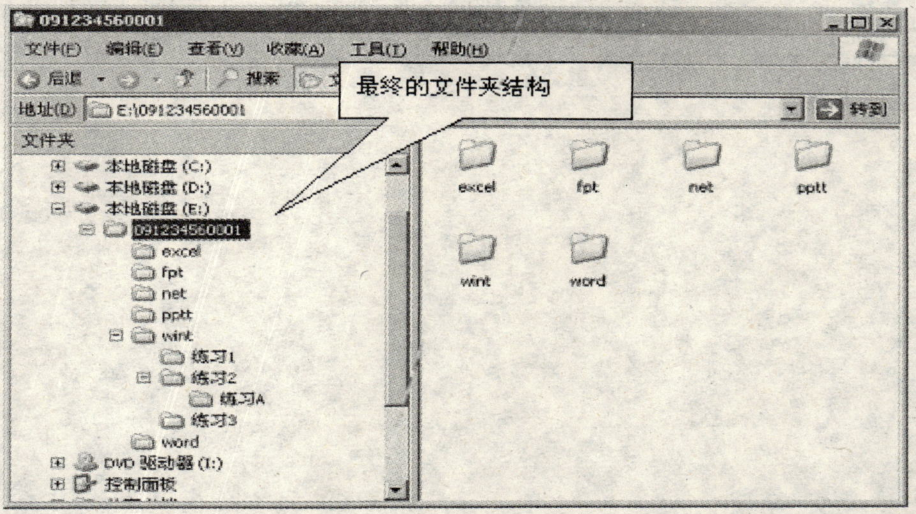

设置屏幕保护为“字幕”，文字为自己姓名：

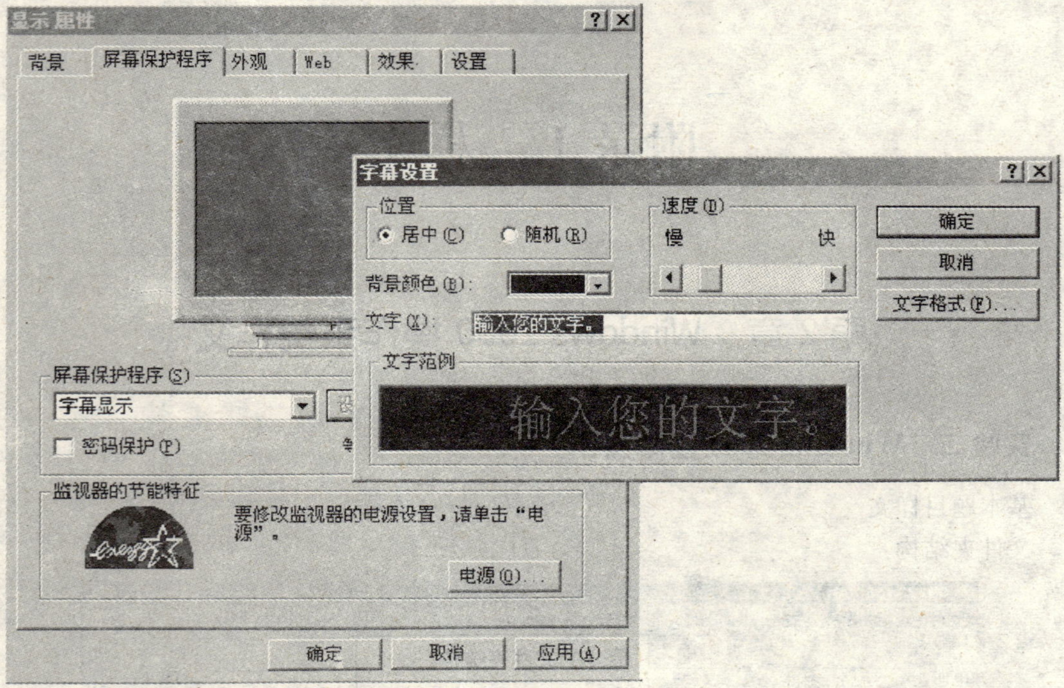
显示属性
背景
屏幕保护程序
外观
Web
效果
设置
屏幕保护程序(S)
字幕显示
密码保护(P)
监视器的节能特征
要修改监视器的电源设置，请单击“电源”。
电源(O)...
确定
取消
应用(A)
字幕设置
位置
居中(C)
随机(R)
速度(D)
慢
快
背景颜色(B):
文字(X):
输入您的文字。
文字范例
输入您的文字。
确定
取消
文字格式(F)...

第3章　Word 2000 样文

实验三　Word 2000 基本编辑

1. 本题目要求 sy1. doc（前4页）样文

2007计算机文化基础实践教学研讨报告

2007年河北省计算机等级考试于4月14日顺利结束，为迎接本次考试，我院计算机教研室与计算机实验室做了充分的准备，在教学方法、实验及辅导方法上作了新的尝试，采用了任务教学和抓后进促先进的管理模式，增加了实验课时并安排了辅导。

通过师生的共同努力，我院06级学生考试取得了较好成绩。整体通过率为96.61%，与去年同期相比上升了1.5个百分点，其中电子工程系电子科学与技术专业、机械工程系化学工程与工艺专业和经济管理系电子商务专业一次通过达100%。我院各系一次通过率分别为：电子工程系99.14%，机械工程系97.71%，电气工程系96.55%，经济管理系95.35%，文法外语系93.57%。06级学生参考人数为3332，其中优秀935人，优秀率28.06%。结合以上成绩及本年度的实践教学，这里做出2007计算机文化基础实践教学分析及设想。下面从以下几个方面进行更详细的阐述。

一、　部分学生计算机基础状况调查

共调查120人，其中未能完成调查的30人，完成调查的90人中，在高中阶段开设计算机课程80人，初中阶段开设计算机课程51人，家中有计算机32人。综合调查结果有88%的学生在上大学前学习过计算机，仅12%的学生在上大学前没有学习过计算机。通过本问卷可反映出学生的计算机知识的获取并不全来自大学的学习，大部分学生在上大学前有了一定的计算机认知，只是不够系统，不能使用计算机完整的完成一项任务。

二、　任务教学法试点简介

2007年进行了实践教学的教改革尝试，在上一年度的文化基础上机辅导的基础上，经过调查和研究，提出了在上机教学环节中采用任务教学法，提高学生的独立操作能力，提出抓后进促成绩的具体手段，全面提高学生计算机操作能力和省等考成绩，经与三管领导和教务部沟通进行实验教改试点。

- 将学生自由上机实践课，统一安排教学辅导。
- 在教学中采用任务教学方法，发挥学生的主动性。
- 对实践作业批改和反馈，加强与学生的交流反馈。
- 通过教学和模拟考试，找到落后学生，专门辅导和监督。
- 对二、三、四年级的未通过学生安排统一时间练习。

1. 主要内容：原上机练习无实验教师，学生出勤较低，试点后改为统一安排，根据教学大纲，设计任务书，学生通过网络服务器获得任务书，实验教师按照教学计划重点讲解，学生结合自己的能力完成任务，上交任务，实验员批改后反馈学生。根据任务完成进度和水平，结合模拟考试，找出成绩较差生，在考前重点检查和辅导。

2. 目的：结合学生实际计算机水平，充分调动学生自主学习的积极性，加强沟通，提高学生的实际操作能力。

3. 实现

①任务书的设计

实验任务书是实现教学任务的关键，一方面要覆盖大纲的主要知识点，另一方面任务连续，便于学生逐步完成，同时要使学生感兴趣，可切实感受到这门课程的实际应用价值。初步设计的任务书，放在FTP服务器上，学生自己下载。

②任务教学法的实施

在ftp服务器上有任务书及教学日历，常见问题，和各专业目录，学生自行下载。根具任务书，实验教师在实验中进行相关讲解，学生在课堂通过自主的学习研究，通过相讨论完成相应任务计划，然后上传于本班目录下。

学生在计算机上完成任务作业，上传到自己学号文件夹下，完成了任务作业的提交。并可在下次实验课前浏览作业的批改情况。自动化程序批改作业后，每位实验教师进行相应的分析，给出相应的建议。作业批改情况放在相应专业班级文件夹下，学生下载后浏览。

★★★★★★★★

三、　抓后进促成绩

针对河北省等级考试的成绩的提高，提出抓后进促成绩的方针。结合任务书完成情况和模拟考试结果，每班列出后五名同学，分发任课教师和实验教师，重点辅导和检查。参加考试班级115个，后进生共575人，对这些列入名单的同学，上课点名，教师主动询问，积极安排同学互助，帮助其提高成绩。等考成绩中未通过113人，其中92人在所列名单中，虽然大部分后进同学通过，但成绩依然偏低。

下面是近三年各专业等考通过率

★★★★★★★★

在以上图表中，我们发现通过率是上升的。可见教学方法起到了一定的成效。本次考试的相关数据如下：

★★★★★★★★

通过表中抽样数据我们发现文科班的学生比理科班要差一些，在文科班中：

1、net、ppt和ftp三道题丢分比较严重。

2、汉语言2班和英语2班成绩较差，最基础的windows题丢分也较严重。

3、汉语言1班较其他班级成绩稍好一些，但也有很大需进步的空间。

这几方面在下学期的辅导中我们会针对性的加强辅导。

四、分析总结

通过一学期的试点，结合等考成绩每个实验教师都认真对成绩和不足作了总结分析，普遍认为：

1、近几年通过率保持稳定，学院各级领导的重视和务实工作作风起很大作用，与教师实验辅导员各位教师共同努力密不可分。

2、抓后进促成绩可有效的提高等考通过率。

3、任务教学法可充分调动学生的学习主动性，尤其采用网络方式，有新鲜感，同时提高了学生独立操作能力。

4、班级的出勤率、学风对成绩的提高有重要作用。

需要完善的几个方面

1、文科专业（工业设计、艺术设计）要加强辅导，对进一步提高学院整体成绩影响很大。

2、教学任务书需要不断完善，以提高学生实际操作和解决问题的能力为目标。

3、后进生名单的准确程度需要不断提高，出勤率要继续提高。

五、计算机文化基础实验教学设想

1. 根据里仁学院学生的状况，配合学院对教学大纲的修改工作，制定合适的实验教学计划，既满足教学要求，又调动学生

2. 补充题目 sybc1. doc 样文

2007计算机文化基础实践教学研讨报告

2007年河北省计算机等级考试于4月14日顺利结束，为迎接本次考试，我院计算机教研室与计算机实验室做了充分的准备，在教学方法、实验及辅导方法上作了新的尝试，采用了任务教学和抓后进促先进的管理模式，增加了实验课时并安排了辅导。

通过师生的共同努力，我院06级学生考试取得了较好成绩。整体通过率为96.61%，与去年同期相比上升了1.5个百分点，其中电子工程系电子科学与技术专业、机械工程系化学工程与工艺专业和经济管理系电子商务专业一次通过达100%。我院各系一次通过率分别为：电子工程系99.14%，机械工程系97.71%，电气工程系96.55%，经济管理系95.35%，文法外语系93.57%。06级学生参考人数为3332，其中优秀935人，优秀率28.06%。结合以上成绩及本年度的实践教学，这里做出2007计算机文化基础实践教学分析及设想。下面从以下几个方面进行更详细的阐述。

2007年河北省计算机等级考试于4月14日顺利结束，为迎接本次考试，我院计算机教研室与计算机实验室做了充分的准备，在教学方法、实验及辅导方法上作了新的尝试，采用了任务教学和抓后进促先进的管理模式，增加了实验课时并安排了辅导。

一、 部分学生计算机基础状况调查

共调查120人，其中未能完成调查的30人，完成调查的90人中，在高中阶段开设计算机课程80人，初中阶段开设计算机课程51人，家中有计算机32人。综合调查结果有88%的学生在上大学前学习过计算机，仅12%的学生在上大学前没有学习过计算机。通过本问卷可反映出学生的计算机知识的获取并不全来自大学的学习，大部分学生在上大学前有了一定的计算机认知，只是不够系统，不能使用计算机完整的完成一项任务。

二、 任务教学法试点简介

2007年进行了实践教学的教改革尝试，在上一年度的文化基础上机辅导的基础上，经过调查和研究，提出了在上机教学环节中采用任务教学法，提高学生的独立操作能力，提出抓后进促成绩的具体手段，全面提高学生计算机操作能力和省等考成绩，经与主管领导和教务部沟通进行实验教改试点。

- 将学生自由上机实践课，统一安排教学辅导。
- 在教学中采用任务教学方法，发挥学生的主动性。
- 对实践作业批改和反馈，加强与学生的交流反馈。
- 通过教学和模拟考试，找到落后学生，专门辅导和监督。
- 对二、三、四年级的未通过学生安排统一时间练习。

1.主要内容：原上机练习无实验教师，学生出勤较低，试点后改为统一安排，根据教学大纲，设计任务书，学生通过网络服务器获得任务书，实验教师按照教学计划重点讲解，学生结合自己的能力完成任务，上交任务，实验员批改后反馈学生。根据任务完成进度和水平，结合模拟考试，找出成绩较差生，在考前重点检查和辅导。

2.目的：结合学生实际计算机水平，充分调动学生自主学习的积极性，加强沟通，提高学生的实际操作能力。

3.实现

①任务书的设计

实验任务书是实现教学任务的关键，一方面要覆盖大纲的主要知识点，另一方面任务连续，便于学生逐步完成，同时要使学生感兴趣，可切实感受到这门课程的实际应用价值。初步设计的任务书，放在FTP服务器上，学生自己下载。

②任务教学法的实施

在ftp服务器上有任务书及教学日历，常见问题，和各专业目录，学生自行下载。根据任务书，实验教师在实验中进行相关讲解，学生在课堂通过自主的学习研究，通过相讨论完成相应任务计划，然后上传于本班目录下。

学生在计算机上完成任务作业，上传到自己学号文件夹下，完成了任务作业的提交。并可在下次实验课前浏览作业的批改情况。自动化程序批改作业后，每位实验教师进行相应的分析，给出相应的建议。作业批改情况放在相应专业班级文件夹下，学生下载后浏览。

☆☆☆☆☆☆☆☆

三、 抓后进促成绩

针对河北省等级考试的成绩的提高，提出抓后进促成绩的方针。结合任务书完成情况和模拟考试结果，每班列出后五名同学， 分发任课教师和实验教师，重点辅导和检查。参加考试班级115个，后进生共575人，对这些列入名单的同学，上课点名，教师主动询问，积极安排同学互助，帮助其提高成绩。等考成绩中未通过113人，其中92人在所列名单中，虽然大部分后进同学通过，但成绩依然偏低。

下面是近三年各专业等考通过率

☆☆☆☆☆☆☆☆

在以上图表中，我们发现通过率是上升的。可见教学方法起到了一定的成效。本次考试的相关数据如下：

☆☆☆☆☆☆☆☆

通过表中抽样数据我们发现文科班的学生比理科班要差一些，在文科班中：

1、net、ppt和ftp三道题丢分比较严重。

2、汉语言2班和英语2班成绩较差，最基础的windows题丢分也较严重。

3、汉语言1班较其他班级成绩稍好一些，但也有很大需进步的空间。

这几方面在下学期的辅导中我们会针对性的加强辅导。

四、分析总结

通过一学期的试点，结合等考成绩每个实验教师都认真对成绩和不足作了总结分析，普遍认为：

1、近几年通过率保持稳定，学院各级领导的重视和务实工作作风起很大作用，与教师实验辅导员各位教师共同努力密不可分。

2、抓后进促成绩可有效的提高等考通过率。

3、任务教学法可充分调动学生的学习主动性，尤其采用网络方式，有新鲜感；同时提高了学生独立操作能力。

4、班级的出勤率、学风对成绩的提高有重要作用。

需要完善的几个方面

1、文科专业（工业设计、艺术设计）要加强辅导，对进一步提高学院整体成绩影响很大。

2、教学任务书需要不断完善，以提高学生实际操作和解决问题的能力为目标

3、后进生名单的准确程度需要不断提高，出勤率要继续提高

五、计算机文化基础实验教学设想

1. 根据里仁学院学生的状况，配合学院对教学大纲的修改工作，制定合适的实验教学计划，既满足教学要求，又调动学生学习积极性。

2. 基于网络的任务教学方法，将实际操作融入教学中，既有新鲜感，又能提高学生的实际操作水平，同时使同学了解课程作用，值得坚持。

3. 不断加强与教师和学生辅导员联系，树立良好的班风学风，紧抓缺勤学生，落后学生，对提高成绩大有作用。

3. 提高题目 sytg1. doc

2007 计算机文化基础实践教学研讨报告*

2007 年河北省计算机等级考试于 4 月 14 日顺利结束，为迎接本次考试，我院计算机教研室与计算机实验室做了充分的准备，在教学方法、实验及辅导方法上作了新的尝试，采用了任务教学和抓后进促先进的管理模式，增加了实验课时并安排了辅导。

通过师生的共同努力，我院 06 级学生考试取得了较好成绩。整体通过率为 96.61%，与去年同期相比上升了 1.5 个百分点，其中电子工程系电子科学与技术专业、机械工程系化学工程与工艺专业和经济管理系电子商务专业一次通过达 100%。我院各系一次通过率分别为：电子工程系 99.14%，机械工程系 97.71%，电气工程系 96.55%，经济管理系 95.35%，文法外语系 93.57%。06 级学生参考人数为 3332，其中优秀 935 人，优秀率 28.06%。结合以上成绩及本年度的实践教学，这里做出 2007 计算机文化基础实践教学分析及设想。下面从以下几个方面进行更详细的阐述。

2007 年河北省计算机等级考试于 4 月 14 日顺利结束，为迎接本次考试，我院计算机教研室与计算机实验室做了充分的准备，在教学方法、实验及辅导方法上作了新的尝试，采用了任务教学和抓后进促先进的管理模式，增加了实验课时并安排了辅导。

一、 部分学生计算机基础状况调查[1]

共调查 120 人，其中未能完成调查的 30 人，完成调查的 90 人中，在高中阶段开设计算机课程 80 人，初中阶段开设计算机课程 51 人，家中有计算机 32 人。综合调查结果有 88%的学生在上大学前学习过计算机，仅 12%的学生在上大学前没有学习过计算机。通过本问卷可反映出学生的计算机知识的获取并不全来自大学的学习，大部分学生在上大学前有了一定的计算机认知，只是不够系统，不能使用计算机完整的完成一项任务。

二、 任务教学法试点简介

2007 年进行了实践教学的教改革尝试，在上一年度的文化基础上机辅导的基础上，经过调查和研究，提出了在上机教学环节中采用任务教学法，提高学生的独立操作能力，提出抓后进促成绩的具体手段，全面提高学生计算机操作能力和省等考成绩，经与主管领导和教务部沟通进行实验教改试点。

- 将学生自由上机实践课，统一安排教学辅导。
- 在教学中采用任务教学方法，发挥学生的主动性。
- 对实践作业批改和反馈，加强与学生的交流反馈。
- 通过教学和模拟考试，找到落后学生，专门辅导和监督。
- 对二、三、四年级的未通过学生安排统一时间练习。

1. 主要内容：原上机练习无实验教师，学生出勤较低，试点后改为统一安排，根据教学大纲，设计任务书，学生通过网络服务器获得任务书，实验教师按照教学计划重点讲解，学生结合自己的能力完成任务，上交任务，实验员批改后反馈学生。根据任务完成进度和水平，结合模拟考试，找出成绩较差生，在考前重点检查和辅导。

2. 目的：结合学生实际计算机水平，充分调动学生自主学习的积极性，加强沟通，提高学生的实际操作能力。

3. 实现

①任务书的设计

实验任务书是实现教学任务的关键，一方面要覆盖大纲的主要知识点 另一方面任务连续，便于学生逐步完成，同时要使学生感兴趣，可切实感受到这门课程的实际应用价值。初步设计的任务书，放在 FTP 服务器上，学生自己下载。

②任务教学法的实施

在 ftp 服务器上有任务书及教学日历，常见问题，和各专业目录，学生自行下载。根据任务书，实验教师在实验中进行相关讲解，学生在课堂通过自主的学习研究，通过相讨论完成相应任务计划，然后上传于本班目录下。

学生在计算机上完成任务作业，上传到自己学号文件夹下，完成了任务作业的提交。并可在下次实验课前浏览作业的批改情况。自动化程序批改作业后，每位实验教师进行相应的分析，给出相应的建议。作业批改情况放在相应专业班级文件夹下，学生下载后浏览。

☆☆☆☆☆☆☆☆

三、 抓后进促成绩

针对河北省等级考试的成绩的提高，提出抓后进促成绩的方针。结合任务书完成情况和模拟考试结果，每班列出后五名同学， 分发任课教师和实验教师，重点辅导和检查。参加考试班级 115 个，后进生共 575 人，对这些列入名单的同学，上课点名，教师主动询问，积极安排同学互助，帮助其提高成绩。等考成绩中未通过 113 人，其中 92 人在所列名单中，虽然大部分后进同学通过，但成绩依然偏低。

下面是近三年各专业等考通过率

☆☆☆☆☆☆☆☆

在以上图表中，我们发现通过率是上升的。可见教学方法起到了一定的成效。本次考试的相关数据如下：

☆☆☆☆☆☆☆☆

通过表中抽样数据我们发现文科班的学生比理科班要差一些，在文科班中：

1、net、ppt 和 ftp 三道题丢分比较严重。

2、汉语言 2 班和英语 2 班成绩较差，最基础的 windows 题丢分也较严重。

3、汉语言 1 班较其他班级成绩稍好一些，但也有很大需进步的空间。

这几方面在下学期的辅导中我们会针对性的加强辅导。

四、分析总结

通过一学期的试点，结合等考成绩每个实验教师都认真对成绩和不足作了总结分析，普遍认为：

1、近几年通过率保持稳定，学院各级领导的重视和务实工作作风起很大作用，与教师实验辅导员各位教师共同努力密不可分。

2、抓后进促成绩可有效的提高等考通过率。

3、任务教学法可充分调动学生的学习主动性，尤其采用网络方式，有新鲜感；同时提高了学生独立操作能力。

4、班级的出勤率、学风对成绩的提高有重要作用。

需要完善的几个方面

1、文科专业（工业设计、艺术设计）要加强辅导，对进一步提高学院整体成绩影响很大。

2、教学任务书需要不断完善，以提高学生实际操作和解决问题的能力为目标。

3、后进生名单的准确程度需要不断提高，出勤率要继续提高。

五、计算机文化基础实验教学设想

1. 根据里仁学院学生的状况，配合学院对教学大纲的修改工作，制定合适的实验教学计划，既满足教学要求，又调动学生学习积极性。

2. 基于网络的任务教学方法，将实际操作融入教学中，既有新鲜感，又能提高学生的实际操作水平，同时使同学了解课程作用，值得坚持。

3. 不断加强与教师和学生辅导员联系，树立良好的班风学风，紧抓缺勤学生，落后学生，对提高成绩大有作用。

---

[1] 魏德生 监控系统的设计与实现

实验四　Word 2000 文档格式设置

1. 基本题目 sy 美化版 . doc（前 4 页）样文

2007 计算机文化基础实践教学研讨报告

2007 年河北省计算机等级考试于 4 月 14 日顺利结束，为迎接本次考试，我院计算机教研室与计算机实验室做了充分的准备，在教学方法、实验及辅导方法上作了新的尝试，采用了任务教学和抓后进促先进的管理模式，增加了实验课时并安排了辅导。

通过师生的共同努力，我院 06 级学生考试取得了较好成绩。整体通过率为 96.61%，与去年同期相比上升了 1.5 个百分点，其中电子工程系电子科学与技术专业、机械工程系化学工程与工艺专业和经济管理系电子商务专业一次通过达 100%。我院各系一次通过率分别为：电子工程系 99.14%，机械工程系 97.71%，电气工程系 96.55%，经济管理系 95.35%，文法外语系 93.57%。06 级学生参考人数为 3332，其中优秀 935 人，优秀率 28.06%。结合以上成绩及本年度的实践教学，这里做出 2007 计算机文化基础实践教学分析及设想。下面从以下几个方面进行更详细的阐述。

一、　部分学生计算机基础状况调查

共调查 120 人，其中未能完成调查的 30 人，完成调查的 90 人中，在高中阶段开设计算机课程 80 人，初中阶段开设计算机课程 51 人，家中有计算机 32 人。综合调查结果有 88%的学生在上大学前学习过计算机，仅 12%的学生在上大学前没有学习过计算机。通过本问卷可反映出学生的计算机知识的获取并不全来自大学的学习，大部分学生在上大学前有了一定的计算机认知，只是不够系统，不能使用计算机完整的完成一项任务。

二、　任务教学法试点简介

2007 年进行了实践教学的教改革尝试，在上一年度的文化基础上机辅导的基础上，经过调查和研究，提出了在上机教学环节中采用任务教学法，提高学生的独立操作能力，提出抓后进促成绩的具体手段，全面提高学生计算机操作能力和省等考成绩，经与主管领导和教务部沟通进行实验教改试点。

- 将学生自由上机实践课，统一安排教学辅导。
- 在教学中采用任务教学方法，发挥学生的主动性。
- 对实践作业批改和反馈，加强与学生的交流反馈。
- 通过教学和模拟考试，找到落后学生，专门辅导和监督。
- 对二、三、四年级的未通过学生安排统一时间练习。

1. 主要内容：原上机练习无实验教师，学生出勤较低，试点后改为统一安排，根据教学大纲，设计任务书，学生通过网络服务器获得任务书，实验教师按照教学计划重点讲解，学生结合自己的能力完成任务，上交任务，实验员批改后反馈学生。根据任务完成进度和水平，结合模拟考试，找出成绩较差生，在考前重点检查和辅导。

2. 目的：结合学生实际计算机水平，充分调动学生自主学习的积极性，加强沟通，提高学生的实际操作能力。

3. 实现

①任务书的设计

实验任务书是实现教学任务的关键，一方面要覆盖大纲的主要知识点，另一方面任务连续，便于学生逐步完成，同时要使学生感兴趣，可切实感受到这门课程的实际应用价值。初步设计的任务书，放在 FTP 服务器上，学生自己下载。

②任务教学法的实施

在 ftp 服务器上有任务书及教学日历，常见问题，和各专业目录，学生自行下载。根据任务书，实验教师在实验中进行相关讲解，学生在课堂通过自主的学习研究，通过相讨论完成相应任务计划，然后上传于本班目录下。

学生在计算机上完成任务作业，上传到自己学号文件夹下，完成了任务作业的提交。并可在下次实验课前浏览作业的批改情况。自动化程序批改作业后，每位实验教师进行相应的分析，给出相应的建议。作业批改情况放在相应专业班级文件夹下，学生下载后浏览。

★★★★★★★★

三、　抓后进促成绩

针对河北省等级考试的成绩的提高，提出抓后进促成绩的方针。结合任务书完成情况和模拟考试结果，每班列出后五名同学，分发任课教师和实验教师，重点辅导和检查。参加考试班级 115 个，后进生共 575 人，对这些列入名单的同学，上课点名，教师主动询问，积极安排同学互助，帮助其提高成绩。等考成绩中未通过 113 人，其中 92 人在所列名单中，虽然大部分后进同学通过，但成绩依然偏低。

下面是近三年各专业等考通过率

★★★★★★★★

在以上图表中，我们发现通过率是上升的。可见教学方法起到了一定的成效。本次考试的相关数据如下：

★★★★★★★★

通过表中抽样数据我们发现文科班的学生比理科班要差一些，在文科班中：

1、net、ppt 和 ftp 三道题丢分比较严重。

2、汉语言 2 班和英语 2 班成绩较差，最基础的 windows 题丢分也较严重。

3、汉语言 1 班较其他班级成绩稍好一些，但也有很大需进步的空间。

这几方面在下学期的辅导中我们会针对性的加强辅导。

四、分析总结

通过一学期的试点，结合等考成绩每个实验教师都认真对成绩和不足作了总结分析，普遍认为：

1、近几年通过率保持稳定，学院各级领导的重视和务实工作作风起很大作用，与教师实验辅导员各位教师共同努力密不可分。

2、抓后进促成绩可有效的提高等考通过率。

3、任务教学法可充分调动学生的学习主动性，尤其采用网络方式，有新鲜感；同时提高了学生独立操作能力。

4、班级的出勤率、学风对成绩的提高有重要作用。

需要完善的几个方面

1、文科专业（工业设计、艺术设计）要加强辅导，对进一步提高学院整体成绩影响很大。

2、教学任务书需要不断完善，以提高学生实际操作和解决问题的能力为目标。

3、后进生名单的准确程度需要不断提高，出勤率要继续提高。

五、计算机文化基础实验教学设想

1. 根据里仁学院学生的状况，配合学院对教学大纲的修改

2. 补充题目 sybc2. doc（前 2 页）样文

2007 计算机文化基础实践教学研讨报告

2007 年河北省计算机等级考试于 4 月 14 日顺利结束，为迎接本次考试，我院计算机教研室与计算机实验室做了充分的准备，在教学方法、实验及辅导方法上作了新的尝试，采用了任务教学和抓后进促先进的管理模式，增加了实验课时并安排了辅导。

通过师生的共同努力，我院 06 级学生考试取得了较好成绩。整体通过率为 96.61%，与去年同期相比上升了 1.5 个百分点，其中电子工程系电子科学与技术专业、机械工程系化学工程与工艺专业和经济管理系电子商务专业一次通过达 100%。我院各系一次通过率分别为：电子工程系 99.14%，机械工程系 97.71%，电气工程系 96.55%，经济管理系 95.35%，文法外语系 93.57%。06 级学生参考人数为 3332，其中优秀 935 人，优秀率 28.06%。结合以上成绩及本年度的实践教学，这里做出 2007 计算机文化基础实践教学分析及设想。下面从以下几个方面进行更详细的阐述。

一、 部分学生计算机基础状况调查

共调查 120 人，其中未能完成调查的 30 人，完成调查的 90 人中，在高中阶段开设计算机课程 80 人，初中阶段开设计算机课程 51 人，家中有计算机 32 人。综合调查结果有 88%的学生在上大学前学习过计算机，仅 12%的学生在上大学前没有学习过计算机。通过本问卷可反映出学生的计算机知识的获取并不全来自大学的学习，大部分学生在上大学前有了一定的计算机认知，只是不够系统，不能使用计算机完整的完成一项任务。

二、 任务教学法试点简介

2007 年进行了实践教学的教改革尝试，在上一年度的文化基础上机辅导的基础上，经过调查和研究，提出了在上机教学环节中采用任务教学法，提高学生的独立操作能力，提出抓后进促成绩的具体手段，全面提高学生计算机操作能力和省等考成绩，经与主管领导和教务部沟通进行实验教改试点。

- ◆ 将学生自由上机实践课，统一安排教学辅导。
- ◆ 在教学中采用任务教学方法，发挥学生的主动性。
- ◆ 对实践作业批改和反馈，加强与学生的交流反馈。
- ◆ 通过教学和模拟考试，找到落后学生，专门辅导和监督。
- ◆ 对二、三、四年级的未通过学生安排统一时间练习。

1. 主要内容：原上机练习无实验教师，学生出勤较低，试点后改为统一安排，根据教学大纲，设计任务书，学生通过网络服务器获得任务书，实验教师按照教学计划重点讲解，学生结合自己的能力完成任务，上交任务，实验员批改后反馈学生。根据任务完成进度和水平，结合模拟考试。

3. 提高题目 sytg2. doc（第 1 页和第 4 页）样文

2007 计算机文化基础实践教学研讨报告

2007 年河北省计算机等级考试于 4 月 14 日顺利结束，为迎接本次考试，我院计算机教研室与计算机实验室做了充分的准备，在教学方法、实验及辅导方法上作了新的尝试，采用了任务教学和抓后进促先进的管理模式，增加了实验课时并安排了辅导。

通过师生的共同努力，我院 06 级学生考试取得了较好成绩。整体通过率为 96.61%，与去年同期相比上升了 1.5 个百分点，其中电子工程系电子科学与技术专业、机械工程系化学工程与工艺专业和经济管理系电子商务专业一次通过达 100%。我院各系一次通过率分别为：电子工程系 99.14%，机械工程系 97.71%，电气工程系 96.55%，经济管理系 95.35%，文法外语系 93.57%。06 级学生参考人数为 3332，其中优秀 935 人，优秀率 28.06%。结合以上成绩及本年度的实践教学，这里做出 2007 计算机文化基础实践教学分析及设想。下面从以下几个方面进行更详细的阐述。

一、 部分学生计算机基础状况调查

共调查 120 人，其中未能完成调查的 30 人，完成调查的 90 人中，在高中阶段开设计算机课程 80 人，初中阶段开设计算机课程 51 人，家中有计算机 32 人。综合调查结果有 88%的学生在上大学前学习过计算机，仅 12%的学生在上大学前没有学习过计算机。通过本问卷可反映出学生的计算机知识的获取并不全来自大学的学习，大部分学生在上大学前有了一定的计算机认知，只

改工作，制定合适的实验教学计划，既满足教学要求，又调动学生学习积极性。

2. 基于网络的任务教学方法，将实际操作融入教学中，既有新鲜感，又能提高学生的实际操作水平，同时使同学了解课程作用，值得坚持。

3. 不断加强与教师和学生辅导员联系，树立良好的班风学风，紧抓缺勤学生，落后学生，对提高成绩大有作用。

实验五 熟悉 Word 2000 表格

1. 基本题目 成绩分析 . doc 样文（略）。
2. 补充题目 sybc3. doc 样文（略）。
3. 提高题目 sytg3. doc 样文（略）。

姓名	数学	物理	化学	马列	计算机	总成绩	平均成绩
王引	85	87	76	80	90	418	83.6
崔剑	87	76	80	90	78	411	82.2
林沛	80	90	86	82	87	425	85
李明丽	82	78	80	90	79	409	81.8
张学颖	0	85	87	92	94	358	71.6
刘亚娟	56	78	67	87	76	364	72.8
张青	80	78	67	88	76	389	77.8

实验六　熟悉 Word 2000 图文混排

1. 基本题目 sy1. doc（第 3、4 页）样文

②任务教学法的实施

在 ftp 服务器上有任务书及教学日历，常见问题，和各专业目录，学生自行下载。根据任务书，实验教师在实验中进行相关讲解，学生在课堂通过自主的学习研究，通过相讨论完成相应任务计划，然后上传于本班目录下。

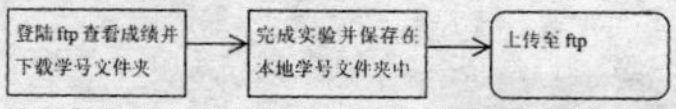

学生在计算机上完成任务作业，上传到自己学号文件夹下，完成了任务作业的提交。并可在下次实验课前浏览作业的批改情况。自动化程序批改作业后，每位实验教师进行相应的分析，给出相应的建议。作业批改情况放在相应专业班级文件夹下，学生下载后浏览。

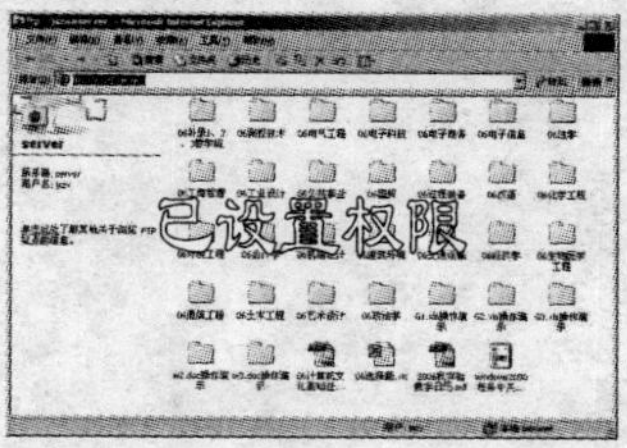

ftp 目录

★★★★★★★★

三、　**抓后进促成绩**

针对河北省等级考试的成绩的提高，提出抓后进促成绩的方针。结合任务书完成情况和模拟考试结果，每班列出后五名同学，分发任课教师和实验教师，重点辅导和检查。参加考试班级 115 个，后进生共 575 人，对这些列入名单的同学，上课点名，教师主动询问，积极安排同学互助，帮助其提高成绩。等考成绩中未通过 113 人，其中 92 人在所列名单中，虽然大部分后进同学通过，但成绩依然偏低。

下面是近三年各专业等考通过率

★★★★★★★★

在以上图表中，我们发现通过率是上升的。可见教学方法起到了一定的成效。本次考试的相关数据如下：

★★★★★★★★

通过表中抽样数据我们发现文科班的学生比理科班要差一些，在文科班中：

项目 专业	通过	未过	优秀	总计	通过率
电气工程	159	5	73		98%
电子科技	74	0	45		100%
建筑环境	83	2	31		98%
法学	71	4	5		95%
汉语言文学	41	3	15		95%
艺术设计	18	4	2		83%
备注	本表格只含部分专业				

1、net、ppt 和 ftp 三道题丢分比较严重。

2、汉语言 2 班和英语 2 班成绩较差，最基础的 windows 题丢分也较严重。

3、汉语言 1 班较其他班级成绩稍好一些，但也有很大需……

2. 补充题目 sybc4. doc（第 1 页）样文

2007计算机文化基础实践教学研讨报告

2007 年河北省计算机等级考试于 4 月 14 日顺利结束，为迎接本次考试，我院计算机教研室与计算机实验室做了充分的准备，在教学方法、实验及辅导方法上作了新的尝试，采用了任务教学和抓后进促先进的管理模式，增加了实验课时并安排了辅导。

通过师生的共同努力，我院 06 级学生考试取得了较好成绩。整体通过率为 96.61%，与去年同期相比上升了 1.5 个百分点，其中电子工程系电子科学与技术专业、机械工程系化学工程与工艺专业和经济管理系电子商务专业一次通过达 100%。我院各系一次通过率分别为：电子工程系 99.14%，机械工程系 97.71%，电气工程系 96.55%，经济管理系 95.35%，文法外语系 93.57%。06 级学生参考人数为 3332，其中优秀 935 人，优秀率 28.06%。结合以上成绩及本年度的实践教学，这里做出 2007 计算机文化基础实践教学分析及设想。下面从以下几个方面进行更详细的阐述。

一、　**部分学生计算机基础状况调查**

共调查 120 人，其中未能完成调查的 30 人，完成调查的 90 人中，在高中阶段开设计算机课程 80 人，初中阶段开设计算机课程 51 人，家中有计算机 32 人。综合调查结果有 88% 的学生在上大学前学习过计算机，仅 12% 的学生在上大学前没有学习过计算机。通过本问卷可反映出学生的计算机知识的获取并不全来自大学的学习，大部分学生在上大学前有了一定的计算机认知，只是不够系统，不能使用计算机完整的完成一项任务。

3. 提高题目 sytg4. doc 样文

$$\oint_r F dx = \iint_R \frac{\partial F}{\partial y} dx dy$$

第 4 章　Excel 2000

实验七　Excel 2000 工作表编辑与格式设置

1. 基本实验 CRE. xls 样文

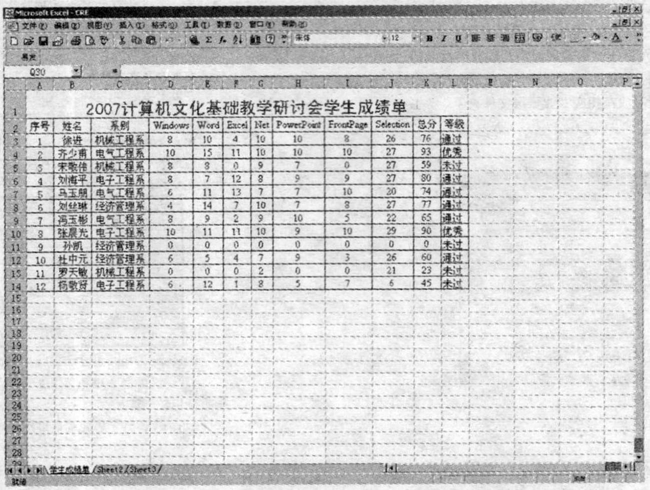

2007计算机文化基础教学研讨会学生成绩单

序号	姓名	系别	Windows	Word	Excel	Net	PowerPoint	FrontPage	Selection	总分	等级
1	徐进	机械工程系	8	10	4	10	10	8	26	76	通过
2	齐少甫	电气工程系	10	15	11	10	10	10	27	93	优秀
3	宋敬伟	机械工程系	8	8	0	9	7	0	27	59	未过
4	刘海平	电子工程系	8	7	12	8	9	9	27	80	通过
5	马玉朋	电气工程系	6	11	13	7	7	10	20	74	通过
6	刘丝琳	经济管理系	4	14	7	10	7	8	27	77	通过
7	冯玉彬	电气工程系	8	9	2	9	10	5	22	65	通过
8	张晨光	电子工程系	10	11	11	10	9	10	29	90	优秀
9	孙凯	经济管理系	0	0	0	0	0	0	0	0	未过
10	杜中元	经济管理系	6	5	4	7	9	3	26	60	通过
11	罗天敏	机械工程系	0	0	0	2	0	0	21	23	未过
12	杨敬贤	电子工程系	6	12	1	8	5	7	6	45	未过

2. 补充实验完成 CREBC. xls 样文

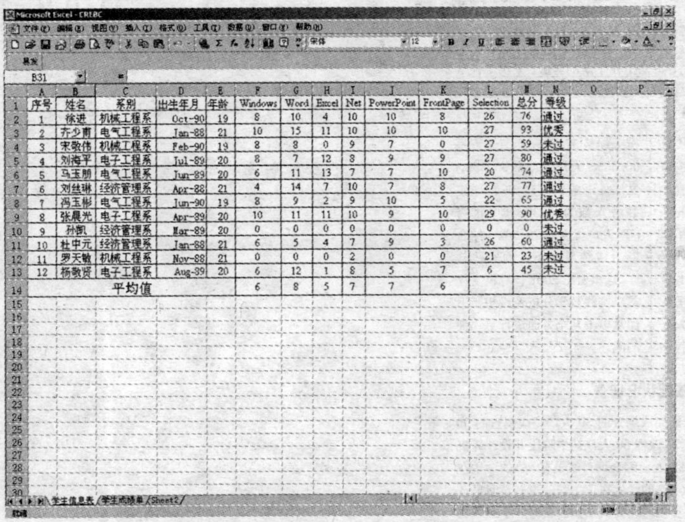

序号	姓名	系别	出生年月	年龄	Windows	Word	Excel	Net	PowerPoint	FrontPage	Selection	总分	等级
1	徐进	机械工程系	Oct-90	19	8	10	4	10	10	8	26	76	通过
2	齐少甫	电气工程系	Jan-88	21	10	15	11	10	10	10	27	93	优秀
3	宋敬伟	机械工程系	Feb-90	19	8	8	0	9	7	0	27	59	未过
4	刘海平	电子工程系	Jul-89	20	8	7	12	8	9	9	27	80	通过
5	马玉朋	电气工程系	Jun-89	20	6	11	13	7	7	10	20	74	通过
6	刘丝琳	经济管理系	Apr-88	21	4	14	7	10	7	8	27	77	通过
7	冯玉彬	电气工程系	Jun-90	19	8	9	2	9	10	5	22	65	通过
8	张晨光	电子工程系	Apr-89	20	10	11	11	10	9	10	29	90	优秀
9	孙凯	经济管理系	Mar-89	20	0	0	0	0	0	0	0	0	未过
10	杜中元	经济管理系	Jan-88	21	6	5	4	7	9	3	26	60	通过
11	罗天敏	机械工程系	Nov-88	21	0	0	0	2	0	0	21	23	未过
12	杨敬贤	电子工程系	Aug-89	20	6	12	1	8	5	7	6	45	未过
平均值					6	8	5	7	7	6			

实验八　Excel 2000 图表操作

1. 基本实验——成绩统计图 . xls 样文

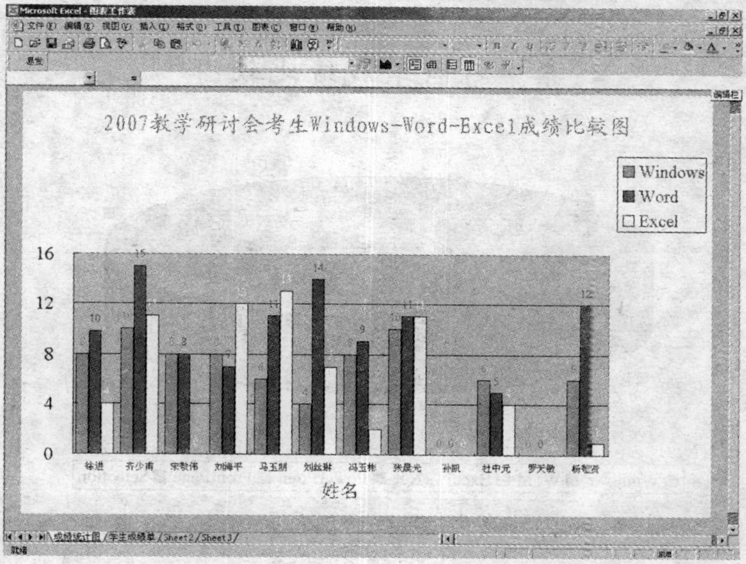

2. 基本实验——总分比较图 . xls 样文

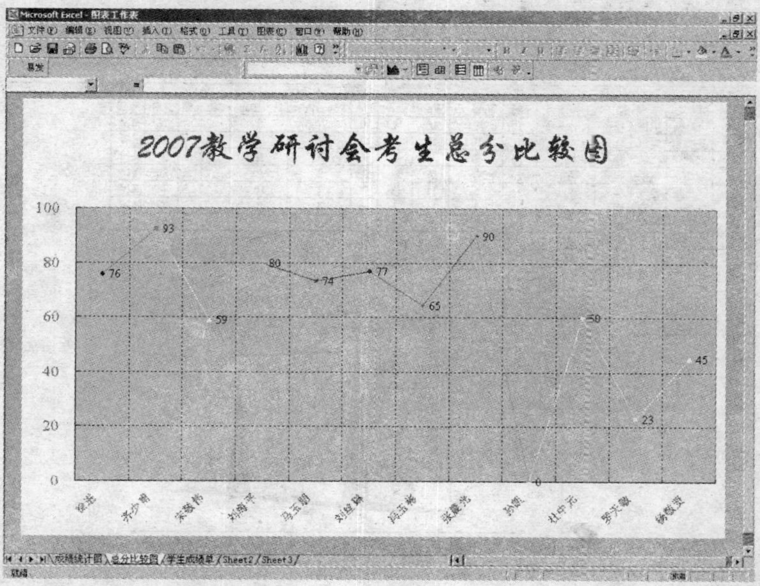

3. 基本实验——齐少甫同学成绩统计表.xls 样文

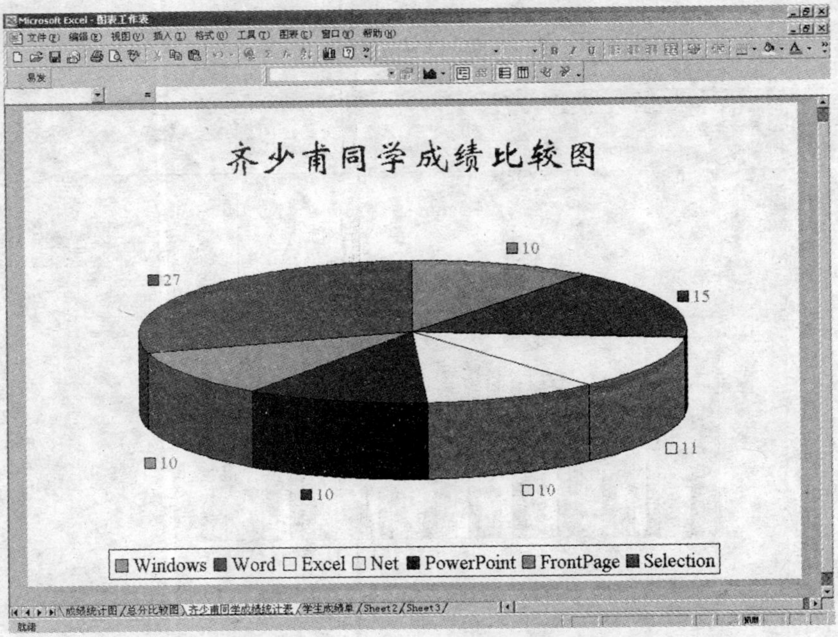

4. 补充实验——平均分比较图.xls 样文

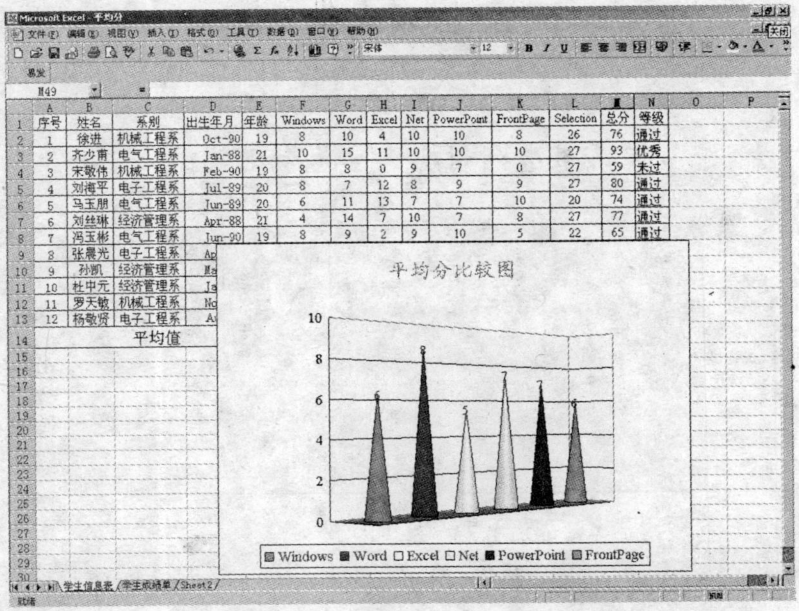

5. 提高实验——平均分比较图 . xls 样文

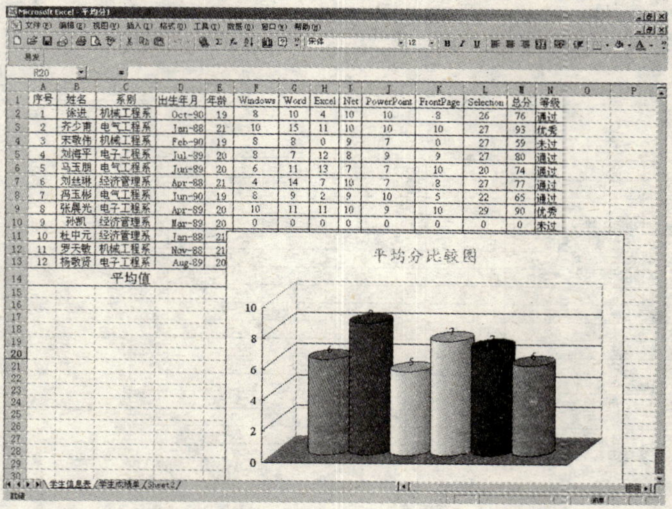

序号	姓名	系别	出生年月	年龄	Windows	Word	Excel	Net	PowerPoint	FrontPage	Selection	总分	等级
1	徐进	机械工程系	Oct-90	19	8	10	4	10	10	8	26	76	通过
2	齐少甫	电气工程系	Jan-88	21	10	15	11	10	10	10	27	93	优秀
3	宋敬伟	机械工程系	Feb-90	19	8	8	0	9	7	0	27	59	未过
4	刘海平	电子工程系	Jul-89	20	8	7	12	8	9	9	27	80	通过
5	马玉朋	电气工程系	Jun-89	20	6	11	13	7	7	10	20	74	通过
6	刘丝琳	经济管理系	Apr-88	21	4	14	7	10	7	8	27	77	通过
7	冯玉彬	电气工程系	Jun-90	19	8	9	2	9	10	5	22	65	通过
8	张晨光	电子工程系	Apr-89	20	10	11	11	10	9	10	29	90	优秀
9	孙凯	经济管理系	Mar-89	20	0	0	0	0	0	0	0	0	未过
10	杜中元	经济管理系	Jan-88	21									
11	罗天敏	机械工程系	Nov-88	21									
12	杨敬贤	电子工程系	Aug-89	20									
	平均值												

实验九　Excel 2000 数据库操作

1. 基本实验——排序筛选 . xls 样文

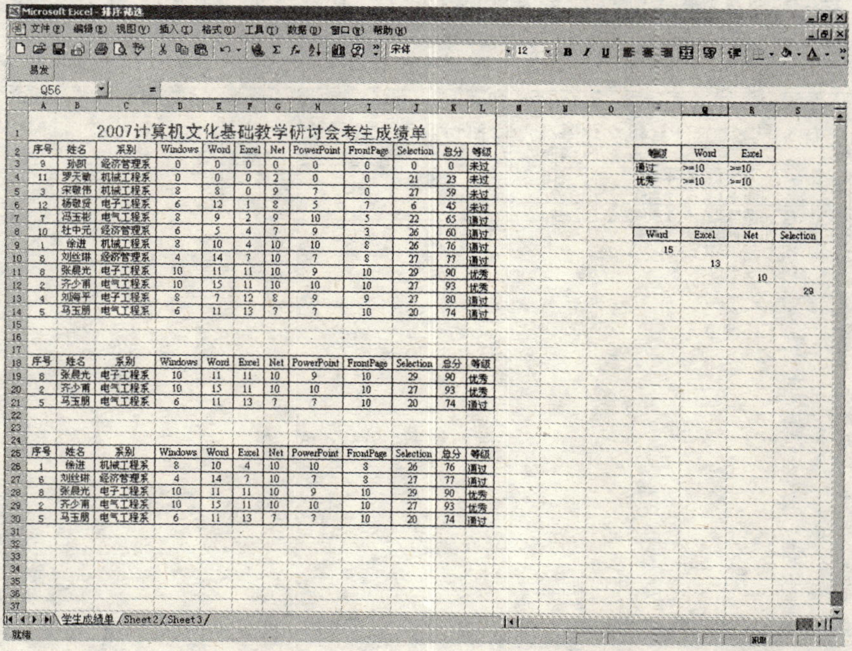

2007计算机文化基础教学研讨会考生成绩单

序号	姓名	系别	Windows	Word	Excel	Net	PowerPoint	FrontPage	Selection	总分	等级
9	孙凯	经济管理系	0	0	0	0	0	0	0	0	未过
11	罗天敏	机械工程系	0	0	0	2	0	0	21	23	未过
3	宋敬伟	机械工程系	8	8	0	9	7	0	27	59	未过
12	杨敬贤	电子工程系	6	12	1	8	5	7	6	45	未过
7	冯玉彬	电气工程系	8	9	2	9	10	5	22	65	通过
10	杜中元	经济管理系	6	5	4	7	9	3	26	60	通过
1	徐进	机械工程系	8	10	4	10	10	8	26	76	通过
6	刘丝琳	经济管理系	4	14	7	10	7	8	27	77	通过
8	张晨光	电子工程系	10	11	11	10	9	10	29	90	优秀
2	齐少甫	电气工程系	10	15	11	10	10	10	27	93	优秀
4	刘海平	电子工程系	8	7	12	8	9	9	27	80	通过
5	马玉朋	电气工程系	6	11	13	7	7	10	20	74	通过

等级	Word	Excel
通过	>=10	>=10
优秀	>=10	>=10

Word	Excel	Net	Selection
15			
	13		
		10	
			29

序号	姓名	系别	Windows	Word	Excel	Net	PowerPoint	FrontPage	Selection	总分	等级
8	张晨光	电子工程系	10	11	11	10	9	10	29	90	优秀
2	齐少甫	电气工程系	10	15	11	10	10	10	27	93	优秀
5	马玉朋	电气工程系	6	11	13	7	7	10	20	74	通过

序号	姓名	系别	Windows	Word	Excel	Net	PowerPoint	FrontPage	Selection	总分	等级
1	徐进	机械工程系	8	10	4	10	10	8	26	76	通过
6	刘丝琳	经济管理系	4	14	7	10	7	8	27	77	通过
8	张晨光	电子工程系	10	11	11	10	9	10	29	90	优秀
2	齐少甫	电气工程系	10	15	11	10	10	10	27	93	优秀
5	马玉朋	电气工程系	6	11	13	7	7	10	20	74	通过

2. 基本实验——分类汇总 . xls 样文

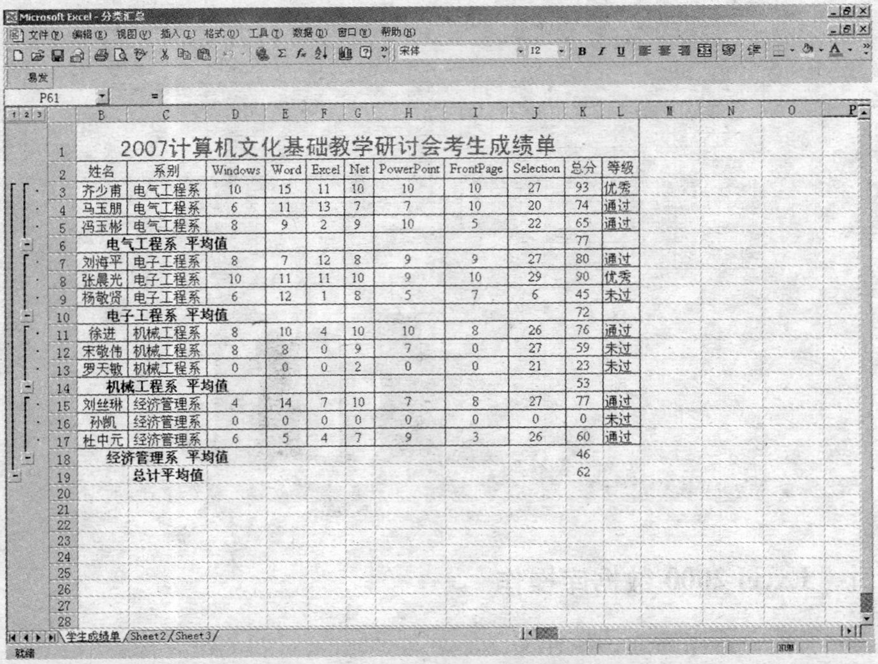

姓名	系别	Windows	Word	Excel	Net	PowerPoint	FrontPage	Selection	总分	等级
齐少甫	电气工程系	10	15	11	10	10	10	27	93	优秀
马玉朋	电气工程系	6	11	13	7	7	10	20	74	通过
冯玉彬	电气工程系	8	9	2	9	10	5	22	65	通过
电气工程系 平均值									77	
刘海平	电子工程系	8	7	12	8	9	9	27	80	通过
张晨光	电子工程系	10	11	11	10	9	10	29	90	优秀
杨敬贤	电子工程系	6	12	1	8	5	7	6	45	未过
电子工程系 平均值									72	
徐进	机械工程系	8	10	4	10	10	8	26	76	通过
宋敬伟	机械工程系	8	8	0	9	7	0	27	59	未过
罗天敏	机械工程系	0	0	0	2	0	0	21	23	未过
机械工程系 平均值									53	
刘丝琳	经济管理系	4	14	7	10	7	8	27	77	通过
孙凯	经济管理系	0	0	0	0	0	0	0	0	未过
杜中元	经济管理系	6	5	4	7	9	3	26	60	通过
经济管理系 平均值									46	
总计平均值									62	

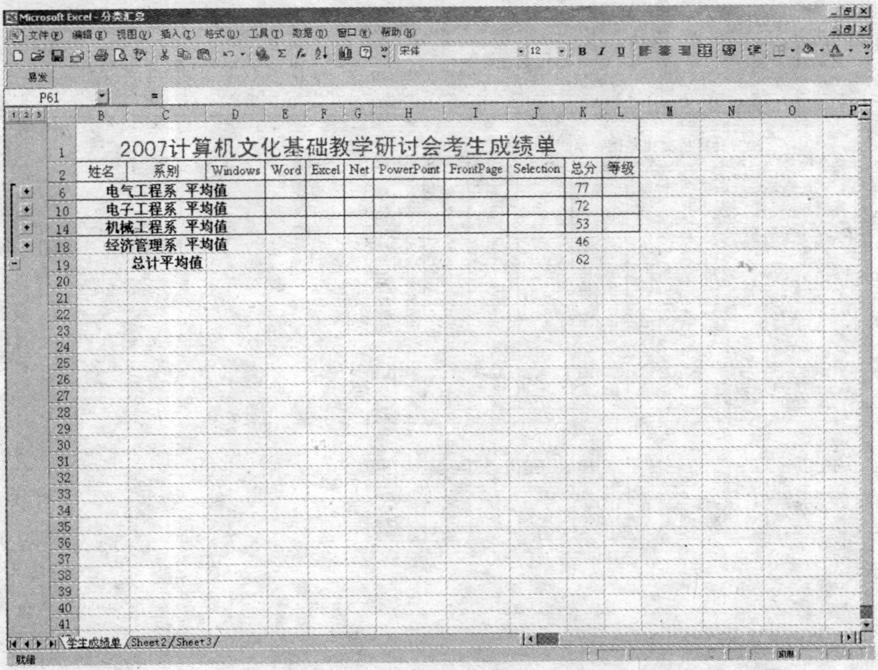

姓名	系别	Windows	Word	Excel	Net	PowerPoint	FrontPage	Selection	总分	等级
电气工程系 平均值									77	
电子工程系 平均值									72	
机械工程系 平均值									53	
经济管理系 平均值									46	
总计平均值									62	

3. 基本实验——数据透视表 . xls 样文

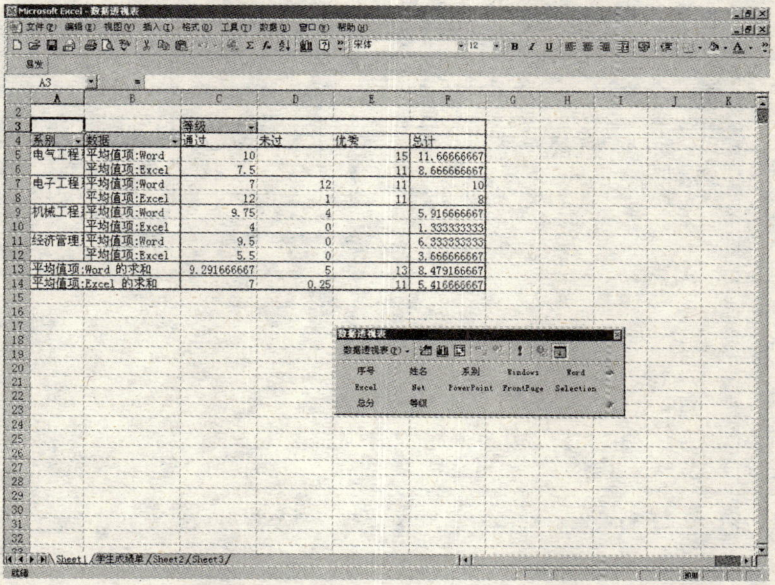

	系别	数据	等级: 通过	未过	优秀	总计
5	电气工程系	平均值项:Word	10		15	11.66666667
6		平均值项:Excel	7.5		11	8.666666667
7	电子工程系	平均值项:Word	7	12	11	10
8		平均值项:Excel	12	1	11	8
9	机械工程系	平均值项:Word	9.75	4		5.916666667
10		平均值项:Excel	4	0		1.333333333
11	经济管理系	平均值项:Word	9.5	0		6.333333333
12		平均值项:Excel	5.5	0		3.666666667
13	平均值项:Word 的求和		9.291666667	5	13	8.479166667
14	平均值项:Excel 的求和		7	0.25	11	5.416666667

4. 补充实验——排序筛选 BC. xls 样文

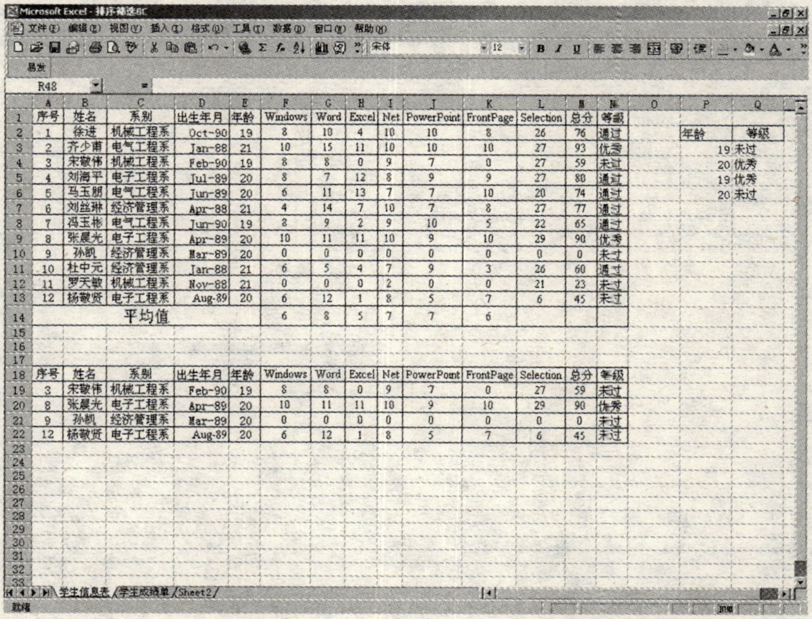

	序号	姓名	系别	出生年月	年龄	Windows	Word	Excel	Net	PowerPoint	FrontPage	Selection	总分	等级
2	1	徐进	机械工程系	Oct-90	19	8	10	4	10	10	8	26	76	通过
3	2	齐少甫	电气工程系	Jan-88	21	10	15	11	10	10	10	27	93	优秀
4	3	宋敬伟	机械工程系	Feb-90	19	8	8	0	9	7	0	27	59	未过
5	4	刘海平	电子工程系	Jul-89	20	8	7	12	8	9	9	27	80	通过
6	5	马玉朋	电气工程系	Jun-89	20	6	11	13	7	7	10	20	74	通过
7	6	刘丝琳	经济管理系	Apr-88	21	4	14	7	10	7	8	27	77	通过
8	7	冯玉彬	电气工程系	Jun-90	19	8	9	2	9	10	5	22	65	通过
9	8	张晨光	电子工程系	Apr-89	20	10	11	11	10	9	10	29	90	优秀
10	9	孙凯	经济管理系	Mar-89	20	0	0	0	0	0	0	0	0	未过
11	10	杜中元	经济管理系	Jan-88	21	6	5	4	7	9	3	26	60	通过
12	11	罗天敏	机械工程系	Nov-88	21	0	0	0	2	0	0	21	23	未过
13	12	杨敏贤	电子工程系	Aug-89	20	6	12	1	8	5	7	6	45	未过
14			平均值			6	8	5	7	7	6			

年龄	等级
19	未过
20	优秀
19	优秀
20	未过

	序号	姓名	系别	出生年月	年龄	Windows	Word	Excel	Net	PowerPoint	FrontPage	Selection	总分	等级
19	3	宋敬伟	机械工程系	Feb-90	19	8	8	0	9	7	0	27	59	未过
20	8	张晨光	电子工程系	Apr-89	20	10	11	11	10	9	10	29	90	优秀
21	9	孙凯	经济管理系	Mar-89	20	0	0	0	0	0	0	0	0	未过
22	12	杨敏贤	电子工程系	Aug-89	20	6	12	1	8	5	7	6	45	未过

5. 补充实验——数据透视表 BC. xls 样文

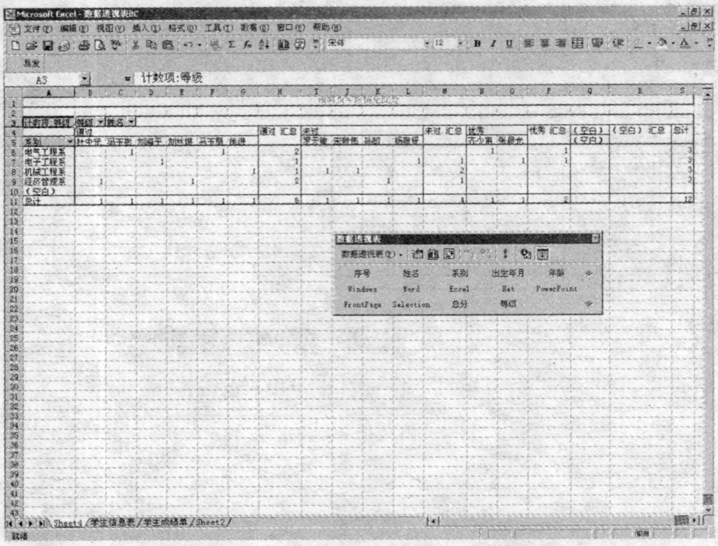

6. 提高实验——实验九基本实验题目 . xls 样文

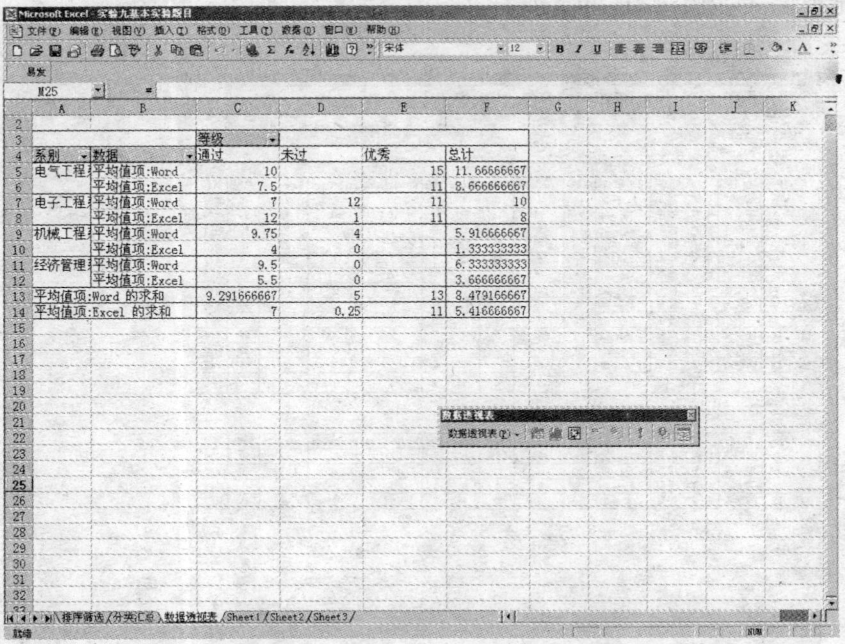

		等级			
系别	数据	通过	未过	优秀	总计
电气工程	平均值项:Word	10		15	11.66666667
	平均值项:Excel	7.5		11	8.666666667
电子工程	平均值项:Word	7	12	11	10
	平均值项:Excel	12	1	11	8
机械工程	平均值项:Word	9.75	4		5.916666667
	平均值项:Excel	4	0		1.333333333
经济管理	平均值项:Word	9.5	0		6.333333333
	平均值项:Excel	5.5	0		3.666666667
平均值项:Word 的求和		9.291666667	5	13	8.479166667
平均值项:Excel 的求和		7	0.25	11	5.416666667

第 5 章 PowerPoint 2000 样文

实验十 PowerPoint 基本操作

1. 基本题目样文

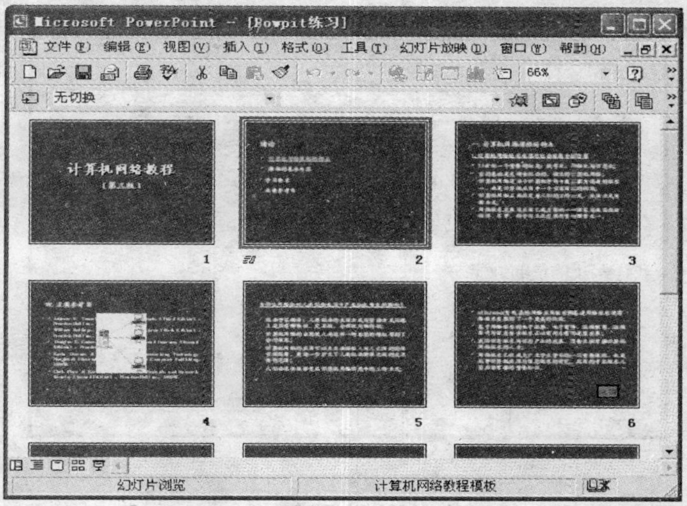

2. 补充题目样文

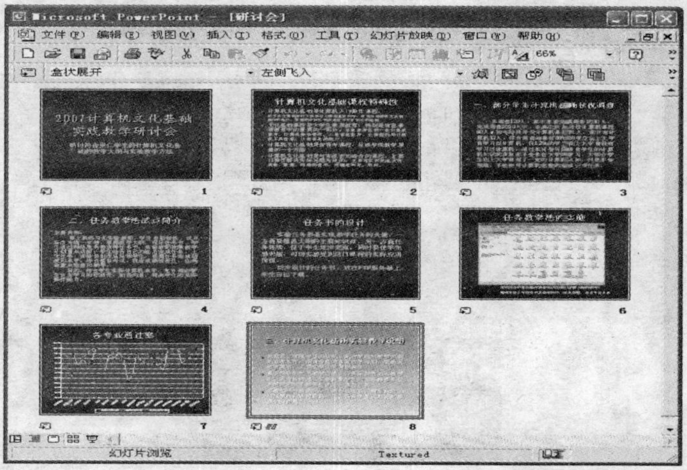

3. 提高题目样文（略）

第 7 章　FrontPage 2000 样文

实验十三　用 HTML 制作简单的网页

1. 基本题目样文

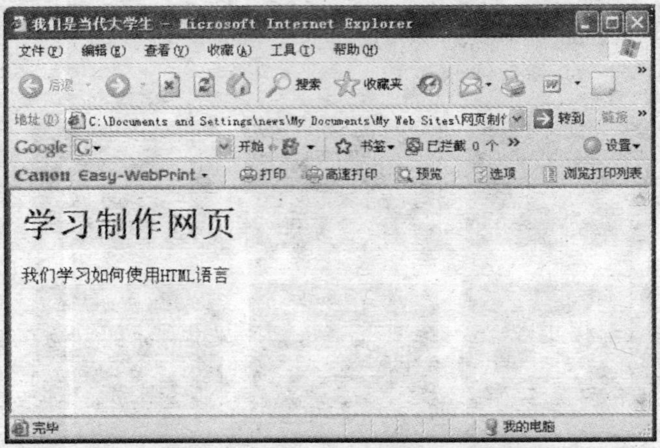

实验十四　用 FrontPage 制作简单的网页

1. 基本题目样文

2. 提高题目样文

FrontPage 的框架制作

1. 基本题目样文

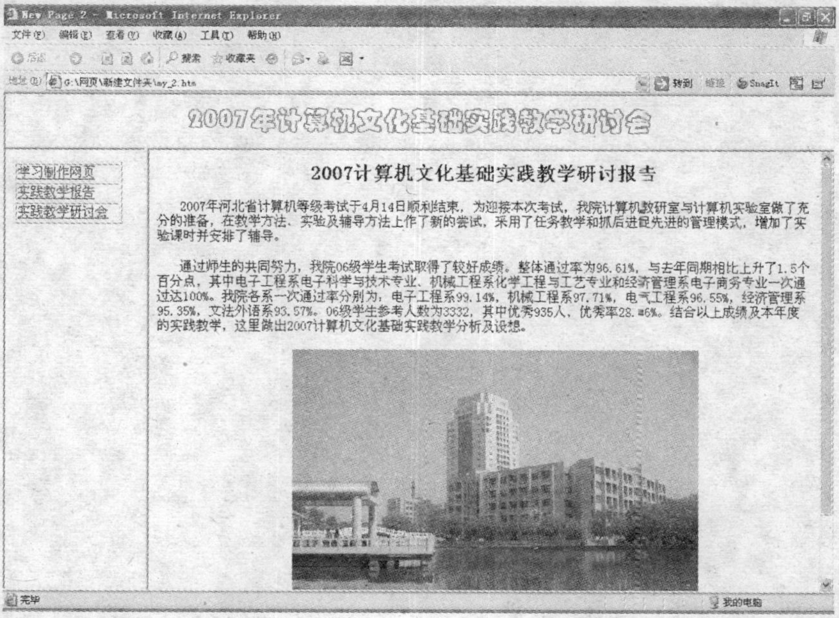

2. 提高题目样文

New Page 1 - Microsoft Internet Explorer
文件(F) 编辑(E) 查看(V) 收藏(A) 工具(T) 帮助(H)
后退 搜索 收藏夹
地址(D) G:\网页\mypage4.htm
转到 链接 SnagIt
Yanshan University
学习制作网页
实践教学报告
实践教学研讨会
2007计算机文化基础实践教学研讨报告
2007年河北省计算机等级考试于4月14日顺利结束，为迎接本次考试，我院计算机教研室与计算机实验室做了充分的准备，在教学方法、实验及辅导方法上作了新的尝试，采用了任务教学和抓后进促先进的管理模式，增加了实验课时并安排了辅导。
通过师生的共同努力，我院06级学生考试取得了较好成绩。整体通过率为96.61%，与去年同期相比上升了1.5个百分点，其中电子工程系电子科学与技术专业、机械工程系化学工程与工艺专业和经济管理系电子商务专业一次通过达100%。我院各系一次通过率分别为：电子工程系99.14%，机械工程系97.71%，电气工程系96.55%，经济管理系95.35%，文法外语系93.57%。06级学生参考人数为3332，其中优秀935人，优秀率28.06%。结合以上成绩及本年度的实践教学，这里做出2007计算机文化基础实践教学分析及设想。
完毕
我的电脑

附录Ⅱ　常见问题及解答

一、Windows 部分

1. 问：Windows 默认的启动方式是什么？

答：通常方式。

2. 问：Windows 系统下，使用“开始”菜单项“程序中”MS-DOS 方式进入 DOS 操作，现返回 Windows 要如何操作？

答：在 DOS 窗口内键入 exit。

二、word 部分

1. 问：我的窗口中“格式”工具栏怎么不见了？怎么打开消失了的工具栏？

答：可通过“视图”菜单中的“工具栏”菜单项打开我们所需的工具栏。或者在菜单栏和任一工具栏上右击，在快捷菜单中选择要打开的工具栏。

2. 问：我怎么在“常用”工具栏上找不到“格式刷”按钮？

答：在工具栏的使用过程中有时会出现这样的情况，部分工具栏按钮不见了，其实并不是不见了而是被隐藏了，要想找到这些按钮有两种方法：第一种是将工具栏放在不同行显示。图 2－10 中圆圈处的部分是一条垂直方向的直线，所有的工具栏都有此部分，它是一个可以拖动的区域，拖动它到另外一行即可显示其他按钮；第二种方法是点击如“图 1”矩形框中的部分，即可显示隐藏的按钮。

图 1　常用工具栏

3. 问：我做错了一步，想重做，怎么操作？

答：这是要操作撤销，按下“常用”工具栏的“撤销”按钮，恢复到上一步操作，点击多次则撤销多步操作；也可点击“撤销”按钮旁边的倒三角，打开下拉列表，返回到相应的步骤。恢复按钮 ↷ 功能相反，两个按钮通常结合使用。

4. 问：我不理解“全角”、“半角”，如何输入“全角”、“半角”字符？

答：在全角方式下输入英文字母、数字、标点占一个汉字的宽度（两个字节），在半角方式下输入英文字母、数字、标点占半个汉字的宽度（一个字节）。在不选择任何中文输入法时输入的英文字母、数字、标点都为半角的，当选择中文输入法时利用工具条设置后进行输入：

- 标点：在中文输入法工具条中，点击 来切换中英文标点，即全角/半角标点。
- 字母：在中文输入法工具条中英文状态 A，点击 来切换半角/全角字母。
- 数字：在中文输入法工具条中，点击 来切换半角/全角数字。

5. 问：查找替换时，明明有我要找的文字，为什么提示说找不到呢？怎么办？

答：查看一下要查找的文字是否被设置了格式，例如文档中有“计算”这个词，但是没有红色的“计算”，所以找红色的“计算”是找不到的。解决方法是将光标置“查找替换”对话框的查找文字的文本框中，单击“不限定格式”按钮。

6. 问：我用格式刷复制段落格式时为什么复制不上，没有实现呢？

答：复制段落格式时，一定要选定好样板段落，注意要选上段落标记。

7. 问：设置行距 18 磅时，为什么设置值后总是很大，达不到要求的效果？

答：注意设置行距 18 磅时，一定要选择行距为“固定值”，然后再设置 18 磅。

8. 问：分栏后的栏长度不一致，最后一栏比较短，应该怎么操作？

答：为了使各栏的长度一致，只要单击需平衡的栏的结尾，然后在栏的最后一个字符后面插入一个连续的分节符即可。

9. 问：设置首字下沉后再进行分栏，为什么不能分栏，“格式 | 分栏”命令无效？

答：分栏只能对文字操作，不能作用于图形，而首字下沉后的字具有图形的效果，只要不选中下沉的字，就可进行分栏。或者先进行分栏操作再做首字下沉。

10. 问：为什么我不能选定多个不连续的段落？对多个不连续的段落设置相同的格式，最有效的操作方法是什么？

答：Word 2000 中不能选定多个不连续的段落，对它们设置相同的格式时，最有效的方法是使用格式刷，插入点定位在样板段落处，双击“格式刷”按钮，再将鼠标指针拖过其他多个需设置格式的段落，设置完成后再单击“格式刷”结束复制格式。

11. 问：设置页眉和页脚后，为什么看不到？

答：一般进行页眉和页脚的设置和查看都在页面视图，页眉和页脚既可在页面视图或打印预览中查看，也可使用“页眉和页脚”命令查看。

12. 问：如何去掉 Word 页眉下面的那条横线？

答：去掉 Word 页眉下的那条横线可以用下面的四种方法。一是可以将横线颜色设置成“白色”；二是在进入页眉和页脚时，设置表格和边框为“无”；第三种方法是进入页眉编辑，然后选中段落标记并删除它；最后一种方法是将“样式”图标栏内的“页眉”换成“正文”即可。

13. 问：当设置行高为固定值 0.3 厘米时，行高没有变化？

答：查看一下设置行高时是否选定固定值，若选定的是最小值，则行的高度是适应内容的最小值，而不是我们所要设置的固定值 0.3 厘米。

14. 问：如何快速有效地设置部分加粗表格线？

答：在 Word 中需要加粗某一条或几条表格线时，可以先在工具栏选项中点击“表格和边框”按钮，然后在“表格和边框”窗口选定“线型”与“线宽”，再点击“绘制表格”按钮，最后在欲加粗的表格线上从头到尾画上一笔即可。

15. 问：怎样微调 Word 表格线？Word 表格上下竖线不能对齐，用鼠标拖动其中一条线，可是一拖就跑老远，想调表格竖线，让上下对齐，请问该怎么办？

答：选定上下两个单元格，然后指定其宽度就可以对齐了，再拉就不会出现以上问题了。

16. 问：为什么我用菜单“表格”中“绘制斜线表头”制做的表头不标准，都没有完全在单元格内，斜线也不能正好在对角线上，怎么办？

答：可以先对单元格做一下水平居中设置，然后再用菜单“表格”中“绘制斜线表头”。同时注意：

- 将表格宽度和高度设置得尽量大，将表头内文字字号设置得尽量小，可以最大程度地避免表头不能完全显示文字的情况。
- 无论插入点位于表格的哪一个单元格中，使用“绘制斜线表头”命令，斜线表头都将出现在左上角的单元格中。但此“斜线、文字”是一个组合对象，可以拆合，也可以移动到其他位置。
- 如果组合对象的位置不佳，可以按住 Ctrl 键，同时利用方向键进行微移。
- 如果组合对象不适合表格大小，可以按住 Alt 键的同时用鼠标左键对其高度和宽度进行微调。

17. 问：Word 表格中个别文字不能居中，不知道有没有什么办法让居中？

答：可能是具有了一定的格式，试试设置段落的格式设置：鼠标移到该单元格内，在菜单“格式”和“段落”选“缩进和间距”选项卡，选“缩进”，将左右均调为 0，再将下方的“特殊格式”下拉列表框中选择“无”。

18. 问：为什么插入的图片只看到一部分，没有完全显示？如何处理？

答：是由于图片所在的段落属性的行距设置成了“固定值”。可以设置不要为固定值即可以完全显示图片，该图片是嵌入试的；也可以将图片转换为非嵌入式的，方法是将图片的版式设置为除“嵌入型”以外的任意一种。

19. 问：当调整图层次序时，设置图片置于底层，但没有置到底层?

答：可能图片没有“衬于文字的下方”。当调整图层的次序时，要用到“叠放次序”菜单，注意使用里面的“衬于文字的下方”和“浮于文字的上方”两个命令。

20. 问：图形不能同时选定，更不能做组合操作，怎么办?

答：查看是否有图形是嵌入型的，它的四周控制柄是黑色的。嵌入型的图片不能与其他的同时选定、对齐及组合操作。

21. 问：当设置图片大小时，不能设置所要求的宽和高，为什么?

答：有可能选中了“锁定纵横比”，这样图片的比例是固定的，不能将宽和高都改变，也就是不能改变比例。若想改变另一比例的宽高，则要取消选定“锁定纵横比”复选框。

三、Excel 部分

1. 问：何时使用自动填充数据？如何操作?

答：当需要在多个单元格填充相同或者有规律变化的数据时，采用自动填充数据。自动填充数据的操作为：（1）利用填充柄输入数据系列，先选定待输入数据区的起始单元格，然后输入序列的初始值；再选定下一个单元格，在其中输入序列的第二个数值；先按住鼠标右键，再拖动填充柄，到达填充区域末尾处，释放鼠标；然后单击快捷菜单中的相应命令即可。（2）利用 Excel 提供的填充序列输入数据系列：先给待输入数据区的起始单元格输入一个数据，单击“编辑”菜单中的“填充”菜单命令，再单击“序列”命令，可以自动填充多种类型的序列。

2. 问：“合并及居中”按钮怎么找?

答：在工具栏中，查找“合并及居中”按钮。合并及居中操作还可以通过“单元格格式”对话框，“对齐”选项卡中找到，“水平对齐”下拉列表框中选择“居中”，并在“合并单元格”复选框前面打钩。

3. 问：何时使用 IF 函数？如何操作?

答：IF 函数是实现选择结构的函数，对不同的选择分支做不同的操作。其通过执行真假值判断，根据逻辑测试的真假值返回不同的结果。Excel 2000 中 IF 函数的原型为 IF（logical_ test，value_ if_ true，value_ if_ false），其中 logical_ test 表示一个计算结果为 TRUE 或 FALSE 的值或表达式，value_ if_ true 表示 logical_ test 为 TRUE 时返回的值，value_ if_ false 表示 logical_ test 为 FALSE 时返回的值，在计算参数 value_ if_ true 和 value_ if_ false 后，IF 函数返回相应语句执行后的返回值。IF 函数可以嵌套七层。本实验中总分大于等于 90 为‘优秀’，总分小于 90 并且大于等于 60 为“通过”，总分小于 60“未过”这个实验题目使用两层 IF 函数。解题思路可以理解为：如果总分大于等于 90，等级为“优秀”；如果总分小于 90，存在两种情况：第一种如果总分小于 60，等级为“未过”；第二种如果总分大于等于60，等级为“通过”。用IF函数可以描述IF（k3≥90，“优秀”，IF（k3 <60，“未过”，“通过”）），k3代表“总分”的单元格。

4. 问：为什么有时在选定“设置单元格格式”命令时，弹出的“单元格格式”对话框中只有“字体”选项卡？

答：出现这种情况的主要原因是，当前选定的区域不是待设置的单元格，而是单元格中的文字。

5. 问：在进行公式计算时，为什么单元格中出现公式，而没有结果？

答：出现这种情况的主要原因是，在输入公式时，公式前面没有加上等号，或输入结束后没有按回车键或选中编辑栏中的“√”号。

6. 问：为什么按Del或Backspace键删除单元格后，该单元格的边框、底纹等格式信息或批注还依然存在？

答：选定单元格后按Del或Backspace键，只清除了单元格的内容，而保留了其中的批注和单元格格式。若需彻底删除所有信息，选择“编辑”菜单中的“清除”菜单命令。

7. 问：冻结和拆分窗口有什么作用？

答：当工作表中数据量很大时，拆分窗口可以把工作表拆开成为四个（或两个）窗口显示，以方便同时更改前面或后面的内容；冻结窗口是把左边［上边或左边上边（同时）］一列（行）或几列（行）的内容固定，而另外的一些内容可以移动，这样就可以方便地查询数据。

8. 问：为什么生成的图表和题目要求的图表形状不一样？

答：生成的图表和题目要求的图表形状不同主要有三个方面的原因：第一，看选择的图表类型是否正确，所选择的图表类型是否与题目要求的相同，这点很好检查；第二，看数据源选择是否正确，这要求根据题目要求的图形，判断出共有几个系列、系列名称、系列值和分类轴标志各是什么，这点是生成图表的关键；第三，标题、坐标轴等格式的设置，操作很简单，只要细心就可以，掌握这些就能正确的生成与题目要求一致的图表。注意，在选择值和分类轴标志时不要把字段名同时选上。

9. 问：为什么找不到“图表”工具栏？

答：Excel 2000的常用工具栏中没有“图表”工具栏。当图表生成后，会自动弹出“图表”工具栏。由于误操作，有时会将其关闭，弹出“图表”工具栏的操作为：单击“视图”菜单栏下的“工具栏”菜单命令，选中“图表”，打开“图表”工具栏，如图4-27所示。

10. 问：若没有在图表生成过程中设置图例、坐标轴等参数信息，在图表生成后还可以再进行设置吗？

答：完全可以。当图表生成后，会自动弹出“图表”工具栏。只需在选定“图表”工具栏下拉列表框中选中指定的项，再单击右面的属性按钮，即可进行设置。

11. 问：为什么在“图表”工具栏下拉列表框中找不到“坐标轴”这一项？

答：在“图表”工具栏下拉列表框的选项中，把“坐标轴”具体分为了“分类轴”和“数值轴”两部分，在进行“坐标轴”设置时，需对“分类轴”和“数值轴”两部分都进行设置。

12. 问：在 Excel 2000 颜色设置中，没有颜色名称的提示，如何操作？

答：在 Excel 2000 颜色选择框中没有颜色名称的提示。若要实现满足题目要求的颜色设置，我们可以打开 Word 2000，在其颜色选择框找到指定名称的颜色，然后按照其所在的位置在 Excel 2000 颜色选择框中选择该位置的颜色即可。

13. 问：在设置绘图区背景为淡蓝色时，为什么整个图标都为淡蓝色，和题目给定的样文不一致？

答：主要原因是在设置背景色时选择的是“图表区”不是“绘图区”。将“图表区”和“绘图区”相混淆。

14. 问：为什么在高级筛选中，筛选条件写的内容正确，但是没有筛选结果呢？

答：一般有两种原因：第一，筛选字段是键盘输入，会与表中的字段名在格式上不一致；第二，筛选条件中的符号（如“=”、“>”等）并不是英文状态（字体为“Times New Roman”）时输入的。在高级筛选中，要求筛选字段必须从表中的字段名复制得到，筛选条件除中文外，符号和数字等必须在英文状态下输入。

15. 问：为什么分类汇总后相同分类字段的记录不在一起呢？

答：这主要是因为没有对分类字段进行排序的结果。一般来说，对数据进行分类汇总前，必须对分类字段进行排序。

16. 问：数据透视表中，数据项的汇总方式默认为“求和”，如何更改？

答：修改“数据”的“汇总方式”只需用鼠标选中“数据项”，单击数据透视表工具栏的“字段设置”按钮，会弹出“数据透视表字段”对话框，更改“汇总方式”即可。

四、PowerPoint 部分

1. 问：在 PowerPoint 中，如何移动或复制整个文本框？

答：选择时，单击文本，然后右键单击文本框的边框来选定整个文本框，在弹出的菜单中选择剪切或复制。

2. 问：模板在更改演示文稿的外观方面是控制工具中最强有力和最安全的一种，通过改变配色方案、标题母版和幻灯片母版可以对所有模板进行一些调整。在当前演示文稿下如何知道应用的模板名称？

答：查看 PowerPoint 窗口底部的状态栏，模板名显示于状态栏的中央。

五、Internet 应用部分

1. 问：如何设置 IE 的起始页？

答：打开要设置为主页的网站，单击“工具”菜单，选择“Internet 选项”命令，弹出“Internet 选项”对话框，单击“使用当前页”按钮，当前打开的网址就会添加到地址栏。

单击“确定”按钮，打开的网页就成了起始页。

2. 问：发送邮件时怎样添加附件？

答：打开邮箱，打开写信窗口，点击“添加附件”按钮，弹出“选择文件”对话框，找到你要添加的附件内容并选择它，点击“打开”按钮，返回邮箱窗口，附件内容就添加到了邮箱中。

3. 问：发送邮件如何同时发给多人？

答：在“收件人”框中，输入所有接收人的邮箱地址，不同的电子邮件地址用逗号隔开。

六、使用 FrontPage 2000 制作网页

1. 问：网页的标题是什么？怎么设置？

答：网页标题指显示在 Web 浏览器窗口标题栏上的文字，网页的标题有助于访问者了解网站的主题和内容。

要设置网页的标题，可以选择“文件”菜单中的“属性”命令，或在主窗口单击鼠标右键，在弹出的快捷菜单中选择“网页属性”命令，弹出“网页属性”对话框；选择“常规”选项卡，在“标题”文本框中输入标题，单击“确定”按钮。

2. 问：在页面中如何创建书签？有什么作用？

答：将光标移动到要创建书签的位置或选择要创建书签的文本，选择“插入”菜单中的“书签”命令，将弹出“书签”对话框，如图 2 所示。在“书签名称”文本框中输入代表此位置内容的书签名称，单击“确定”按钮，即可创建一个书签。然后设置刚输入的“书签名称”内容文本的超链接，链接到要跳转的位置。

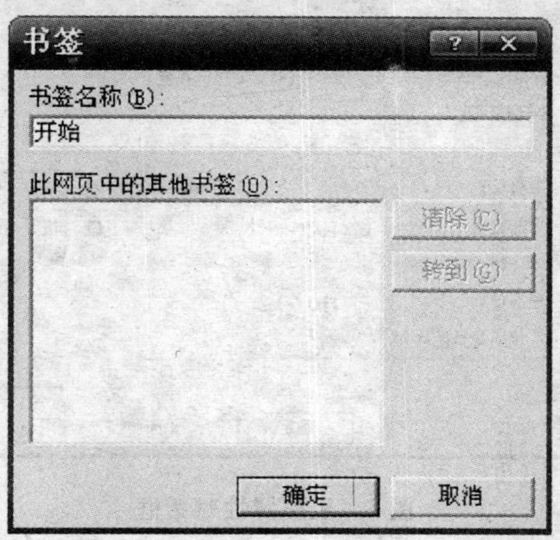

图 2　“书签”对话框

如果页面内容较多，页面高度较大，用可能希望能够快速在本页面内跳转或直接跳到其他页面的指定位置，书签就起到了这种作用。

3. 问：在页面中如何设置热点？

答：所谓“热点”就是指一幅图片中不同区域，此区域可以是规则的图形，有圆形、矩形，也可以是不规则的多边形，图像文件可以创建这种“热点链接”。

首先选中要创建热点的图形，单击窗口下方“图片”工具栏的“长方形热点”、“圆形热点”或是“多边形热点”按钮，将鼠标移动到图片上，鼠标指针变为笔状，拖动鼠标即可在图片上绘制出相应的图形，松开鼠标，会自动弹出“创建超链接”对话框，用于创建热点区的超链接，链接到所要链接的位置即可，“热点”超链接就做好了。

4. 问：如何改变网页的背景？

答：默认的情况下，系统将新的网页的背景设置为无色效果，用户可以重新指定背景颜色。首先选择“文件”菜单的“属性”命令，打开“网页属性”对话框，选择“背景”选项卡，如果要为网页指定背景图片，则选中“背景图片”复选框，然后单击“浏览”按钮，选择合适的图片文件，单击“打开”按钮；若要指定背景颜色，则在“颜色”选项组的“背景”下拉列表框中，选择一种颜色作为当前网页的背景颜色，最后单击“确定”按钮。

5. 问：在网页中如何设置表格的属性？

答：用户可以在创建表格的同时指定表格的属性，也可以在创建表格后再修改属性，选择“表格”菜单中的“属性”二级菜单中的“表格”命令，弹出“表格属性”对话框，如图 3 所示，在“表格属性”对话框中可以设置表格的边框、表格的背景以及布局。

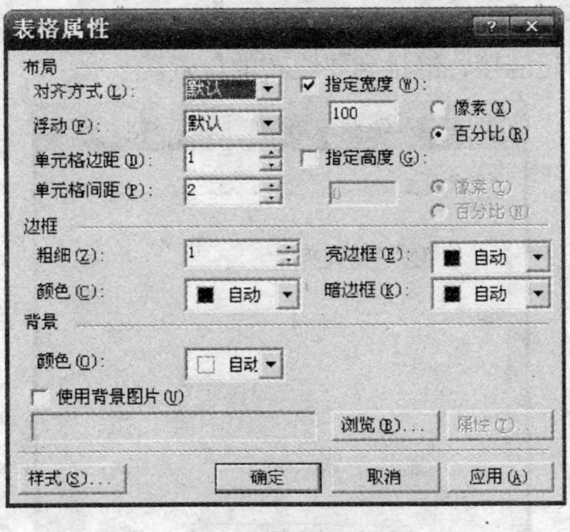

图 3　表格属性对话框

附录Ⅲ　习题

1. 存储器中的信息可以是指令，也可以是数据，计算机依靠________来判别的。
A. 存储单元的地址
B. 最高位是 1 还是 0
C. ASCII 表
D. CPU 执行程序的过程
2. ________是计算机应用最广泛的领域。
A. 数值计算
B. 数据处理
C. 过程控制
D. 人工智能
3. 作为主要计算机逻辑器件曾使用过的有电子管、晶体管、固体组件和________。
A. 磁芯
B. 磁鼓
C. 磁盘
D. 大规模集成电路
4. 下面是关于我国计算机事业发展的描述，错误的是________。
A. 我国计算机事业的发展经历了三个阶段
B. 我国是世界上能自行设计和制造巨型计算机的少数国家之一
C. 我国能自行设计和制造嵌入式微处理器，并首先在家电生产中取得应用
D. 我国近期将设计制造系统机微处理器，赶超 Intel 公司，并作为微电子发展方向
5. 0 ~ 9 数字符号是十进制数的数码，全部数码的个数称为________。
A. 码数
B. 基数
C. 位权
D. 符号数
6. ASCII 码是字符编码，这种编码用________个二进制位表示一个字符。
A. 8

B. 7

C. 10

D. 16

7. ASCII 码可以表示________种字符。

A. 255

B. 256

C. 127

D. 128

8. 根据软件的功能和特点，计算机软件一般可分为________。

A. 系统软件和非系统软件

B. 系统软件和应用软件

C. 应用软件和非应用软件

D. 系统软件和管理软件

9. 关于计算机语言的描述，正确的是________。

A. 翻译高级语言源程序时，解释方式和编译方式并无太大差别

B. 用高级语言编写的程序其代码效率比汇编语言编写的程序要高

C. 源程序与目标程序是互相依赖的

D. 对于编译类计算机语言，源程序不能被执行，必需产生目标程序才能被执行

10. ________负担全网的数据传输和通信处理工作。

A. 计算机

B. 通信子网

C. 资源子网

D. 网卡

11. 与计算机网络相连的任何一台计算机，不管是巨型计算机还是微型计算机，都被称为________。

A. 服务器

B. 工作站

C. 客户机

D. 主机

12. 计算机网络最突出的优点是________。

A. 计算精度高

B. 内存容量大

C. 运算速度快

D. 共享资源

13. 下面是关于局域网的描述，说法正确的是________。

A. 网络中的计算机不分主从

B. 联入局域网中的设备只能是计算机

C. 局域网中通信误码率较高

D. 局域网的覆盖范围一般在几米到几百米

14. 网络桥接器简称网桥是工作在________的设备。

A. 物理层

B. 数据链路层

C. 网络层

D. 传输层

15. 网络交换机工作在 OSI/RM 网络协议参考模型的数据链路层和________。

A. 物理层

B. 网络层

C. 传输层

D. 会话层

16. 网络操作系统是使网络上各计算机能方便而有效地共享网络资源，为网络用户提供所需的各种服务软件和________的集合。

A. 应用软件

B. 有关规程

C. 语言处理程序

D. 系统工具

17. 网络操作系统不仅要具备普通操作系统的功能，还要具备网络通信、共享资源管理、提供网络服务和________的功能。

A. 网络管理

B. 互操作

C. 提供网络接口

D. 同时具备上述三项

18. 网络操作系统有服务器/客户机（Server/Client）模式和端对端对等模式，下列操作系统中，不是服务器/客户机模式的是________。

A. Unix

B. NetWare

C. Windows 98

D. Windows NT Server

19. 互联网采用的网络拓扑结构一般是________。

A. 星型拓扑
B. 总线拓扑
C. 网状拓扑
D. 环型拓扑
20. 下列网络体系结构中，最适合传输多媒体信息的体系结构是________。
A. 千兆位快速以太网
B. 异步传输模式 ATM
C. 光纤分布数据接口 FDDI
D. 百兆位快速以太网
21. 异步传输模式 ATM 是使用________两种技术的结合。
A. 电路交换与报文交换
B. 电路交换和分组交换
C. 分组交换与报文交换
D. 分组交换与帧交换
22. 多媒体除了具有信息媒体多样化的特征外，还具有________。
A. 数字化
B. 交互性
C. 集成性
D. 上述三方面特征
23. 分辨率影响图像的质量，在图像处理时需要考虑________。
A. 屏幕分辨率
B. 显示分辨率
C. 像素分辨率
D. 上述三项
24. PCX、BMP、TIF、JPG、GIF 等图像文件的存储格式是________。
A. 动画文件
B. 视频数字文件
C. 位图文件
D. 矢量文件
25. JPEG 是一种图像压缩标准，其含义是________。
A. 联合静态图像专家组
B. 联合活动图像专家组
C. 国际标准化组织
D. 国际电报电话咨询委员会

26. Pentium Ⅳ/1.4G 是对微处理器的一种描述，其中 1.4G 表示该 CPU ________。
A. 具有 1.4GB 的内部 cache
B. 内部工作主频为 1.4GHz
C. 内存寻址范围为 1.4GB
D. 与主存器之间数据传输速率为 1.4GB/S
27. 计算机病毒不具有________。
A. 寄生性和传染性
B. 潜伏性和隐蔽性
C. 自我复制性和破坏性
D. 自行消失性和易防范性
28. 计算机启动时，若不进入 Windows 2000，而直接进入 DOS 状态，应按下________。
A. Esc 键
B. Ctrl 键
C. F4 键
D. F1 键
29. Word 2000 是________。
A. 操作系统
B. 数据库管理系统
C. 文字处理软件
D. 通讯软件
30. Word 2000 生成的文件扩展名默认为________。
A. dos
B. dot
C. txt
D. rif
31. 在 Word 2000 中不能直接被编辑文件类型是________。
A. doc
B. rtf
C. txt
D. bmp
32. 打开 Word 2000 文档一般是指________。
A. 把文档内容从内存中读出，并显示出来
B. 为指定文件开设一个新的、空的文档窗口
C. 把文档的内容从外存储器读入内存，并显示出来

D. 显示并打印指定文档的内容

33. 要编辑、处理一个 Word 2000 文档，必须首先________。

A. 显示它的内容

B. 把它存储到磁盘上

C. 在 Word 里打开它

D. 在 Word 里选取它

34. 在 Word 编辑状态下改变文档的字体，下列叙述正确的是________。

A. 文档选中的部分字体发生变化

B. 光标之后的文档字体发生变化

C. 整个文档字体发生变化

D. 光标之前的文档字体发生变化

35. 将文档中一部分内容复制到别处，首先要进行的操作是________。

A. 复制

B. 粘贴

C. 选定

D. 剪切

36. 关于在 Word 2000 中选定文本的叙述，正确的是________。

A. 只能使用鼠标

B. 既能使用鼠标又能使用键盘

C. 只能使用键盘

D. 不能使用键盘

37. 在 Word 2000 编辑状态下，当工具栏中的“剪切”和“复制”按钮呈灰色显示，则表明________。

A. 剪贴板上已经存放了信息

B. 在文档中没用选定任何对象

C. 选定的对象是图片

D. 选定的文档内容太长

38. 当一个文档窗口被关闭后，该文档将________。

A. 保存在外存储器中

B. 保存在主存储器中

C. 保存在剪贴板中

D. 既保存在外存储器中也保存在内存储器中

39. 在 Word 2000 中，与打印预览基本相同的视图方式是________。

A. 普通视图方式

B. 联机版式视图方式

C. 页面视图方式

D. 大纲视图方式

40. 在 Word 2000 编辑状态下，若要调整文档的左右边界，利用下列哪种方法更直接、快捷________。

A. 工具栏

B. 格式栏

C. 菜单栏

D. 标尺

41. 在 Word 2000 中，通过“页眉和页脚”命令可以对版面进行必要的修饰，“页眉和页脚”命令可在________下拉菜单中找到。

A. 视图

B. 插入

C. 编辑

D. 格式

42. 在 Word 2000 中，通过“页面设置”命令可以对页边距、纸张大小进行设置，“页面设置”命令可在________下拉菜单中找到。

A. 文件

B. 编辑

C. 视图

D. 格式

43. 在 Word 文档中，每个段落都有自己的段落标记，段落标记的位置在________。

A. 段落的起始位置

B. 段落的中间位置

C. 段落的尾部

D. 每行的行尾

44. 在 Word 2000 文档的页面设置中，不能进行的操作是________。

A. 设置分栏

B. 设置页边距

C. 设置纸张大小

D. 设置纸张来源

45. 在 Word 2000 文档的字体设置中，不能进行的操作是________。

A. 字体

B. 页码

C. 字号

D. 文字的颜色

46. 在 Word 2000 文档的段落设置中，不能进行的操作是________。

A. 缩进

B. 对齐方式

C. 行距

D. 首字下沉

47. 在 Word 2000 表格编辑中，不能进行的操作是________。

A. 旋转单元格

B. 插入单元格

C. 删除单元格

D. 合并单元格

48. Excel 中处理并存储工作数据的文件叫________。

A. 工作簿

B. 工作表

C. 单元格

D. 活动单元格

49. Excel 可同时打开的工作簿数量________。

A. 256

B. 任意多

C. 512

D. 受可用内存和系统资源的限制

50. 在 Excel 2000 的一个工作簿中，系统约定的工作表数是________。

A. 8

B. 16

C. 3

D. 任意多

51. 一个 Excel 工作表的大小为 65536 行乘以________列。

A. 200

B. 256

C. 300

D. 456

52. Excel 工作表单元格内容长度（文本）________。

A. 32 767 字符

B. 1 024 字符

C. 2 048 字符

D. 32 767 字符，单元格中只能显示 1 024 个字符

53. 全选按钮位于 Excel 窗口的________。

A. 工具栏中

B. 左上角，行号和列标在此相汇

C. 编辑栏中

D. 底部，状态栏中

54. Excel 工作簿文件的扩展名是________。

A. txt

B. doc

C. mbp

D. xls

55. 在 Excel 中，不可作为数字使用的字符是________。

A. e 或 E

B. %

C. f 或 F

D. /

56. 在 Excel 工作表单元格中输入合法的日期，下列输入中不正确的是________。

A. 4/18/99

B. 1999 -4 -18

C. 4，18，1999

D. 1999/4/18

57. 在 Excel 工作表单元格中输入字符型数据 5118，下列输入中正确的是________。

A. ’ 5118

B. ” 5118

C. ” 5118”

D. ’ 5118’

58. 如果要在单元格中输入当天的日期，需按________组合键。

A. Ctrl + ;（分号）

B. Ctrl + Enter

C. Ctrl + :（冒号）

D. Ctrl + Tab

59. 如果要在单元格中输入硬回车，需按________组合键。

A. Ctrl + Enter

B. Shift + Enter

C. Tab + Enter

D. Alt + Enter

60. 假定单元格内的数字为 2002，将其格式设定为“#，##0. 0”，则将显示为________。

A. 2002. 0

B. 2. 002

C. 2002

D. 2002. 0

61. 在 Excel 中可同时在多个单元格中输入相同数据，此时首先选定需要输入数据的单元格（选定的单元格可以是相邻的，也可以是不相邻的），键入相应数据，然后按________键。

A. Enter

B. Ctrl + Enter

C. Tab

D. Ctrl + Tab

62. 单元格 A1 为数值 1，在 B1 输入公式：= IF（A1 > 0，“Yes”，“No”），结果 B1 为________。

A. Yes

B. No

C. 不确定

D. 空白

63. 在 Excel 编辑状态下，若要调整单元格的宽度和高度，利用下列哪种方法更直接、快捷________。

A. 工具栏

B. 格式栏

C. 菜单栏

D. 工作表的行标签和列标签

64. 某个 Excel 工作表 C 列所有单元格的数据是利用 B 列相应单元格数据通过公式计算得到的，在删除工作表 B 列之前，为确保 C 列数据正确，必须进行________。

A. C 列数据复制操作

B. C 列数据粘贴操作

C. C 列数据替换操作

D. C 列数据选择性粘贴操作

65. 单元格右上角有一个红色三角形，意味着该单元格________。

A. 被插入批注

B. 被选中

C. 被保护

D. 被关联

66. Excel 2000 中提供的图表大致可以分为嵌入图表和________。

A. 柱形图图表

B. 条形图图表

C. 折线图图表

D. 图表工作表

67. 在 Excel 2000 中创建嵌入图表，除了用“图表向导”外，还可使用________按钮快速创建。

A. “默认图表”按钮

B. “图表”下拉菜单

C. “数据”下拉菜单

D. “插入”下拉菜单

68. 关于 Excel 的数据库应用，下列说法中错误的是________。

A. 工作簿中每一个填入数据的工作表都可作为一个数据库进行相应的数据处理

B. 数据库工作表又称为“数据清单”

C. 数据库工作表属于关系型数据库，也就是二维表的形式

D. 数据库工作表的每个列称为“字段”，每个行称为“记录”

69. 对某个数据库进行分类汇总前，必须进行的操作是________。

A. 查询

B. 筛选

C. 检索

D. 排序

70. PowerPoint 2000 的母版类型有________。

A. 幻灯片母版

B. 标题母板

C. 讲义母版

D. 备注母板

71. 下面关于模板的说法，正确的有________。

A. 模板就是预先设计好的一批演示文稿方案，分为“设计模板”和“内容模板”两种

B. 设计模板包含预先定义好的格式和配色方案；内容模板在设计模板的基础上增加了针对特定主题提供的建议内容

C. 用户可以使用系统提供的模板，也可以根据演示文稿的题材自己设计模板

D. 在制作演示文稿的过程中可以随时更换、修改模板

72. 下面关于幻灯片移动与复制的操作，正确的有________。

A. 将鼠标指向需要移动的幻灯片，按下左键拖动至新的位置，释放鼠标左键

B. 选中要移动的幻灯片，执行复制命令，确定新位置，执行粘贴命令

C. 按住 Shift 键，执行移动幻灯片的操作，幻灯片被复制到新位置

D. 按住 Ctrl 键，执行移动幻灯片的操作，幻灯片被复制到新位置

73. 在幻灯片视图下，选择多个对象可以采用________。

A. 单击一个对象后，按住 Ctrl 键，再单击其他对象

B. 单击一个对象后，按住 Shift 键，再单击其他对象

C. 分别单击每一个要选择的对象

D. 不使用任何画图工具和命令，直接用鼠标在包含这些对象的区域中拖一个框

74. 下面关于幻灯片的操作正确的有________。

A. 按下 Ctrl 键的同时，逐个单击幻灯片，可以选定多张幻灯片

B. 一次可移动或复制多张幻灯片

C. 幻灯片的移动和复制操作可以在演示文稿内进行，也可以在演示文稿之间进行

D. 幻灯片的移动和复制操作仅可在演示文稿内进行，而不能在演示文稿之间进行

75. 要实现幻灯片之间的跳转，可用的方法有________。

A. 设置动作按钮

B. 设置对象的动画效果

C. 设置超级链接

D. 设置幻灯片的切换效果

76. 使用绘图工具栏绘图时，________。

A. 选择矩形或圆形后，按下 Shift 键，同时拖动鼠标便可得到正方形或圆形

B. 选择矩形或圆形后，按下 Ctrl 键，同时拖动鼠标便可得到正方形或圆形

C. 选择某一个图形，同时按下 Shift 键，可以选择多个图形

D. 选择某一个图形，同时按下 Ctrl 键，可以选择多个图形

77. 可以插入幻灯片的声音文件有________。

A. 剪辑库中的声音

B. 文件中的声音

C. CD 乐曲

D. 录制的声音

78. 关于 PowerPoint 2000 的动画效果，下面的说法正确的有________。
A. 用户可以使用 PowerPoint 2000 预先设置的动画效果，也可自己设计动画效果
B. 用户只能使用 PowerPoint 2000 预先设置好的动画效果
C. 用户可以根据需要排列“动画顺序”列表框中各对象出现的顺序
D. 播放动画的启动方式可以由用户单击鼠标控制也可以自动播放
79. 演示文稿打包后在选定位置生成两个文件，它们是________。
A. pngsetup-exe
B. pres0. ppz
C. finder. exe
D. gdgdry-gra
80. 在 PowerPoint 2000 中，采用“另存为”命令，不能将文件保存为________。
A. 文本文件（＊. txt）
B. Web 页（＊. htm）
C. 大纲/RTF 文件（＊. rtf）
D. PowerPoint 2000 放映（＊. ppt）
81. Internet 的普及与广泛使用，是计算机技术________的具体体现。
A. 网络化
B. 全球化
C. 巨型化
D. 智能化
82. 因特网上用户最多、使用最广的服务是________。
A. E-mail
B. WWW
C. FTP
D. . Com
83. 电子邮件（E-mail）是________。
A. 有一定格式的通信地址
B. 以磁盘为载体的电子信件
C. 网上一种信息交换的通信方式
D. 计算机硬件地址
84. 在电子邮件中，所包含的信息________。
A. 只能是文字信息
B. 只能是文字与图像信息
C. 只能是文字与声音信息

D. 可以是文字、声音、图形和图像信息

85. 将接收到的电子邮件，保存为扩展名为 .eml 文件后，用字处理软件 Word 或 WPS 97 能否对其进行正常编辑？________。

A. 能

B. 不能

C. 部分能

D. 能，但电子邮件的编排格式发生变化

86. 利用 IE5.0，不能实现的操作是________。

A. 访问 WWW 站点

B. 信息搜索

C. 下载文件

D. 绘制图形

87. IE 5.0 刚刚访问过的若干 WWW 站点的列表被称之为________。

A. 历史记录

B. 地址簿

C. 主页

D. 收藏夹

88. IE 5.0 收藏夹中存放的是________。

A. 最近访问过的 WWW 的地址

B. 最近下载的 WWW 文档的地址

C. 用户新增加的 Email 地址

D. 用户收藏的 WWW 文档的地址

89. 利用 OutLook Express 将一电子邮件同时发送给多个邮件接收者时，各 E-mail 地址间采用的分隔符是________。

A. +

B. -

C. 、

D. ，

90. 关于 E-mail，说法正确的有________。

A. 电子邮件系统的主要功能是：收发和处理电子邮件

B. 要接收电子邮件，必须有一个放在本地计算机的电子信箱

C. 一般不能将一个电子邮件发送给多个接收者

D. 信箱地址由一个字符串组成，该字符串被“@”分成两部分

91. 下列________是用于网页制作的语言。

A. DELPHI

B. HTML

C. TELNET

D. XML

92. 下列软件哪个是用于网页制作工具________。

A. Photoshop

B. FrontPage

C. Excel

D. Outlook

93. FrontPage 2003 在网页工作区下面提供了 4 种工作模式，________模式可以以可视化的方法编辑网页内容。

A. 设计

B. 代码

C. 预览

D. 拆分

94. 在 FrontPage 2003 中，对于表格的处理，以下说法正确的是________。

A. 只能给整个表格加背景色

B. 可以给单元格加背景色

C. 只能给整个表格加背景图片

D. 不能给表格加背景图片

95. 在 FrontPage 中，下述关于图片与超链接的关系表述正确的是________。

A. 图片不能建立超链接

B. 一张图片只能建立一个超链接

C. 图片建立超链接需要经过设置

D. 通过热点设置，一张图片可以建立多个超链接

96. 制作网页的步骤有________。

A. 刷新网页

B. 创建站点

C. 建立网页

D. 发布站点

97. FrontPage 2000 的视图模式有________。

A. 网页视图、文件夹视图

B. 报表视图、导航视图

C. 超级链接视图、任务视图

D. 页面视图、大纲视图

98. 下面关于网页的描述，正确的有________。

A. 只能向站点中添加用 FrontPage 2000 制作的网页

B. 除了用 FrontPage 2000 制作的网页外，还可以向网站添加 gif、jpg 等文件

C. 网页标题可以重新更新

D. 网页中超链接和书签的作用是相同的

99. 下面关于主题样式的说法正确的有________。

A. 主题样式是一组设计好的固定版面，它含有配套的固定元素

B. 当选择了一个主题之后，站点内所有的网页和以后添加的网页都使用该主题

C. 通过主题样式可以将网页的背景设置为图片

D. 预览网页可以在预览方式下预览，也可以使用浏览器预览

100. 下面说法正确的有________。

A. 如果在网页中插入了图像声音等文件，保存网页时，同时保存插入文件

B. 如果在网页中插入了图像声音等文件，保存网页时，只保存网页和插入文件的引用关系

C. 如果在网页中插入了图像声音等文件，保存网页时，可以选择同时保存插入文件或只保存网页和插入文件的引用关系

D. 当只保留引用关系时，原文件一旦被删除，在该站点中就不能打开这个插入文件

答案：1. D 2. B 3. D 4. D 5. B 6. B 7. D 8. B 9. D 10. B 11. D 12. D 13. A 14. B 15. B 16. B 17. D 18. C 19. C 20. B 21. B 22. D 23. D 24. C 25. A 26. B 27. D 28. C 29. C 30. A 31. D 32. C 33. C 34. A 35. C 36. B 37. B 38. A 39. C 40. D 41. A 42. A 43. C 44. A 45. B 46. D 47. A 48. A 49. D 50. C 51. B 52. D 53. B 54. D 55. B 56. C 57. A 58. A 59. D 60. A 61. B 62. A 63. D 64. D 65. A 66. D 67. A 68. A 69. D 70. ABCD 71. ABCD 72. AD 73. BD 74. ABC 75. AC 76. AC 77. ABCD 78. ACD 79. AB 80. A 81. A 82. A 83. B 84. D 85. B 86. D 87. A 88. D 89. D 90. AD 91. B 92. B 93. A 94. B 95. D 96. BCD 97. ABC 98. BC 99. ABC 100. CD